高等职业教育畜牧兽医类“十二五”规划教材
省级示范性高等职业院校“优质课程”建设成果

养禽与禽病防治

主　编　周大薇

副主编　尹洛蓉　杨　霞

参　编　（以姓氏笔画为序）

叶青华　刘海燕　李素蓉

俞　宁　唐丽江　董　琪

西南交通大学出版社

·成　都·

图书在版编目（CIP）数据

养禽与禽病防治 / 周大薇主编. —成都：西南交通大学出版社，2014.3（2021.5 重印）
高等职业教育畜牧兽医类“十二五”规划教材
ISBN 978-7-5643-2951-8

Ⅰ. ①养… Ⅱ. ①周… Ⅲ. ①养禽学－高等职业教育－教材②禽病－防治－高等职业教育－教材 Ⅳ. ①S83 ②S858.3

中国版本图书馆 CIP 数据核字（2014）第 038230 号

高等职业教育畜牧兽医类“十二五”规划教材

养禽与禽病防治

主编 周大薇

责任编辑	吴明建
封面设计	何东琳设计工作室
出版发行	西南交通大学出版社 （四川省成都市二环路北一段 111 号 西南交通大学创新大厦 21 楼）
发行部电话	028-87600564 028-87600533
邮政编码	610031
网址	http://www.xnjdcbs.com
印刷	成都蓉军广告印务有限责任公司
成品尺寸	170 mm × 230 mm
印张	21
字数	376 千字
版次	2014 年 3 月第 1 版
印次	2021 年 5 月第 3 次
书号	ISBN 978-7-5643-2951-8
定价	45.00 元

省级示范性高等职业院校
“优质课程”建设委员会

序

随着我国改革开放的不断深入和经济建设的高速发展，我国高等职业教育也取得了长足的发展，特别是近十年来在党和国家的高度重视下，高等职业教育改革成效显著，发展前景广阔。早在2006年，教育部连续出台了《教育部、财政部关于实施国家示范性高等职业院校建设计划，加快高等职业教育改革与发展的意见》（教高〔2006〕14 号）、《关于全面提高高等职业教育教学质量的若干意见》（教高〔2006〕16 号）文件，近年来陆续出台了《关于充分发挥职业教育行业指导作用的意见》（教职成〔2011〕6号）、《关于推进高等职业教育改革创新引领职业教育科学发展的若干意见》（教职成〔2011〕12号）、《关于全面提高高等教育质量的若干意见》（教高〔2012〕4号）等文件，这标志着我国高等职业教育在质量得以全面提高的基础上，已经进入体制创新和努力助推各产业发展的新阶段。

近日，教育部、国家发展改革委、财政部《关于印发〈中西部高等教育振兴计划（2012—2020年）〉的通知》（教高〔2013〕2号）明确要求，高等职业教育专业设置、课程开发须以社会和经济需求为导向，从劳动力市场分析和职业岗位分析入手，科学合理地进行。按照现代职业教育体系建设目标，根据技术技能人才成长规律和系统培养要求，坚持德育为先、能力为重、全面发展，以就业为导向，加强学生职业技能、就业创业和继续学习能力的培养。大力推进工学结合、校企合作、顶岗实习，围绕区域支柱产业、特色产业，引入行业、企业新技术、新工艺，校企合办专业，共建实训基地，共同开发专业课程和教学资源。推动高职教育与产业、学校与企业、专业与职业、课程内容与职业标准、教学过程与生产服务有机融合。因此，树立校企合作共同育人、共同办学的理念，确立以能力为本位的教学指导思想显得尤为重要，要切实提高教学质量，以课程为核心的改革与建设是根本。

成都农业科技职业学院经过11年的改革发展和3年的省级示范性建设，在课程改革和教材建设上取得了可喜成绩，在省级示范院校建设过程中已经完成近40门优质课程的物化成果——教材，现已结稿付梓。

本系列教材基于强化学生职业能力培养这一主线，力求突出与中等职业教育的层次区别，借鉴国内外先进经验，引入能力本位观念，利用基于工作过程的课程开发手段，强化行动导向教学方法。在课程开发与教材编写过程中，大量企业精英全程参与，共同以工作过程为导向，以典型工作任务和生产项目为载体，立足行业岗位要求，参照相关的职业资格标准和行业企业技术标准，遵循高职学生成长规律、高职教育规律和行业生产规律进行开发建设。按照项目导向、任务驱动教学模式的要求，构建学习任务单元，在内容选取上注重学生可持续发展能力和创新创业能力的培养，具有典型的工学结合特征。

本系列教材的正式出版，是成都农业科技职业学院不断深化教学改革的结果，更是省级示范院校建设的一项重要成果，其中凝聚了各位编审人员的大量心血与智慧，也凝聚了众多行业、企业专家的智慧。该系列教材在编写过程中得到了有关兄弟院校的大力支持，在此一并表示诚挚感谢!希望该系列教材的出版能有助于促进高职高专相关专业人才培养质量的提高，能为农业高职院校的教材建设起到积极的引领和示范作用。

诚然，由于该系列教材涉及专业面广，加之编者对现代职业教育理念的认知不一，书中难免存在不妥之处，恳请专家、同行不吝赐教，以便我们不断改进和提高。

龙　旭

2013年5月

前言

“养禽与禽病防治”课程是畜牧兽医专业的核心课程，教材建设是该课程建设的重要内容之一。根据高等职业院校培养生产、管理、服务第一线需要的高素质技能型人才的培养目标,结合核心课程建设内容和畜牧兽医专业人才培养方案的要求，我们从体例、内容和结构等方面对课程教材进行了改革,从而形成了成都农业科技职业学院省级示范性职业院校建设的畜牧兽医重点专业特色教材。

本教材按照家禽生产的工作程序循序渐进,以培养学生家禽饲养管理和禽病防治能力为主线，将养禽与禽病防治的相关知识和技能融于一体，在编写过程中尽量体现教材的职业性、实用性、操作性和先进性。通过此教材的教学，可使学生具备家禽生产的基本知识，掌握家禽饲养管理、孵化和常见禽病防治的专项技能。全书内容共划分五个学习情境，情境一为家禽繁育技术，情境二为蛋鸡生产技术，情境三为肉鸡生产技术，情境四为水禽生产技术，情境五为家禽疾病防治技术。每个学习情境由若干个学习项目和学习任务组成，每一任务设有学习目标、资料单和评估单。在实训教学中使用配套的《养禽与禽病防治实训教程》，效果更好。

本教材由周大薇任主编，并编写教材的前言、情景一的项目一以及情景二的项目一、项目二、项目三和项目四，尹洛蓉编写情景一的项目二、情景二的项目五,杨霞编写情景一的项目三,唐丽江编写情景三的项目一、项目三，董琪编写情景三的项目二、项目四，李素蓉编写情景四，俞宁编写情景五的项目一，刘海燕编写情景五的项目二，叶青华编写情景五的项目三和项目四。成都市农友家禽研究所有限责任公司畜牧师陈革参与了本书的编写工作。

本教材是课程改革的阶段性成果，尚有许多需要改进的地方。由于编写时间紧，任务重，书中难免有不妥之处，敬请读者提出宝贵意见。

编　者

2014年1月

目 录

情境一　家禽繁育技术

项目一　家禽繁育体系

近年来，由于规模化、集约化养殖的兴起，现代养禽生产也有了一套完整的繁育体系。家禽繁育体系是将纯系选育、配合力测定以及鸡种扩繁等环节有机结合起来形成的一套体系。在杂交繁育体系中，将育种工作和杂交扩繁任务划分给相对独立而又密切配合的育种场和各级种禽场来完成，使各个部门的工作专门化。家禽繁育体系的建立决定了现代养禽生产的基本结构。

任务一　家禽繁育的基本环节

【学习目标】

1. 了解家禽繁育体系的基本环节。
2. 了解杂交方式。

【资料单】

现代养鸡业中生产鸡蛋和鸡肉的都是配套繁殖的商品代杂交鸡，得到这些商品代杂交鸡要有一系列复杂的育种和制种工作。现代家禽的繁育过程主要包括四个基本环节，即保种、育种、配合力测定和制种。

一、保　种

保种就是为家禽良种生产提供育种素材。保存具有育种价值的某些原有品种或品系，采用本品种选育、提纯复壮等保种措施，提高原有品种或品系的生产性能，为育种场提供育种素材。

二、育　种

育种就是培育出各具特点的纯系。利用某些原有品种或品系为育种素材，采用科学合理的育种方法，培育出若干各有特点的纯系。培育纯系的方法主要有近交系育种法、闭锁群育种法、正反反复选择育种法、合成系育种法等。同一个家禽品种有很多不同特点的品系。

三、配合力测定

配合力测定就是进行不同杂交组合的试验。通过品系间的配合力测定，筛选出最佳的杂交组合，生产具有强大杂种优势的商品杂交禽。不同品系的组合杂交，产生的杂交优势强弱不同，杂交优势的强弱取决于父母双亲的配合力的好与坏，所以要通过配合力测定杂交后代生产性能，来评定父母双亲配合力的好坏。品系间特殊配合力好的杂交，说明杂种优势强，有用于生产的可能性。配合力测定的方法是把育种场培育的各个纯系的杂交组合，送到配合力测定站，在相同的饲养管理条件下进行饲养试验，通过对杂交后代生产性能进行测定记录，包括数量性状和质量性状的测定，从中筛选出符合经济需要、配合力最佳的杂交组合，从而构成配套品系用于育种。

四、制　种

制种就是配套品系的杂交。利用构成配套品系的各个纯系，按照经配合力测定筛选出的最佳杂交组合生产模式进行逐代杂交，生产商品杂交禽。其杂交方式主要有二系配套杂交、三系配套杂交和四系配套杂交。

1. 二系配套杂交

这是最简单的杂交方式，也叫单交。二系配套杂交模式如图 1.1 所示。配套系由两个纯系构成，遗传进展传递快，但不利于父母代利用杂种优势来提高繁殖性能，制种数量较少，难以满足社会的需求。大型育种公司基本上已不提供二系杂交的配套组合。

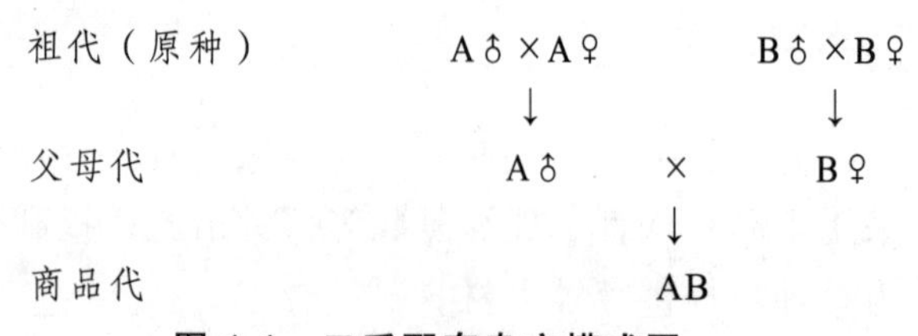

图 1.1　二系配套杂交模式图

2. 三系配套杂交

配套系由三个纯系构成。这种杂交方式比二系杂交方式的遗传基础广，因此获得的杂交优势也较强。三系配套杂交如图 1.2 所示。

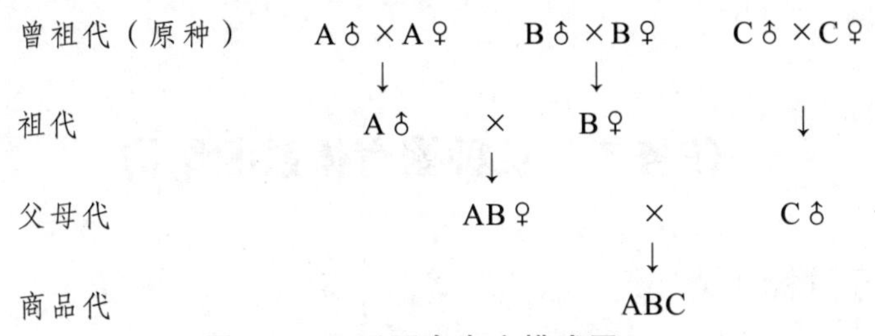

图 1.2　三系配套杂交模式图

3. 四系配套杂交

配套系分别来源于四个纯系，又称双交，如图 1.3 所示。这种杂交方式遗传基础更广，杂交优势也更强。四系配套有利于控制种源和保证供种的连续性，家禽的商品代自别雌雄（羽色和羽速）是采用四系配套产生的，许多育种公司的鸡种都是四系配套形式供种。

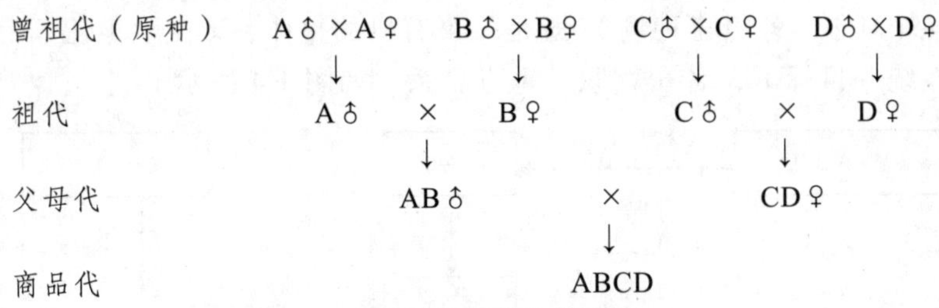

图 1.3　四系杂交配套模式图

在两个或两个以上的配套系杂交时，形成配套杂交组合，其中一个系称为父系，另一个系称为母系，父系的公禽称为父本，母系的母亲称为母本。

在 A、B、C、D 四系配套组合杂交中，A 系叫做父本父系，B 叫做父本母系，C 系叫做母本父系，D 系叫做母本母系。各个纯系的位置和性别，不能随意改换，否则将会失去杂交优势和杂交禽的特性。利用配套品系杂交生产的商品杂交禽，不能留作种用进行自交繁殖，否则其后代将由于基因型的分离而发生退化。

【评估单】

一、名词解释（期望值 50 分）

家禽繁育体系　育种　制种　配合力测定

二、简答题（期望值 50 分）

1. 家禽繁育体系的基本环节。

2. 什么是配套品系？画出配套品系杂交图，并说明在配套杂交过程中应注意的问题。

任务二　良种繁育体系的结构

【学习目标】

了解家禽良种繁育体系的结构及各场的任务。

【资料单】

完善的家禽繁育体系形似一个金字塔结构，是把品种资源、纯系培育、配合力测定以及种鸡扩繁等环节有机结合起来形成的一套体系，就是由数量较少的纯系，通过逐级制种繁殖，最后得到大量的高产杂交禽。整个良种繁育体系各个环节（各级育种场），既是一个有机的整体，又在承担任务上各有分工，在统一目标下，各司其职，垂直联系。如图 1.4 所示。

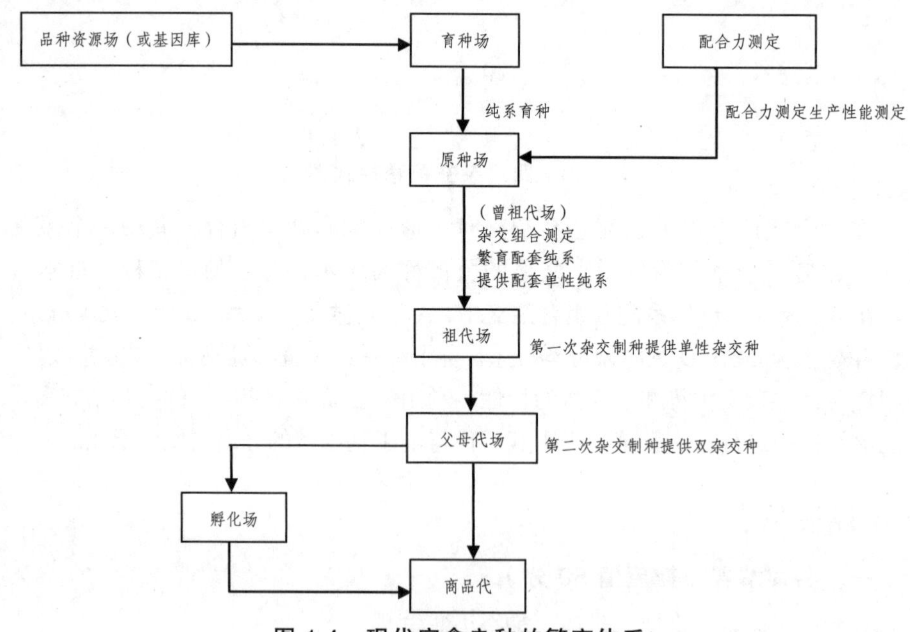

图 1.4　现代家禽良种的繁育体系

一、品种场

处于金字塔顶的品种场也称基因库，是家禽各种各样基因的保存仓库，其任务是收集、保存、饲养各种家禽品种、品系或群体；研究它们的特征、特性及其遗传规律，发掘可能利用的优良基因，为育种场提供育种素材。

二、育种场

育种场的任务是根据育种目标，充分利用品种资源场提供的育种素材，采用现代遗传育种方法，培育出若干各有特点的纯系。培育一个纯系，至少要 60 个以上家系。家系越大，选择就越大，选育的进展就更快。经过一段时间的选育，群体基本纯合后，通过品系间的配合力测定，筛选出最佳的杂交配套组合。然后送请随机抽样性能检测站测验后，将成功配套组合中的父系和母系提供给曾祖代场，从而进入繁育体系，供生产上使用。

育种场是育种体系的核心，是提供优良配套品系的关键场所，育种是一项技术性复杂、条件要求高、专业性强、过程长、耗费高的工作。我国当前使用的大多数鸡种，主要都是从欧美国家育种公司引进的。我国目前只有少数科研机构、育种公司、高等院校进行这项工作。

三、原种场（曾祖代场）

原种场饲养由育种场提供的配套纯系，进行配套纯系的选育、扩繁，也继续进行杂交组合的测定。将优秀组合中的单性纯系提供给祖代场。例如四系配套的曾祖代场，将 A♂、B♀、C♂、D♀按一定公母比例提供给祖代场。目前我国的曾祖代场与育种场常常结合在一起，叫原种场。目前我国有上海原种鸡场、上海华申原种鸡场、上海华青原种鸡场、北京种禽场、北京华都原种鸡场、北京艾维茵育种公司、哈尔滨原种鸡场等 7 个原种鸡场。在北京、上海、黑龙江、辽宁、甘肃五省市建立了 7 个祖代场，先后引进了曾祖代的蛋用和肉用组合各 3 套。

四、祖代场

祖代场不进行育种工作，主要任务是饲养从曾祖代场得到的单性种禽，进行品系间第一次杂交制种，即 A♂ ×B♀、C♂ ×D♀，向父母代场提供二元杂交的单一性别的父母代种禽（AB♂、CD♀）或种蛋。祖代场每年必须由曾祖代场进鸡，父母代场必须每年由祖代场进鸡。

五、父母代场

父母代场的任务是接受祖代场提供的父母代种禽，进行第二次杂交制种，如为四系配套，即用AB♂×CD♀（正交），生产商品杂交雏ABCD，供商品代场饲养。父母代场绝不能用反交方式进行杂交。父母代场每年必须由祖代场进鸡。

六、商品代场

商品代场的任务是饲养由父母代场提供的双杂交商品禽（ABCD），进行商品生产，为市场提供商品禽蛋或禽肉。

【评估单】

一、简答题（期望值50分）

1. 家禽良种繁育体系的基本结构是什么？
2. 说明良种繁育体系中各场的主要任务。

二、思考题（期望值50分）

在引种家禽时，应注意什么问题？

项目二　家禽配种技术

任务一　家禽的选种方法

【学习目标】

了解家禽的选种方法。

【资料单】

在家禽育种工作中，选种是必不可少的基本手段，是家禽配种繁殖的基础。选种是根据家禽外貌与生理特征、记录成绩、血型等资料，选出优秀的家系或个体作为种禽。生产中往往根据家禽的重要性状进行选择，以获取优质种蛋。

一、单性状选择法

单性状选择通常根据个体本身的表型值和个体所在的家系的均值进行选择，包括个体选择、家系选择、家系内选择和合并选择。

1. 个体选择

主要根据个体本身生产成绩进行选择，也称个体鉴定。这种选种方法简单易行，适合于遗传力较高、表型标准差较大的性状，通过个体选择，可以获得较好的遗传进展。如肉鸡育种中选择体重时常采用此法。

2. 家系选择

以整个家系为单位进行选择，根据家系的均值大小对整个家系进行选择和淘汰。选中的家系全部个体都可以留种，反之，未选中者不作种用。家系选择适用于遗传力低的性状。

3. 家系内选择

主要根据个体表型值与家系均值之差进行选择,不考虑家系均值的大小，每个家系都选留部分个体。适用于遗传力低的性状，生产中主要用在小群体内选配、扩繁和保种方案中。

4. 合并选择

根据性状遗传力和家系内表型相关性，分别给予这两者不同的加权系数，合并为一个指数 I，根据指数的高低进行选择和淘汰。合并选择法综合了其他选种方法的优点，其选择准确性高于其他选择方法，在生产中可以获得较理想的遗传进展。

二、多形状选择法

家禽的生产性能包括多种重要的经济性状，各性状之间往往存在不同程度的遗传相关性。如果在家禽的选种中只考虑单一性状的选择，可能达不到预期选择目标，甚至造成相反的结果。在育种工作实践中，一般选择的生产性能都不是单一的，而是多个生产性能同时选择。如肉用鸡种选择项目有生长速度、体重、屠宰率、屠体品质、饲料报酬、生活力等。蛋用鸡种选择项目有产蛋量、蛋重、蛋品质、饲料报酬、生活力、繁殖力等。

1. 顺序选择法

这种方法也称单项选择法。指在选种时，对计划选择的多个性状逐一进行选择和改进，每个性状选择一个或数个世代，待所选的单个性状达到理想的选择效果后，就停止对该性状的选择，又开始选择第二个性状，达到选择目标后，再选择第三个性状，如此按顺序选择各个性状。此种选择方法每次只能选择单一的一个性状，而多个性状的选择需要较长的时间和精力，对于成负相关的性状往往达不到预期选择效果。

2. 独立淘汰法

指在选种时，将所要选择的种禽的多个性状各自确定一个选择标准，所有性状都超过选择标准的个体才能选留种用，只要有一项没有达到选择标准的种禽都要淘汰。此法不可避免地容易将一些大多数性状表现十分突出，而个别性状有所不足的优秀个体淘汰掉，选留的个体往往是各性状都比较“中庸”的个体。独立淘汰法优于顺序选择法。

3. 综合指数法

指在选种时，将多个性状值综合在一起进行选择。在种禽的选留时，根据性状的遗传基础和经济重要性，分别给予适当的加权，形成一个指数，根据指数的高低进行选留和淘汰。此种选择方法具有很好的选择效果，广泛应用在家禽育种工作中。

【评估单】

一、名词解释（期望值 50 分）

个体选择　家系选择　综合指数选择法

二、简答题（期望值 50 分）

1. 在家禽育种工作中，为什么要选种？
2. 家禽选种的方法有哪些？各有何特点？

任务二　家禽的选配方法

【学习目标】

了解家禽的选配方法。

【资料单】

优秀的种禽如何能够将优良性状通过公母禽配种传递给下一代,并且在下一代体现，这就是种禽选配的作用，选配是选种的延续。育种工作不能创造基因，但是可以运用选择和配种制度来保持和巩固某些优良性状，也可以通过基因的分离和重组，产生更加优异的生产性能，创造性地发挥其遗传潜能。

一、同质选配

同质选配是指具有相同生产特点的交配。这样的选配，增加了亲本和后代的相似性，增加了后代基因的纯合性。亲代中的相似性如果是杂合型基因，则在后代基因分离出现完全相反的性状。同质选配分为以下两类。

基因型同质选配：是指根据谱系资料，可以判断具有相同基因型的交配。

表现型同质选配：是指在不了解配种双方的谱系情况下，根据数量和质量性状的相似程度进行交配。

二、异质选配

异质选配是指具有不同生产性能的交配。这样的选配，增加了后代基因的杂合比例，后代和亲本的相似性降低，生产性能也会出现变化。异质选配分为以下两类。

基因型异质选配：是指通过谱系资料判断配种双方没有血缘关系，并且有不同的生产特点和性状，期望在后代中获得双方的优点的交配。

表现型异质选配：是指不查谱系资料，只是具有不同生产性能的表现性状的交配。

三、随机配种

随机配种是指不进行人为控制，让公母禽自然随机地交配。随机交配不代表无序配种。

【评估单】

一、名词解释（期望值 50 分）

同质选配　异质选配　随机配种

二、简答题（期望值 50 分）

选配有何作用？怎样进行家禽选配？

任务三　家禽的配种方法

【学习目标】

1. 了解家禽配种比例和使用年限。
2. 掌握家禽人工授精的操作技术。

【资料单】

家禽的配种方法分为自然交配和人工授精。

一、自然交配

自然交配是指公母禽到了适配年龄，采用公母禽混群饲养完成交配的传统繁殖方式。此种配种方法适合平养种禽的繁殖。公母鸡混群饲养的比例为 1∶10～12。

在实际生产中，公禽和母禽均应按生产性能、体质、外貌、发育情况、遗传性能、品种特征进行选择。如果有条件，应对公禽预先精选，即检查第二性征、性活动机能、精液品质，选留优秀个体配种。

（一）自然交配特点

1. 交配次数

一只公鸡一天中可交配 15 次至 100 次，配种次数越多，每次射出的精液量和精子数就会越少，一般不会低于 1 亿。

2. 精子的运行

若母鸡输卵管内没有蛋，精子只需 30 分钟到达漏斗部，最后只有一个精子与卵细胞结合而形成合子（即受精卵）。母鸡在接受公鸡交配后的 20 小时内产出受精蛋，3 天后到达最高受精率。

3. 环境温度和受精率

公母鸡最适环境温度都是 19 °C 左右。

4. 移去鸡群中公鸡后的受精率

受精蛋的比例每天都有下降，下降速度在 4 ~ 5 天之后加快。

5. 刚射出的精子活力

其活力大于“老”精子，同卵细胞结合的可能性较大。如果将原来的公鸡从鸡群中移去的当天就放入新公鸡的话，在三天之后，所有的受精蛋实际上都是由新公鸡的精子授精的。

（二）自然交配方法

1. 大群配种

大群配种是指对于较大的禽群，在母禽群中放入一定比例的公禽，使每一只公禽随机与母禽交配的配种方法。大群配种的受精率较高，但不能准确知道雏禽的血缘，因此，只适于繁殖。此种配种方法广泛应用于祖代场和父母代场。配种禽群的大小通常在 100 ~ 1 000 只。若配种公禽是当年公禽，由于性机能旺盛，则可多配一些母禽。老龄公禽，由于性活动能力差、竞争能力低，不适于大群配种。在采用大群配种的时候，由于公母禽早期生长发育不同而分群饲养，应该在性成熟后及时混群。

2. 小群配种

小群配种又称单间配种，是指在一个配种小间进行配种，即将一只公禽和一小群母禽单独作为一个群体进行饲养，产生的后代个体都是公禽的后代，母本不同。这种方法适用于育种场。小群配种，要有单独的禽舍，自闭产蛋箱。公禽和母禽均须配戴脚号。禽群的大小因品种而异，蛋用型鸡 10 ~ 15 只，肉用型鸡 8 ~ 10 只。小群配种由于公禽存在对某些母禽偏爱的癖性，种蛋受精率低于大群配种。所以许多育种场已不采用，改为人工授精。

3. 个体控制配种

个体控制配种是指将一只公禽单独饲养在配种笼内，将一只母禽放入，待与公禽交配后，将母禽取出，再放入另外一只母禽，以此类推。为了保证与配母禽种蛋的受精率，每周必须交配一次。个体控制配种可以充分利用优秀的公禽，但是需要人为干预控制，劳动强度大。

4. 同雌异雄轮配

同雌异雄轮配是指配种开始时，按照公母禽的自然交配比例，将公禽放到母禽群中，配种两周后，间隔一周不放公禽，于第三周末，用第二只公禽精液人工输精，间隔两天放入第二只公禽。前三周母禽所产的蛋是第一只公禽的后代，第四周的种蛋不用于孵化，自第五周起即为第二只公禽的后代。采用同雌异雄轮配的方法，一只母禽就可以和不同的两只公禽配种产生后代个体。以此类推，一只母禽还可以与多只公禽交配产生后代个体。中间进行的人工输精主要是为了减少前一只公禽的影响，同时也因为短时间内不能完成全部交配，所以人工输精能够准确确定种蛋的父母本，保证谱系资料的准确。在进行家系育种中，常采用同雌异雄配种法，以便充分利用配种间，获得更多配种组合或父系家系，以及便于进行对配种公禽的后裔测定。

5. 人工辅助配种

人工辅助配种是指人为捉住母禽的双翅和双腿，轻摇其身体，刺激公禽的性欲，使公禽主动接近配种，当公禽踏上母禽背部时，一手托住母禽，另一手把母禽尾羽向上侧提，让公禽交配。其他公禽见到后也会主动爬跨母禽进行交配。每隔 3 ~ 5 天进行 1 次，即可收到良效。在孵化繁殖季节，为了使每只母禽都能与公禽交配，提高种蛋的受精率，可以实行人工辅助配种方法。

无论采用何种自然交配方法，公鸡混入母鸡群 48 小时后即可采集种蛋，但要获得高受精率种蛋则需 5 ~ 7 天，所以，应提前 5 ~ 7 天将公鸡放入母鸡群。为了降低应激，宜在夜间将公禽放入母禽群中，这样可以减少公禽造成的争斗和群序等级的混乱。公母禽配种年龄不宜过早，宜在性成熟后，开产日龄之前。公禽配种过早，不仅影响自身的成熟发育，出现早衰，还影响精液的品质，进而影响种蛋的受精率。

（三）公母比例

在自然交配中，常常是一只公禽与数只母禽交配。但要注意公母比例，公禽过多引起相互间争斗干扰交配，降低受精率，浪费饲料。相反，公禽过少，配种负担太重，导致精液品质下降，受精率降低。在自然交配时，公母禽适宜配比见表 1.1。

表 1.1　公、母禽自然交配的比例

品种	公母配比	品种	公母配比
轻型鸡	1∶12～15	中型鸭	1∶10～15
中型鸡	1∶10～12	肉用种鸭	1∶8～10
肉用种鸡	1∶8～10	鹅	1∶4～6
轻型鸭	1∶15～20	火鸡	1∶10～12

二、人工授精

人工授精是指人工采取公禽的精液，同时再人工输入母禽体内，完成种蛋的受精过程。目前人工授精技术已广泛应用于笼养种鸡的配种，不仅扩大了公母禽配种比例，公母鸡比例可达 1∶30～50，还能充分利用优秀种源，便于疾病控制，受精率高。

（一）采精技术

1. 采精前的准备

（1）公禽的选择。在配种前 2～3 周内，选留健康，第二性征明显，体重符合标准，发育良好，腹部柔软，按摩时性反射强的公禽，并结合采精训练，对精液品质进行检查。

（2）隔离与训练。公鸡在使用前 1～2 周内，转入单笼饲养，便于熟悉环境和熟悉管理人员。

在配种前 1～2 周开始训练公鸡采精，早晨用手向尾部按摩公鸡腰荐部数次，每天这样做 1 次，或隔天 1 次，以建立条件反射。一旦训练成功，则应坚持隔天采精。经 3～4 次训练，大部分公鸡都能采到精液，如训练多次仍不能建立条件反射，则应淘汰。正常情况下约淘汰 3%～5%。为了减少应激，从采精训练开始到后期的饲养管理，一直要固定操作者，以提高采精量。

（3）预防污染精液。公鸡开始训练之前，将泄殖腔外周的 1 cm 左右的羽毛剪除，公鸡须于采精前 3～4 小时绝食，以防止排粪致使集精杯中精液污染。所有人工授精用具，应清洗、消毒、烘干。如无烘干设备，清洗干净后，用蒸馏水煮沸消毒，再用生理盐水冲洗 2～3 次方可使用。

2. 采精方法

按摩法是目前生产中采精的基本方法。一般采用背腹式按摩法。

（1）双人采精法。又称立式采精法。两人配合，一人保定，一人采精。操作程序如下。

保定公鸡：保定员用双手各握住公鸡一只腿，自然分开，拇指拉住鸡翅，使公鸡头部向后，身体略向下倾斜，尾部朝向采精员，类似自然交配的姿势。

固定采精杯：采精员右手中指与无名指夹住集精杯，杯口朝下。

按摩：采精员左手掌向下，贴于公鸡背部，自背鞍部向尾部方向抚摩数次以引起公鸡的性反射，迅速用左手将尾羽翻向背侧，并将拇指和食指置于耻骨下泄殖腔两侧的柔软部，抖动按摩若干次，当泄殖腔外翻时用左手拇指与食指在泄殖腔两侧适当挤压，精液便可顺利排出。

集精：当肛门有乳白色液体流出时，右手掌翻转使集精杯杯口向上贴向肛门，接收精液。集精完毕，保定员将公鸡放回笼中。

（2）单人采精法。又称坐式采精法，操作程序如下。

保定：采精人员坐在小凳上，左右腿交叉，将公鸡双腿夹于两腿之间，公鸡头朝左下侧。

固定集精杯：右手夹集精杯，杯口朝下，放于公鸡后腹部柔软处。

按摩：左手由背部向尾根按摩数次，即可翻尾、挤肛、收集精液。

（3）注意事项。采精时周围环境应安静，以防公鸡骚动不安。抓取公鸡时动作要轻快。按摩频度由慢到快，能更好地刺激公鸡的性反射。

采精按摩时，易出现排粪尿现象，因此，采精杯口应放在泄殖腔的一侧或下方。当精液被粪便污染严重时，应连同精液一起弃掉。

采精人员要相对固定，采精手法保持一致，以免影响公鸡的性反射，从而造成采精量差异较大、精液损失，甚至采不出精液。

公鸡排精时，采精员左手一定要捏紧肛门两侧，不得放松，否则精液排出不完全，会影响采精量。

公鸡使用频率根据年龄、饲养管理条件、气候、配种任务等而异，以保证精液品质和种鸡的利用。

由于温度、酸碱度、氧化性等诸多因素对精液质量有影响，所以，采精要迅速，控制好时间和温度，采精时间最好控制在 30 分钟左右完成，精液应保存在 30 ~ 35 °C 的环境中。

3. 精液品质检查

精液品质检查方法主要是肉眼检查和显微镜检查。生产中精液常规检查项目如下。

（1）肉眼检查。

精液颜色：正常精液为乳白色不透明液体。混入血液为粉红色；被粪便污染为黄褐色；尿酸盐混入时，呈粉白色棉絮状块；过量的透明液混入，精液稀薄，则见有水渍状。凡受污染的精液，品质均急剧下降，受精率不高，不适合人工授精使用。

气味：正常精液稍带有腥味。

浓稠度：正常精液浓稠度很大。

精液量：一般公鸡的精液量在 0.2 ~ 0.7 mL，鹅为 0.1 ~ 1.38 mL，鸭为 0.29 ~ 0.38 mL。用具有刻度的吸管、结核菌素注射器或其他度量器，将精液吸入，读取精液量。

pH 值：鸡精液的 pH 值呈中性，一般在 6.8 ~ 7.6 之间，过酸或过于碱性，精液品质都有问题，输精受精率低。使用精密 pH 试纸测定精液酸碱度。

（2）显微镜检查。

精子活力：于采精后 20 ~ 30 分钟内进行，取精液或稀释后的精液，用平板压片法在 37 ~ 38 °C 条件下，用 200 ~ 400 倍显微镜检查，评定精子活力等级。通常根据直线前进运动的精子所占比例多少评为 0.1—0.9 级；圆周运动、摆动运动两种方式均无受精能力。

精子密度：品质好的精液密度大，而品质差的精液密度小。一般在显微镜下用平板压片法进行密度检查，按其稠密程度划分为密、中、稀 3 级。密：每毫升精子数在 40 亿个以上；中：每毫升精子数在 20 亿 ~ 40 亿个；稀：每毫升精子数在 20 亿个以下。

畸形率检查：取一滴原精液滴在载玻片上，抹片，自然阴干后，用 95%酒精固定 1 ~ 2 分钟，冲洗，再用 0.5%龙胆紫（或红、蓝墨水）染 3 分钟，冲洗，阴干后即在 200 ~ 400 倍显微镜下检查。数 300 ~ 500 个精子中有多少个畸形精子，然后计算畸形率。

4. 精液的稀释

（1）精液稀释的目的。鸡精液量少，密度大，稀释后可增加输精母鸡数，提高公鸡的利用率。精液经稀释可使精子均匀分布，保证每个输精剂量有足够精子数。精液稀释扩量后，便于输精量的把握。稀释液主要是给精子提供能量，保障精细胞的渗透平衡和离子平衡，提供缓冲剂，防止 pH 值变化，延长精子寿命。

（2）稀释方法。采精后应尽快稀释，将精液和稀释液分别装于试管中，并同时放入 30 °C 保温瓶或恒温箱内，使精液和稀释液的温度相等或接近，避免两者温度过大，造成突然降温，影响精子活力。稀释时稀释液应沿装有精液的试管壁缓慢加入，轻轻转动，均匀混合。鸡的精液稀释通常用灭菌的 0.9%生理盐水作为稀释液，稀释比例为 1 : 1。

家禽的精液难于保存，采集后或稀释后须立即输精。鸡的精液不耐冷冻，冷冻精液再溶解使用，受精率大大降低。

（二）输精技术

1. 输精前的准备

输精器为带胶头的玻璃吸管、移液管或鸡输精枪等，生产中鸡输精枪的应用，保证了受精率，还大大提高了工作效率。

母禽的准备：输精母鸡必须先进行白痢检疫，凡阳性者一律淘汰，同时还须选择无泄殖腔炎症，中等以上营养体况的母鸡。产蛋率达 70%时开始输精，更为理想。

2. 输精操作

应两人配合，一人抓鸡翻肛，一人输精。翻肛人员打开笼门，用右手抓住鸡的双腿，稍向上提将鸡提到笼门口，左手大拇指与食指分开呈“八”字形紧贴母鸡肛门上下方，使劲向外张开肛门，并用拇指挤压腹部，泄殖腔内的输卵管开口便翻出。输精人员立即向输精管口正中轻轻插入输精器输精，然后将母鸡放回笼内。

注意：给母鸡腹部施以压力时，一定要着力于腹部左侧，如着力相反，便引起母鸡排粪；无论使用何种输精器，均须对准输卵管开口中央，轻轻插入，切忌将输精器斜插入输卵管，以免损伤输卵管壁；助手与输精员密切配合，当输精器插入的一瞬间，助手应立刻解除对母鸡腹部的压力，输精员便能有效地将精液全部输入；注意不要输入空气或气泡；防止相互感染，应使用一次性的输精器，切实做到一只母鸡换一套输精器，如使用滴管类的输精器，必须每输 1 只母鸡用消毒棉花擦拭输精器。

3. 输精时间

应避免在产蛋前 4 小时和产蛋后 1 小时进行输精。如果子宫内已有一个硬壳蛋，这个蛋就会阻碍精子的运动。生产中，最好在每天下午 3 点以后，大部分母鸡产蛋结束后输精，此时母鸡子宫内无硬壳蛋。

4. 输精部位和深度

根据输精部位深浅分为浅阴道输精（1 ~ 2 cm）、中阴道输精（4 ~ 5 cm）和深阴道输精（6 ~ 8 cm）三种。生产中常采用浅阴道输精法，轻型蛋鸡以 1 ~ 2 cm、中型蛋鸡以 2 ~ 3 cm 为宜。但在母鸡产蛋率下降，精液品质较差的情况下，可用中阴道输精。

5. 输精量与输精次数

正常情况下，将 0.025 ~ 0.03 mL 新鲜精液注入输卵管内约 2.5 cm 深处，每 5 ~ 7 天应输精一次，以维持最高受精率。一只良好公鸡所产的精液可以用于 100 只母鸡，如果稀释精液，一只公鸡的精液可用于更多的母鸡。

三、种禽利用年限

母鸡第一个产蛋年产蛋量和受精率最高，以后逐年下降，产蛋量每年以 15% ~ 20%水平下降。因此，除育种场的优秀禽群可利用 2 ~ 4 年，一般商品场和繁殖场种鸡利用年限为一年。由于特殊原因需要利用第二个产蛋年，就必须采用强制换羽。

母鸭第一年的产蛋性能最好，2 ~ 3 年后逐渐下降，所以种母鸭的利用年限一般以 2 ~ 3 年为限，为了保证种禽群的整体均衡性，由母鸭组成的种禽群年龄的比例为：1 岁母鸭 60%，2 岁母鸭 38%，3 岁母鸭 2%。

鹅的生长期长，性成熟较晚，第一年的产蛋性能较低，在开产后 2 ~ 3 年内产蛋量逐渐上升，第 4 年开始逐渐下降。产蛋母鹅和公鹅的利用年限为 3 ~ 4 年。鹅群比较科学的构成比例为：1 岁母鹅 30%，2 岁母鹅 25%，3 岁母鹅 20%，4 岁母鹅 15%，5 岁母鹅 10%。

【技能单】

种鸡人工授精技术。

【评估单】

一、判断题（期望值 50 分）

1. 采精时周围环境应安静，以防公鸡骚动不安，同时抓取公鸡时动作要轻快。 （ ）

2. 采精前要剪掉公鸡泄殖腔周围的羽毛，以免采精时污染精液。 （ ）

3. 正常精液稍带有腥味。 （ ）

4. 精子活力测定应该在采精后 20 ~ 30 分钟内进行。 （ ）

5. 精液稀释时稀释液应沿装有精液的试管壁缓慢加入，轻轻转动，均匀混合。 (　　)

6. 输精时间最好在每天下午 3 点以后，即大部分母鸡产蛋结束后进行。 (　　)

7. 生产实际中，给母鸡输精一般采用浅部阴道输精，输精深度为 6 ~ 8 cm。 (　　)

8. 生理盐水可作长期保存的稀释液。 (　　)

9. 商品场和繁殖场种鸡利用年限为一年。 (　　)

二、简答题（期望值 50 分）

1. 家禽配种方法有哪些，各有什么特点？
2. 家禽人工授精的技术要点及注意事项。
3. 采精、输精过程中常见问题及处理措施。
4. 精液品质检查有哪些指标？怎样判断精液品质的优劣？

项目三　家禽人工孵化技术

家禽属于卵生动物，胚胎发育主要在体外完成。种蛋在适宜的外界环境条件下发育成雏禽的过程叫孵化。孵化是养禽生产中非常重要的一环，孵化效果的好坏不仅影响雏禽的数量和质量，也影响着家禽以后的生长发育和生产性能。家禽的人工孵化技术，是所有种禽饲养企业的关键环节，是高效率生产家禽产品、推广家禽良种繁育的重要途径，是现代养禽业进行工厂化、集约化生产的重要保证。

任务一　蛋的形成和构造

【学习目标】

1. 了解蛋的形成过程、畸形蛋的种类及形成原因。
2. 了解蛋的构造、结构特点及其与胚胎发育的关系。

【资料单】

一、蛋的形成

禽类的蛋含有一个很小的卵细胞，卵细胞为蛋黄、蛋白、壳膜、蛋壳和油脂层所包围。蛋黄在卵巢中形成，蛋的其余部分则来自输卵管。

1. 蛋的形成过程

蛋是在母禽的左侧卵巢和输卵管里形成的。母禽性成熟后，卵巢上成熟卵泡破裂，排出卵子，进入输卵管，称为排卵。卵子立即被输卵管喇叭部接纳（完全接纳需要 13 分钟），并在此受精，形成受精卵（种蛋）。通过喇叭部还需 18 分钟，之后进入膨大部，在此卵黄被包上一层层的蛋白（约需 3 小时）。然后靠膨大部的蠕动作用进入峡部，在此形成内外壳膜（约 74 分钟），然后进入子宫。子宫液进入蛋内，蛋重成倍增加，壳膜鼓起形成蛋形。随后在外壳膜上沉积钙质形成蛋壳。蛋在离开子宫前，有色蛋的色素分泌并覆盖于蛋壳上，蛋上的胶护膜也形成（在子宫内停留约 18 ~ 20 小时）。卵在子宫内已形成完整的蛋，到达阴道部只等待产出（约停留 0.5 小时），在神经和激素的作用下将蛋产出。母鸡的生殖器官见图 1.5。

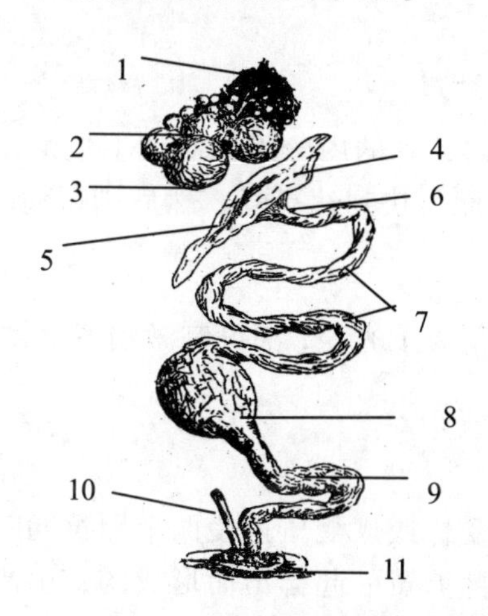

图 1.5　母禽生殖器官

1—卵巢基；2—发育中的卵泡；3—成熟的卵泡；4—喇叭部；5—喇叭部入口；6—喇叭部的颈部；7—蛋白分泌部；8—峡部；9—子宫部；10—退化的右侧输卵管；11—泄殖腔

2. 首次排卵的延迟

以首次排卵为标志的性成熟可以提前和推迟到达。青年母鸡育成期中，限制饲喂和限制每日光照时间，是延迟性成熟的两个主要手段。

3. 蛋的连产

鸡连续产蛋的天数叫连产期。一个连产期后，鸡的排卵和产蛋便停止一天或数天，然后又开始第二个连产期。产蛋多的鸡，连产期较长；产蛋少的鸡，连产期短，每个连产期之间的休产时间也较长。

4. 产一个蛋所需时间

在一个连产期中，大多数鸡每产一枚蛋需要的间隔时间是24～26小时。如果间隔时间长于24小时，每一个蛋的产出时间便会逐日延长，最终，蛋就会产得很迟，以致突破正常的产蛋节律而跳过一天才会再次排卵。

5. 排卵时间

连产期长的鸡，在一个连产期中产第一个蛋的时间是在早晨，约在日出后或人工光照开始后1～2小时内。当蛋第二天产出后，仅隔15～75分钟后，下一个成熟的卵泡破裂排卵。而连产期短的鸡所产的第一个蛋是在中午较晚时才产出，下一个蛋的排卵时间也较晚，产蛋间隔的时间也较长。排卵多发生在上午，如果前一个蛋到下午才排出，则当天通常不发生下一次排卵。

6. 产蛋期开始时的产蛋

在开产后的第一周内，鸡的内分泌机制还不平衡，排卵很不规律，只产2～4个蛋，第二周后排卵很快到达高峰，然后则每周缓慢下降。

7. 光照和排卵

无论是自然光照还是人工光照，都可刺激脑下垂体，使其分泌出卵泡素，激活卵巢排卵。

8. 畸形蛋的形成

双黄蛋是由于母鸡受惊或遭受压迫使两个卵黄同时成熟排出，或一个未成熟的卵黄与另一已成熟卵黄一起排出而形成的，也与遗传有一定关系。无黄蛋特别小，无卵黄，是产蛋初期由于蛋白分泌部功能旺盛所致。软壳蛋则是饲料缺乏维生素D、子宫分泌蛋壳机能因病失常、母鸡输卵管炎或受惊、接种疫苗产生强烈反应阻碍蛋壳形成等原因所致。血斑和肉斑蛋的形成是因为卵巢出血或脱落，卵泡膜随卵黄进入输卵管。异形蛋是由于峡部失调，蛋壳膜分泌失常，或峡部收缩对蛋产生挤压，或疾病引起异形，如过大、偏形、皱皮、沙皮等。蛋包蛋特别大，破壳后内有一正常蛋，是在蛋形成后，母鸡由于受惊，输卵管发生逆蠕动，将形成的蛋推移到输卵管上部，然后再向下移行，又包上蛋白、蛋壳膜和蛋壳而形成。

二、蛋的构造

（一）蛋的构造

蛋的构造包括胚珠或胚盘、蛋黄、蛋白、蛋壳膜和蛋壳 5 个部分。如图 1.6。

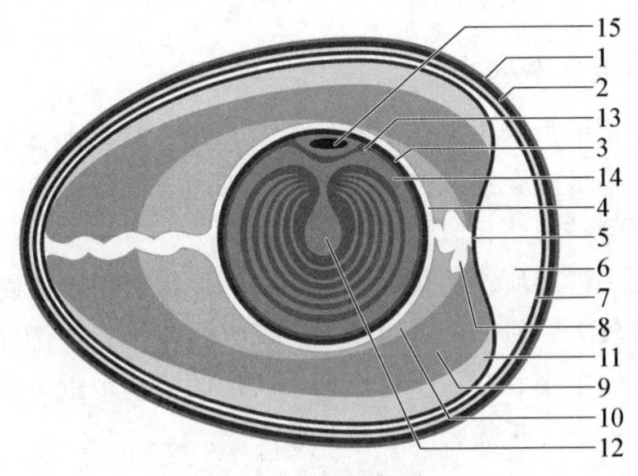

图 1.6 蛋的构造

1—胶护膜；2—蛋壳；3—蛋黄膜；4—系带层浓蛋白；5—内壳膜；6—气室；7—外壳膜；8—系带；9—浓蛋白；10—内稀蛋白；11—外稀蛋白；12—蛋黄心；13—深色蛋黄；14—浅色蛋黄；15—胚珠或胚盘

（1）蛋壳。完整的蛋壳呈椭圆形，主要成分为碳酸钙，约占全蛋体积的 11.1% ~ 11.5%。

（2）蛋壳膜。蛋壳膜为包裹在蛋白之外的纤维质膜，是由坚韧的角蛋白所构成的有机纤维网。壳膜分为两层：外壳膜较厚，即在蛋壳外面，一层不透明、无结构的膜，作用是避免蛋品水分蒸发；内壳膜约为前者厚度的 1/3，为在蛋壳里面的薄膜，空气能自由通过此膜。内壳膜与外壳膜大多紧密接合，仅在蛋的钝端二者分离构成气室。气室是待蛋产出之后才出现的，是体内外温差所导致的收缩而在壳膜间形成空隙。若蛋内水分遗失，气室会不断地增大，待受精卵孵化时，随胚胎的发育而增大。

（3）蛋白。蛋白为半流动的胶状物质，体积约占全蛋的 57% ~ 58.5%。蛋白中约含蛋白质 12%，主要是卵白蛋白。蛋白中还含有一定量的核黄素、尼克酸、生物素和钙、磷、铁等物质。蛋白又分浓蛋白和稀蛋白。浓蛋白为靠近蛋黄的部分蛋白，浓度较高。稀蛋白为靠近蛋壳的部分蛋白，浓度较稀。

（4）蛋黄。蛋黄多居于蛋白的中央，由系带悬于两极。蛋黄体积约为全蛋的 30%～32%，主要组成物质为卵黄磷蛋白，另外脂肪含量为 28.2%，脂肪多属于卵磷脂。蛋黄含有丰富的维生素 A 和维生素 D，且含有较高的铁、磷、硫和钙等矿物质。蛋黄内有胚盘或胚珠。

（5）胚盘或胚珠。蛋黄表面有一小白点，受精蛋叫胚盘，直径约 3 mm，未受精蛋叫胚珠，直径更小。

（二）蛋的形状和大小

（1）形状。蛋的形状由遗传因素所决定，每一只鸡都可连续产出相同形状的蛋。例如一些母鸡会连续产出畸形蛋（尖形、圆形等），有遗传的原因，也有可能是输卵管畸形所致。

（2）大小。一群鸡所产的蛋，大小不一。原因有：遗传因素影响卵的生产期长度，蛋黄较大，所产的蛋也较大，反之蛋较小；初产母鸡的第一个蛋总是比以后所产的蛋小；在一个连产期中所产的第一个蛋最大。饲料中蛋白质含量影响蛋的大小。炎热天气可使蛋变小。

（三）蛋的化学成分

禽蛋含有蛋白质、脂肪、矿物质、维生素、水分及少量的碳水化合物等多种化学成分。禽蛋的蛋壳、蛋白、蛋黄中各化学成分含量也存在差异，见表 1.2。

表 1.2 蛋的化学成分（%）

成分	水分	蛋白质	脂肪	碳水化合物	矿物质	其他
蛋壳	1.0	4.0	—	—	95.0	—
蛋白	88.5	10.5	—	0.5	0.5	—
蛋黄	47.5	17.4	33.0	0.2	1.1	0.8

【技能单】

蛋的构造和品质鉴定技术。

【评估单】

一、填空题（期望值 50 分）

1. 禽蛋是在母禽的_____侧输卵管里形成的，蛋白的形成部位是______，蛋壳的形成部位是_____。

2. 连产母鸡，产一枚蛋需要间隔_____小时。

3. 一般母禽性成熟后，卵巢上成熟卵泡破裂排出的卵子立即被输卵管_____接纳，并在此受精。

4. 在蛋黄上有一白色圆点，未受精的称_______，已受精的称________，发育成胚胎。

二、问答题（期望值 50 分）

1. 简述蛋的形成过程。

2. 蛋的形成过程中会产生哪些畸形蛋？畸形蛋形成的原因有哪些？

任务二　家禽的胚胎发育

【学习目标】

1. 了解家禽的胚胎发育过程
2. 掌握不同发育阶段的主要外观特征。
3. 了解不同家禽的孵化期及其影响因素。
4. 了解胎膜的形成及其功能。

【资料单】

家禽的胚胎发育是依赖蛋中贮存的营养物质，而不是靠从母体血液中获取养分，这一点是同哺乳动物的胚胎发育不同的。另外，胚胎发育绝大部分是发生在母体之外，并且发育速度也比哺乳动物快。

一、蛋形成过程中的胚胎发育

卵子在输卵管伞部受精形成合子后，胚胎即开始发育，大约经过 24 小时的不断有丝分裂，形成一个多细胞的胚盘。胚盘较轻，是浮于卵黄膜下面的小白点，胚胎在胚盘的明区发育形成外胚层和内胚层，然后受精蛋就产出体外。若蛋产出后处于 23.9 °C 以上的温度之中，细胞分裂会继续进行，否则细胞会停止分裂。

生产实践中，种蛋从产出直至人工孵化开始前，种蛋都应保持在低于 18.3 °C 的温度中，以保证细胞分裂完全停止。未受精的蛋无明区和暗区之分，其小白点叫胚珠，它比胚盘小。

二、孵化期中胚胎的发育

种蛋置于孵化器中维持 37.7 °C 左右的温度，可以保证胚胎第二阶段的发育。

（一）家禽孵化期

胚胎在孵化过程中发育的时期即为孵化期。各种家禽有较固定的孵化期，见表 1.3。

表 1.3　各种家禽的孵化期（天）

家禽种类	鸡	鸭	鹅	火鸡	鸽子	珠鸡	鹌鹑	瘤头鸭
孵化期	21	28	31	28	18	26	17 ~ 18	33 ~ 35

影响孵化期因素：种蛋保存时间越长孵化期越长；孵化温度提高孵化期越短，反之延长；蛋用禽孵化期比肉用禽长；大蛋的孵化期长。胚胎在体外必须完成特定的发育才出壳，孵化期过长或过短对孵化率、健雏率、雏禽的生活力都有较大的影响。

（二）胚胎发育的外部形态变化

受精卵如果获得适宜的外界条件，胚将继续发育，很快在内外胚层中间形成中胚层。以后继续发育，内、中、外三个胚层分别发育成新个体的所有组织和器官。胚胎发育的外部形态变化大致可分为四个阶段。

内部器官发育阶段（鸡 1 ~ 4 天，鸭 1 ~ 5 天，鹅 1 ~ 6 天）：首先形成中胚层，再由三个胚层形成雏禽的各种组织和器官。

外部器官发育阶段（鸡 5 ~ 14 天，鸭 6 ~ 16 天、鹅 7 ~ 18 天）：脖颈伸长，翼、喙明显，四肢形成，腹部愈合，全身被覆绒羽，胫出现鳞片。

禽胚生长阶段（鸡 15 ~ 19 天，鸭 17 ~ 27 天，鹅 19 ~ 29 天）：胚胎逐渐长大，肺血管形成，卵黄收入腹腔内，开始利用肺呼吸，在壳内鸣叫、啄壳。

出壳阶段（鸡 21 天，鸭 28 天，鹅 30 ~ 31 天）：雏禽长成，破壳而出。

家禽胚胎发育不同日龄的主要外形特征见表 1.4、图 1.6。

表 1.4　家禽胚胎发育不同日龄的外形特征

胚胎发育特征	照蛋特征（俗称）	胚龄（天）		
		鸡	鸭	鹅
器官原基出现	鱼眼珠	1	1～1.5	1～2
出现血管，羊膜覆盖头部，心脏开始跳动	樱桃珠	2	2.5～3	3～3.5
开始眼的色素沉着，出现四肢原基	蚊虫珠	3	48～8.5	4.5～5
肉眼可明显看出尿囊，胚胎头部与胚蛋分离	小蜘蛛	3	5	5.5～6
眼球内黑色素大量沉着，四肢开始发育	单珠	5	6～6.5	7～7.5
胚胎躯干增大，活动力增强	双珠	6	7～7.5	8～8.5
出现鸟类特征，可区分雌雄性腺	沉	7	8～8.5	9～9.5
四肢成形，出现羽毛原基	浮	8	9～9.5	10～10.5
羽毛突起明显，软骨开始骨化	发边	9	10.5～11	11.5～12
尿囊在蛋的尖端合拢，胚胎在羊水中浮游	合拢	10.5	13～14	15～16
尿囊合拢结束		11	15	15
蛋白部分被吸收，血管加粗，颜色变深		12	16	18
胚胎全身覆盖绒毛，胚胎迅速增长		13	17	19
胚胎转动与蛋的长轴平行，头向气室		14	18	20
体内外器官基本形成，喙接近气室		15	19	22
冠和肉髯明显，绝大部分蛋白进入羊膜腔。蛋白基本用完		16	20	23
躯干增大，两腿紧抱头部，蛋白全部进入羊膜腔。	封门	17	21	24
羊水、尿囊液明显减少，气室倾斜，头弯曲，喙朝气室	斜口	18	13	26
喙进入气室，开始肺呼吸，颈、翅突入气室，两腿弯曲朝头部，呈包头姿势	闪毛	19	25	28
大批啄壳，开始出雏	起嘴	20	27	30
大量出壳	出壳	21	28	31
出雏完结		20.75	27.5	31

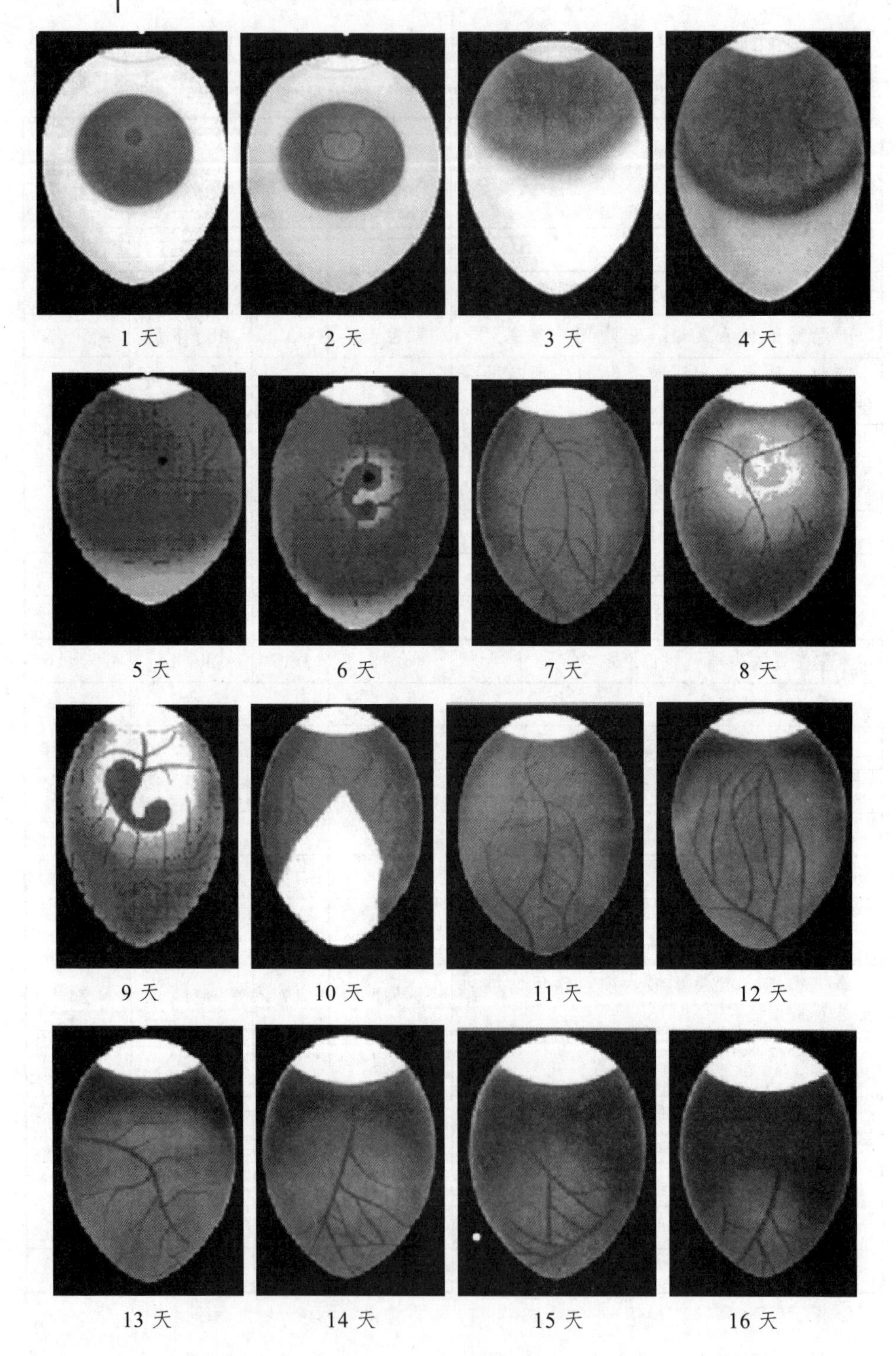
1 天
2 天
3 天
4 天
5 天
6 天
7 天
8 天
9 天
10 天
11 天
12 天
13 天
14 天
15 天
16 天

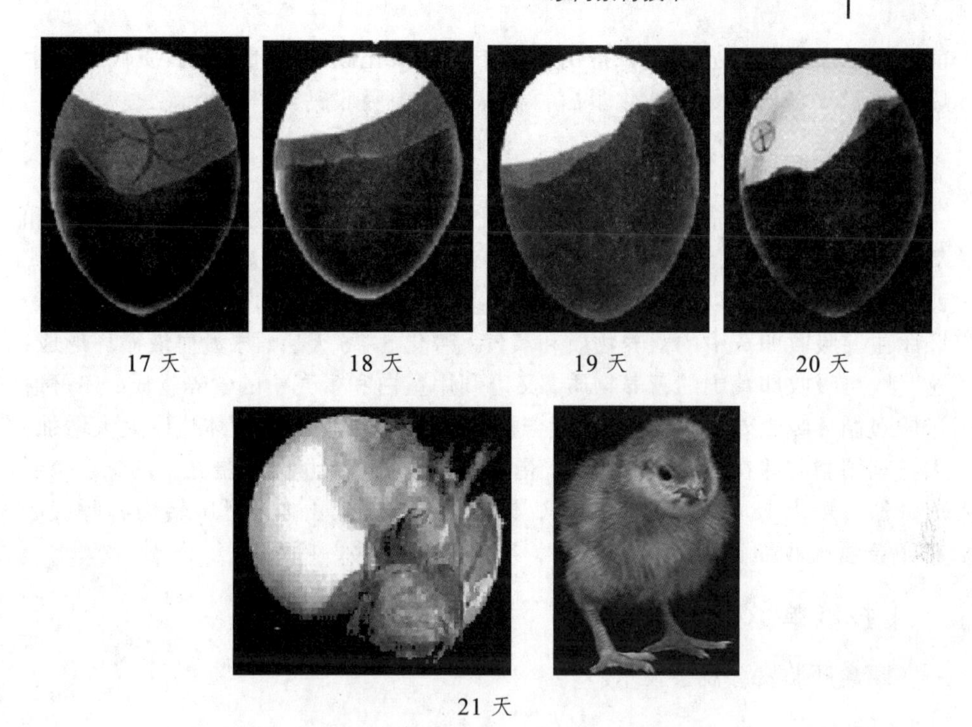

图 1.6　鸡胚胎孵化期的发育特征

（三）胎膜的形成及功能

家禽的胚胎与母体没有解剖学联系，胎膜能使胚胎利用蛋中所含的营养物质，家禽胚胎的胎膜有以下四种：

（1）卵黄囊。卵黄囊是形成最早的胚膜，在孵化第 2 天开始形成，其中含有蛋黄，蛋黄可被输送给发育中的胚胎。在雏鸡出壳前（孵化第 19 天），卵黄囊及剩余的蛋黄物质绝大部分进入腹腔，第 20 天，完全被吸入腹腔，作为出壳后暂时的营养来源。

（2）羊膜和浆膜。羊膜在孵化的第 2 天即覆盖胚胎的头部，并逐渐包围胚胎全身。羊膜内充满透明的液体（羊水），胚胎就漂浮在羊水中，有利于胚胎的发育，可保护胚胎，促使胚胎运动，防止胚胎和羊膜粘连。羊膜褶的内层为浆膜，紧贴于内蛋壳膜上，后期与尿囊结合成尿囊浆膜，起包围胚胎、胚外膜和蛋内容物的作用。

（3）尿囊膜。尿囊在孵化第 2 天末 ~ 3 天开始出现，至 10 ~ 11 天包围整个胚胎内容物，并在蛋的小头合拢，包围整个蛋的内容物，到孵化后期，尿囊逐渐干枯。尿囊上有血管，构成尿囊循环。尿囊具有呼吸、排泄和营养功能，为胚胎提供外界氧气，排出血液中的二氧化碳；是胚胎蛋白质代谢产生废物的贮存场所；帮助消化蛋白，并从蛋壳中吸收钙。

（四）胚胎的代谢

发育中的胚胎需要蛋白质、碳水化合物、脂肪、矿物质、维生素、水和氧气等作为营养物，才能完成其正常发育。孵化头两天，无血液循环，物质代谢极为简单，胚胎以渗透方式从卵黄心取得养分。2 天后，卵黄囊循环形成，胚胎主要吸收卵黄中的营养物质和氧气。孵化 5 ~ 6 天后，尿囊血液循环形成，这时既可吸收卵黄中的营养物质，又可利用蛋白和蛋壳中的营养物质，还可通过尿囊循环吸收外界氧气。当尿囊合拢后，胚胎物质代谢和气体代谢大大增加，大量利用脂肪并在胚胎体内贮存，蛋温升高，同时大量吸收蛋壳中的钙、磷形成骨骼。孵化 18 天后，蛋白用尽，尿囊枯萎，开始由血液呼吸转为肺呼吸，靠卵黄囊吸收卵黄中的营养物质，脂肪代谢加强，呼吸量大增。

【技能单】

家禽胚胎发育观察技术。

【评估单】

一、填空题（期望值 20 分）

1. 鸡、鸭、鹅的孵化期分别是____天，___天，___天。

2. 家禽胚胎发育的内在环境是胎膜，也称胚外膜，包括______、______、______、______四种。

3. 入孵第 5 天的鸡胚蛋，照蛋时可明显看见______。

二、选择题（期望值 20 分）

1. 鸡在孵化至（　　）天后开始利用肺呼吸。

A. 12 ~ 13 天　　B. 13 ~ 14 天　　C. 14 ~ 15 天　　D. 15 ~ 19 天

2.（　　）是胚胎早期营养器官、呼吸器官和造血器官。

A. 卵黄囊　　B. 羊膜　　C. 尿囊膜　　D. 浆膜

三、判断题（期望值 20 分）

1. 家禽的胚胎发育分为母体内的胚胎发育和孵化期间胚胎的发育。（　　）

2. 家禽孵化中，形成消化器官和呼吸器官的上皮及内分泌腺体等的是中胚层。（　　）

3. 种蛋孵化到 18 天，气室倾斜，称为“斜口”。（　　）

四、问答题（期望值 40 分）

1. 影响家禽孵化期有哪些因素？
2. 胚胎在孵化过程中如何发育？

任务三　保持种蛋的质量

【学习目标】

1. 了解种蛋选择的意义、选择标准与方法。
2. 熟练掌握种蛋消毒方法。
3. 掌握种蛋保存和运输的基本要求和方法。

【资料单】

一枚种蛋在产出之后到入孵之前这一段时间，保持种蛋的孵化潜力极为重要，若处理不当，会显著降低孵化率和雏鸡的质量。

一、在禽舍中保持种蛋的质量

有些禽场，种蛋在产出后至孵化前有 5%的蛋发生破损，在禽舍中的破损占总破损数的一半，通过精心管理可使破损率降至 2%。种蛋价值较高，因而破损造成的损失也较大。

（1）收集种蛋。日收集种蛋至少 4 次。每天产出的蛋都应当天收集，并立即清洁蛋壳以防止细菌侵入蛋内。产出再晚也不能在禽舍中过夜，否则孵化率会下降。集蛋时应剔除畸形蛋和破损蛋。

（2）地面蛋。平养鸡舍，应训练鸡在产蛋箱中产蛋，不要产“窝外蛋”，晚上关闭产蛋箱，防止母鸡在产蛋箱内过夜。产蛋箱内的垫料应具有干净、吸湿、柔软的特点。产蛋箱不应太高，开产前即将产蛋箱放入鸡舍中。

二、种蛋的选择

1. 选择标准

（1）种蛋来源。种禽质量要影响种蛋质量，进而影响孵化效果。种蛋应来源于高产、健康的种禽群，种蛋受精率应在 85%以上。

（2）新鲜度。一般以产后1周为宜，以3～5天最好，超过两周孵化率下降，雏鸡软弱。

（3）蛋的形状。卵圆形的蛋孵化率最好，过大、过小、过长、过圆的蛋应剔除。

（4）蛋的大小。一批种蛋中，太大的蛋和太小的蛋孵化率都不如正常大小的蛋。白壳鸡蛋应大于50 g，褐壳鸡蛋应大于52 g。

（5）蛋壳质量。蛋壳厚度和清洁度影响孵化率和出雏率，钢皮、腰箍、沙皮、软皮蛋、破损蛋、裂纹蛋应剔除，被粪便等脏物污染的蛋不可做种用，蛋壳颜色要符合本品种特征。

（6）内部质量。有些蛋产下时气室就是歪斜的，有些蛋是在产出后由于震动处理不当而造成气室歪斜，这种气室是影响孵化率最大的因素之一。

2. 选择方法

饲养员在禽舍收集种蛋时进行第一次选择，送至蛋库内进行第二次选择，种蛋送至孵化车间后进行第三次选择。

（1）外观选择。生产中多按照种蛋标准进行选择。

（2）听音选择。两手各拿3个蛋，转动五指，使蛋与蛋互相轻碰，听其声音。完整无损的蛋声音清脆，破损蛋可听到破裂声。

（3）照蛋透视。用照蛋器进行。合格种蛋蛋壳应厚薄一致，气室小，气室在大头。若是破损蛋可见裂纹，沙皮蛋可见一点一点的亮点；若蛋黄上浮多是贮存过久，或运输时受震至系带折断；若气室大则蛋比较陈旧；若蛋内变黑，多为贮存过久，微生物侵入，蛋白分解腐败的臭蛋。

（4）视抽剖验。将蛋打开倒入衬有黑色物的平皿中观察，新鲜蛋的蛋白浓厚，蛋黄隆起高；陈蛋的蛋白稀薄，蛋黄扁平甚至散黄。

三、种蛋的消毒

1. 消毒时间

蛋产出后，通过泄殖腔，蛋壳即已被泌尿和消化道的排泄物所污染。有些细菌透过蛋壳上的细孔进入蛋内，严重影响孵化率和雏鸡质量，因此，必须对种蛋进行严格的消毒。防止细菌穿过蛋壳的唯一办法是在蛋产下后，蛋内容物开始收缩之前，立即将细菌杀死，即应在蛋产出后半个小时之内进行消毒。

2. 消毒方法

种蛋消毒方法有福尔马林（甲醛）熏蒸消毒法、氯制剂消毒法、新洁尔灭消毒法、过氧乙酸消毒法、紫外线照射法等。无论采用哪种方法，最好不要洗蛋，因为洗蛋会除去部分胶护膜，使较多的细菌和其他微生物进入蛋内，也决不可用湿布去擦种蛋。若要洗蛋，必须注意保持清洗液的清洁，否则只会增加致病微生物之间的传播。生产中常用福尔马林熏蒸消毒法，现具体介绍此消毒方法。

（1）药品混合方法。应使用容量大的陶瓷器具，先放入高锰酸钾，再加入福尔马林，在 20～26 °C，相对湿度为 60%～65%的条件下，密闭熏蒸，消毒结束后立即通风。

（2）药品浓度。不同情况下，熏蒸所需福尔马林浓度是不同的。见表 1.5。

表 1.5 种蛋的甲醛熏蒸消毒方法

<table>
<tr><th rowspan="2">序号</th><th rowspan="2">地点</th><th colspan="2">每立方米体积用量</th><th rowspan="2">消毒时间（分）</th><th colspan="2">环境条件</th></tr>
<tr><th>甲醛（mL）</th><th>高锰酸钾（g）</th><th>温度（°C）</th><th>湿度（%）</th></tr>
<tr><td>1</td><td>鸡舍消毒柜中</td><td>28</td><td>14</td><td>20</td><td>25</td><td>60～65</td></tr>
<tr><td>2</td><td>码盘后在孵化器中</td><td>28</td><td>14</td><td>30</td><td>30</td><td>60～65</td></tr>
<tr><td>3</td><td>落盘后在出雏器中</td><td>14</td><td>7</td><td>30</td><td colspan="2" rowspan="2">出雏条件</td></tr>
<tr><td>4</td><td>出雏器中</td><td>14</td><td>7</td><td>3</td></tr>
</table>

（3）注意事项。绝不可将高锰酸钾加到福尔马林中去，二者药品结合时产生大量的热，甲醛气产生很快，不要伤及眼睛和皮肤；对“冒汗”的蛋应先让水珠蒸发后再消毒；福尔马林气对早期胚胎和正在啄壳的雏禽发育不利，应避免对入孵 24～96 小时的胚胎进行熏蒸，一般不提倡对雏禽进行熏蒸消毒，除非有“蛋爆裂”发生；福尔马林挥发性强，要随用随取。

四、种蛋的保存

种蛋产下后，一般贮存一天或数天才能入孵，种蛋贮存的环境条件对于种蛋内部质量有很大影响。

（1）蛋库环境。要求清洁、整齐、无灰尘，隔热性能好，通风防潮，避免日光直射和穿堂风，无蚊、蝇和老鼠。

（2）种蛋保存温度。鸡胚发育的阈值温度是 23.9 °C，保存时的温度超过此温度，胚胎就会发育，容易导致胚胎早期死亡；如果长期处于低温保存环境，胚胎会冻死。生产中，当种蛋保存一周以内，温度为 15～17 °C，保存一周以上为 12～14 °C。刚产出的种蛋应该逐渐降低至保存温度，这样才能保持胚胎的活力。

（3）种蛋保存湿度。种蛋贮存期间，蛋内水分要通过蛋壳不断蒸发，使种蛋失重。因此，应通过增加贮蛋库的湿度而尽量减少蛋内水分的蒸发，保持相对湿度在 75%～80%。

（4）种蛋保存时间。种蛋越新鲜，孵化率越高。一般以保存 7 天以内为好，以后每多放一天，孵化率下降 1%～2%。

（5）种蛋放置位置。入孵前种蛋应小头向上，防止气室歪斜，较大头向上贮存的孵化率高。在 1 周内入孵的不必翻蛋，若保存期超过 1 周，则需每天翻蛋 1 次，防止胚胎与蛋壳发生粘连。

五、种蛋的运输

种禽场和孵化场通常相隔一定的距离，同时，种蛋的装运也是良种引进和推广过程中不可缺少的一个重要环节。

（1）种蛋包装。最好的用具是专用的种蛋箱（长 60 cm × 宽 30 cm × 高 40 cm）或塑料蛋托。尽量使大头向上或平放，排列整齐，以减少蛋的破损。

（2）种蛋运输。运蛋过程要求快速、平稳、安全，防雨、防晒、防震。运输时间过长及环境温度超出正常限度，都会影响孵化率。种蛋运到后，应立即开箱检查，抛除破损种蛋，重新消毒尽快入孵。

【技能单】

种蛋的选择和消毒技术。

【评估单】

一、填空题（期望值 30 分）

1. 种蛋的保存期以____内为最好，保存温度是____°C，相对湿度是____%。

2. 种蛋的选择中，蛋形以________形为好。

3. 种蛋的消毒常采用____________法，每立方米体积用量，常用高锰酸钾______ g、福尔马林_____mL。

4. 鸡胚发育的临界温度为____°C，保存时的温度不能超过此温度，否则容易导致胚胎早期死亡。

二、判断题（期望值 40 分）

1. 种蛋蛋重应符合品种要求，白壳鸡蛋应大于 60 g，褐壳鸡蛋应大于 52 g。 （ ）

2. 种蛋保存一周以内，温度为 15 ~ 17 °C，一周以上 12 ~ 14 °C。 （ ）

3. 种蛋保存期愈长，孵化率愈高。 （ ）

4. 孵化上蛋时，鸡蛋以小头向上为好。 （ ）

三、问答题（期望值 30 分）

1. 种蛋选择有哪些基本方法？如何选择？

2. 简述种蛋的保存条件。

任务四　控制孵化条件

【学习目标】

1. 掌握家禽孵化温度、相对湿度、通风、翻蛋、凉蛋等条件的标准与控制方法。

2. 了解孵化条件对孵化效果的影响以及各条件之间的相互关系。

【资料单】

家禽的胚胎发育依靠两大条件：蛋内的营养物质和适合的外界条件。孵化就是为胚胎创造合适的外在条件，包括温度、湿度、通风、翻蛋、凉蛋等。掌握孵化条件是获得理想孵化效果的关键所在。

一、温　度

温度是胚胎发育的首要条件，只有在适宜的温度条件下，才能保证家禽胚胎正常的物质代谢和生长发育，获得高的孵化率和优质雏鸡。

1. 最适孵化温度

家禽胚胎的发育对温度有一定的适应能力，温度在 35 ~ 40.5 °C（95 ~ 105 °F）的较大范围内，都能孵出雏禽，但孵化率低，雏禽品质差。一般最适宜孵化温度范围是 37.5 ~ 38.2 °C，出雏温度为 37.3 °C，表明胚胎最佳发育所允许的温度变化范围极为狭窄，故所有的孵化器温度都必须调节在极小范围内波动。

（1）变温孵化。胚胎发育初期，处于细胞分化和组织形成阶段，代谢低、产热少，因而需要较高的孵化温度；随着胚胎的增长，物质代谢增强，产热量随之增加，尤其是后期，产热量大增，对环境温度要求降低。因此种蛋整批入孵时，孵化温度采用“前高、中平、后低”变温孵化方法控制温度，见表 1.6。

表 1.6 鸡、鸭、鹅最佳孵化温度（°C）

室温	禽种	前期		中期	后期
	鸡	1 ~ 5 天	6 ~ 12 天	13 ~ 19 天	20 ~ 21 天
	鸭	1 ~ 7 天	8 ~ 16 天	17 ~ 25 天	26 ~ 28 天
	鹅	1 ~ 8 天	9 ~ 18 天	19 ~ 28 天	29 ~ 31 天
15 ~ 20		38.6	38.3	38.1	37.2
20 ~ 25		38.3	38.1	37.8	37.2
25 ~ 30		38.1	37.8	37.5	37.2

（2）恒温孵化。当种蛋分批入孵时，孵化器的温度为 37.8 °C，出雏器的温度为 37.3 °C，因孵化器和出雏器的温度是恒定不变，故称为恒温孵化。每隔 5 ~ 7 天进一批种蛋，“新蛋”和“老蛋”交替放置，相互调节温度，使整个孵化期温度保持恒定。

2. 温度对胚胎发育的影响

当孵化温度偏离最适温度时，孵化率就降低，雏禽畸形的发生率就会升高，严重时可造成胚胎死亡。适宜的孵化条件下，鸡的孵化期为 20 天零 18 小时，鸭为 28 天，鹅为 30.5 ~ 31 天，若提前出雏则孵化温度偏高，否则偏低。

（1）高温影响。当温度过高时，胚胎发育快，孵化期缩短，胚胎死亡率增加，雏禽质量下降。蛋的温度不能过高，尤其在 2 ~ 3 日龄时，温度过高，易使心脏紧张，血管过劳，而导致血管破裂，造成死胚。孵化温度超过 42 °C，经过 2 ~ 3 小时则造成胚胎死亡。当停电时，风扇停止转动，热空气就会上升至孵化器顶部，而下部的蛋温不足，顶部胚胎或雏禽容易闷死。

（2）低温影响。低温下胚胎的生长发育迟缓，孵化期延长，死亡率增加。如温度低于 24 °C 经 30 小时便全部死亡。较小偏离最适温度的高低限，对孵化 10 天后的胚胎发育抑制作用要小些，因为此时胚蛋自温可起适当调节作用。现将孵化温度与孵化时间和孵化率的关系列于表 1.7。

表 1.7　孵化温度与所需孵化时间

温度（°C）	受精蛋孵化率（%）	孵化时间（天）
36.7	50	22.5
37.0	70	21.5
37.8	88	21.0
38.6	75	19.5

3. 孵化温度的调节

无论采用何种孵化制度，都应遵守“看胎施温”的原则。生产中应抓住两个典型时期的蛋相，即“合拢”时间和“封门”时间。鸡胚孵化到 10 ~ 11 天时，正常发育下胚胎尿囊血管两端应在小头合拢。10 天末若照蛋有 70%合拢，少数种蛋发育较快或较慢，说明胚胎发育正常，此情况不必调温。如果 10 天末有 90%以上胚蛋合拢或发育更快，说明用温偏高，胚胎发育过快，需适当降温 0.2 °C。若有 30% ~ 65%胚蛋合拢，可能用温偏低，则需适当升温 0.1 ~ 0.3 °C。“封门”时间为鸡胚发育 17 天，即照蛋时蛋小头暗不透明，若透光部分面积较大则升温 0.2 °C，若有 20%以上胚蛋向一方倾斜（斜口），说明胚蛋发育偏快，应降温 0.2 ~ 0.5 °C。

二、相对湿度

为使胚胎正常发育，并成长为大小正常的雏禽，蛋内水分蒸发应保持一定的速度。

1. 适宜的孵化湿度

湿度也是禽蛋孵化的重要条件之一，但它不如对温度要求那样严格。在孵化过程中，胚胎对湿度的要求是“两头高，中间低”。

种蛋整批入孵时，孵化初期湿度为 60% ~ 70%，孵化中期为 50% ~ 55%，后期为 65% ~ 70%。分批入孵时为照顾不同日龄的胚胎要求，孵化期湿度为 50% ~ 60%，出雏期为 70% ~ 75%。

2. 湿度对胚胎发育的影响

在孵化初期适当的湿度可使胚胎受热良好，孵化后期散热加强，又可促进胚胎发育，出雏时提高湿度有利于雏鸡啄壳。孵化期要特别注意，不同日龄的胚胎，都不能同时既耐受高温度又耐受高湿度。可用干湿球温度计测定相对湿度是否正常。

一般来说，孵化的最初 19 天期间相对湿度太高，会影响蛋内水分正常蒸发，会使雏禽提前出壳，腹大，脐部愈合不良。湿度太低则作用相反，并引起雏鸡脱水。孵化器内湿度的调节可通过放置水盘的多少、控制水温和水位的高低来实现。

三、通风换气

1. 空气中的氧气

空气约含 21%的氧。在孵化器中的氧含量改变不大，但出雏器中新出壳的雏禽呼出大量的二氧化碳，氧含量发生较大变化，如空气中氧含量由 21%每下降 1%，则孵化率下降 5%。孵化机内空气越新鲜，越有利于胚胎正常发育，出雏率也越高。

2. 通风控制

孵化初期，可关闭进、排气孔，随胚龄的增加逐渐打开，至孵化后期全部打开，使通风换气量加大。在保证正常温、湿度的前提下，要尽量通风换气，尤其是在出雏期。一般孵化器内风扇转数要求 150～250 转/分钟。

四、翻　蛋

1. 翻蛋作用

翻蛋可改变胚胎方位，防止胚胎与壳膜粘连；可促进胚胎运动，保持胎位正常；还可使胚胎受热均匀。尤其在第一周翻蛋更为重要。

2. 翻蛋次数

种蛋在孵化器中是大头在上，每隔 2 小时翻蛋 1 次。种蛋移至出雏器中停止翻蛋，以水平位置放置种蛋。为达到最高孵化率，蛋应翻成 45° 角的位置，然后又反向翻至对侧的同一位置。翻蛋时要轻、稳、慢。

五、凉　蛋

1. 凉蛋的作用

凉蛋是指孵化到一定时间，关闭电热甚至将孵化器门打开，让胚蛋温度下降的一种孵化操作程序。其目的是驱散孵化器内余热，防止胚胎“自烧至死”，同时让胚蛋得到更多的新鲜空气。

鸭、鹅蛋胚胎发育到中后期 16 ~ 17 天后，物质代谢产生大量热能，需要及时凉蛋。否则，易引起胚胎“自烧至死”。若孵化器有冷却装置则不必凉蛋。

2. 凉蛋的方法

一般每日凉蛋 1 ~ 3 次，每次凉蛋 15 ~ 30 分钟，以蛋温不低于 30 ~ 32 °C 为限(眼皮感温)。如胚胎发育好时，凉蛋时间长达 1 小时才能将蛋温降下去。可采用打开机门、关闭电源、风扇转动甚至抽出孵化盘、喷冷水等措施进行降温。

【评估单】

一、填空题(期望值 30 分)

1. 孵化就是为胚胎创造合适的外在条件，包括_____、_____、_____、_____、_____等。

2. 在家禽的变温孵化中，各期孵化温度呈现_____、_____、_____规律。

3. 每隔_____小时翻蛋 1 次，每次翻动_____度。

4. 一般鸡胚孵化适宜的温度范围是 37.5 ~ 38.2 °C，出雏温度为_____°C。

二、判断题(期望值 20 分)

1. 翻蛋可以改变胚胎方位，防止胚胎与壳膜粘连；可促进胚胎运动，保持胎位正常等。( )

2. 所有的禽蛋胚胎发育到中后期 16 ~ 17 天后，都需要及时凉蛋。( )

三、简答题(期望值 30 分)

1. 在孵化中，温度的高低会对胚胎发育造成哪些影响？

2. 在孵化中，如何根据胚胎发育状况进行温度的调节？

3. 高湿、低湿对胚胎发育造成哪些影响？

四、思考题(期望值 20 分)

1. 通风换气与温度、湿度有何关系？如何调节？

2. 孵化需要哪些条件，生产实践中如何掌握这些条件？

任务五 孵化操作

【学习目标】

1. 了解孵化机的基本构成和功能。
2. 熟练掌握孵化操作程序和操作方法。
3. 掌握初生雏的处理方法。

【资料单】

大型现代化养禽场，都采用机器孵化，其任务是把种蛋孵化出最大数量的优质雏禽。

一、孵化机的构造

现代孵化机包括孵化器和出雏器两部分，孵化器是胚蛋前、中期发育的场所，出雏器是雏禽后期破壳的场所。一般按“3 孵 1 出”组合使用。优良孵化器的温差很小，机内各点温差在 ± 0.25 °C 范围内。孵化机的构造包括机体、控温系统、控湿系统、报警系统、翻蛋系统、通风换气系统和均温装置等附属设备。机体由金属材料加保温材料做成。控温系统由电热管作热源及温度调节器组成。控湿系统采用叶片式供湿轮通过水银导电温度计及电磁阀以水源进行控制。翻蛋系统由蜗轮与蜗杆相配合，电动机带动可自动翻蛋。通风换气系统是由进出气孔、电机、风扇叶组成，电机带动风扇叶进行通风换气和调节温度。另外，还装有警铃、指示灯、照明灯和安全装置等附属设备。

二、孵化前的准备

1. 制定孵化计划

在孵化前，根据孵化和出雏能力、种蛋的数量以及雏禽的销售等具体情况，订出孵化计划，填入孵化工作日程计划表（见表 1.8），并准备好孵化记录表（见表 1.9）。一般每周入孵两批，工作效率较高。

表 1.8 孵化工作日程计划表

批次	入孵时间	入孵蛋数	头照日期	出雏器消毒	移盘日期	出雏日期	出雏结束时间	雌雄鉴别	接种疫苗	接雏

表 1.9 孵化记录表

批次	上蛋日期	上蛋数	无精蛋			中死蛋			死胎	碎蛋	出雏			受精蛋数	受精率(%)	受精蛋孵化率(%)	入孵蛋孵化率(%)
			一照	二照	合计	一照	二照	合计			健雏	弱雏	合计				

2. 孵化厂的卫生

为了保证雏禽不感染疾病，孵化室的地面、墙壁、天棚均应彻底清洗消毒。每批孵化前孵化器、蛋盘、用具必须清洗，并用福尔马林进行熏蒸消毒。

3. 准备孵化用品

孵化前一周一切用品应准备齐全，包括照蛋器、温度计、消毒药品、防疫注射器材、记录表格、电动机等。

4. 孵化机检修和试机

（1）温度计的校正。孵化用的温度计和水银导电温度计，要用标准温度计校正，并测试机内不同部位的温差。

（2）机器检修。在孵化前一周试机运转，观察记录温度、翻蛋位置间隔、加湿系统、自动报警系统、通风系统等是否按照设置运行。

（3）试机运转。打开电源开关，分别启动各系统，试机运转 1 ~ 2 天，一切正常方可正式入孵。

三、孵化操作

（1）入孵前种蛋预热。入孵前预热种蛋，能使胚胎发育从静止状态中逐渐“苏醒”过来，减少孵化器里温度下降的幅度，除去蛋表凝水，以便入孵后能立刻消毒种蛋。

种蛋预热方法：入孵前 12 小时，将种蛋放在温度 22 ~ 25 °C 相对湿度环境中，自然逐渐升温。

（2）码盘。码盘是指将种蛋大头向上码在孵化蛋盘上。国外采用真空吸蛋器码盘。

（3）入孵。一般整批孵化，每周入孵两批。整批孵化时，将装有种蛋的孵化盘插入孵化架车推入孵化器中。分批孵化时，3～5天入孵一批，入孵时间在下午4～5点钟，这样可望白天大量出雏（视升至孵化温度的时间长短而定）。若分批入孵，新蛋孵化盘与老蛋孵化盘应交错插放。

种蛋在孵化器内，需进行第二次消毒。消毒之后，将孵化机调整好孵化条件，接通电源，通电加热升温。

3. 孵化机的管理

（1）温度的管理。温度经过调整固定后不要轻易变动。待蛋温、盘温与孵化器里的温度相同时，孵化器温度就会恢复正常。密切注意温度变化情况，每隔半小时通过观察窗里面的温度计观察一次温度，每两小时记录1次温度，机内温度偏高或偏低0.5 °C以上时应调整。

有经验的孵化人员，还经常用手触摸胚蛋或将胚蛋放在眼皮上测温，必要时，还可照蛋，以了解胚胎发育情况和孵化给温是否合适。孵化温度是指孵化给温，在生产上又大多以“门表”所示温度为准。在生产实践中，存在着三种温度要加以区别，即孵化给温、胚蛋温度和门表温度。

（2）湿度的管理。孵化器观察窗内挂干湿球温度计，每2小时观察记录1次，并换算出机内的相对湿度。要注意包裹湿度计棉纱的清洁，并加蒸馏水。

孵化期间往往出现湿度偏低现象，要靠增加水盘数量、向地面洒水、提高水温和降低水位来增湿。

（3）通风系统的管理。整批孵化的前三天（尤其是冬季），进出气孔可不打开，随着胚龄的增加逐渐打开进出气孔，出雏期间进出气孔全部打开。分批入孵，进出气孔可打开1/3～2/3。

要定期检查进出风口的防尘纱窗，及时清理灰尘；经常检查风扇转动情况，电机和传动皮带工作是否正常，以确保通气和均温正常。

（4）翻蛋系统的管理。每次翻蛋的时间和角度，1～2小时转蛋1次。遇到停电，首先要打开机门，尽快发电，每1小时手动翻蛋1次。

4. 照　蛋

照蛋是指禽蛋在孵化一定时间后，在黑暗条件下用照蛋器对禽蛋进行透视，以检查胚胎发育情况，剔除无精蛋、中死蛋。照蛋是孵蛋过程中不可缺少的环节，一般整个孵化过程中可照蛋2～3次。

（1）一照。

时间：鸡胚5日龄，鸭胚7日龄，鹅胚8日龄。

目的：及时验出无精蛋、死胚蛋和破损蛋，观察胚胎发育情况，调整孵化条件。

特征：发育正常的胚蛋，血管网鲜红，扩散面大，黑色的眼点明显，俗称“起珠”。发育迟缓的胚蛋，胚体较小，血管淡而纤细，扩散面小，眼点不明显。无精蛋内透明，看不到血管分布，有时可见蛋黄阴影，看不见血管及胚胎。中死蛋有血圈或血丝，无血管扩散。

（2）二照。

时间：鸡胚19日龄，鸭胚26日龄，鹅胚29日龄。

目的：为准确掌握落盘时间和创造良好出雏条件提供依据。

特征：发育正常的胚胎，气室大而弯曲且不整齐，除气室外胚胎已占满蛋的全部容积，照蛋时看到的胚蛋全是黑色，气室内有喙的阴影，俗称“闪毛”。发育迟缓的胚胎，气室小，边缘平齐。死胚蛋气室边缘暗淡模糊，看不清血管，蛋表面发凉，应拣出。

5. 落　盘

落盘是指孵化后期，将禽蛋从入孵器的孵化盘移到出雏盘上的过程。

出雏机准备：开动出雏机，定温、定湿、加水、调整好通风孔，备好出雏盘。

落盘：经过最后一次照蛋后，将胚蛋从入孵器的孵化盘移到出雏器的出雏盘内。落盘蛋数不可太少，太少了温度不够，可能延长出雏时间，如果蛋间距离过大抽盘时容易相互碰撞，造成破损；落盘的蛋数太多会造成热量不易散发和新鲜空气不足，把胚胎烧死和闷死。

落盘时间：鸡胚孵化第18～19天，鸭胚25～26天，鹅胚28～29天，具体可掌握有10%种蛋轻微啄壳、80%种蛋“闪毛”时落盘，将蛋平码在出雏盘上，停止翻蛋，并将出雏器的温度下调到36.7 °C，相对湿度提高到75%左右，加强通风量。落盘动作要轻。

6. 出　雏

拣雏：当胚蛋有30%的雏鸡破壳后进行第一次拣雏，清理蛋壳，以防蛋壳套在其他胚蛋上闷死雏鸡，以后每4小时左右进行1次，动作要轻、快，尽量避免碰破胚蛋，防止温度大幅度下降而推迟出雏。大部分出雏后（第二次拣雏后），将已“打嘴”的胚蛋并盘集中，放在上层，以促进弱胚出雏。

人工助产：出雏后期，对已啄壳但无力自行破壳的雏禽进行人工出壳，称人工助产。将蛋壳膜已枯黄的胚蛋（说明该胚蛋蛋黄已进入腹腔，脐部已愈合，尿囊绒毛膜已完全干枯萎缩），轻轻剥离粘连处，把头、颈、翅拉出壳外，令其自行挣扎出壳。蛋壳膜湿润发白的胚蛋，不能进行人工助产，否则会使尿囊绒毛膜血管破裂流血，造成雏禽死亡或成为毫无价值的残弱雏。

7. 机器清洗与消毒

出雏完毕（鸡一般在第 22 胚龄的上半天），首先拣出死胎（“毛蛋”）和残、死雏，并分别登记入表，然后对出雏器、出雏室、冲洗室彻底清扫消毒。

8. 异常时期的孵化

（1）停电时的措施。应备有发电机，以备停电时之急需，遇到停电首先打开机门、拉电闸。室温提高至 27～30 °C，不低于 24 °C。每 0.5 小时转蛋一次。国内目前使用的孵化器类型较多，孵化室保温条件不同，种蛋胚龄、孵化器中胚蛋的多少各异，所以，难以制定一个统一的停电时孵化的操作规程，应根据具体情况灵活掌握。一般在孵化前期要注意保温，在孵化后期要注意散热。孵化前、中期，停电 4～6 小时，问题不大。由于停电，风扇停转，致使孵化器中温差较大，此时“门表”温度不能代表孵化器里的温度，在孵化中、后期停电，必须重视用手感或眼皮测温（或用温度计测不同点温度），特别是最上几层胚蛋温度。必要时，还可采用对角线倒盘以至开门散热等措施，使胚胎受热均匀，发育整齐。

（2）孵化机发生故障时的紧急处理。孵化机一旦发生故障，短时间不能修复，就要另开空机，以便及时转移胚蛋。如无备用机可用出雏机应急。超过 10 天的胚蛋可直接转入出雏机，将出雏机的温度调到原来的孵化温度。当故障机内的胚蛋在 10 日龄以内时，可将另外正常机内较大胚龄的蛋移入出雏机，把故障机内的胚蛋转入该机。

9. 填写孵化记录表格

为使各项孵化工作顺利进行，以及准确统计孵化成绩，应及时、准确地计算填写孵化记录表格。

【技能单】

1. 孵化器的构造及使用技术。
2. 孵化操作技术。

【评估单】

一、填空题（期望值 30 分）

1. 照蛋的目的是拣出无精蛋、中死蛋，观察胚胎的发育情况。孵化过程中一照时间分别是鸡胚____日龄，鸭胚____日龄，鹅胚____日龄。

2. 鸡胚经过最后一次照蛋后，将胚蛋从入孵器的孵化盘移到出雏器的出雏盘的过程，称________。

3. 当看到的胚蛋全是黑色，气室内有喙的阴影，俗称“闪毛”。此时的时间是______胚龄。

4. 种蛋入孵时间在下午_____点钟，便于出雏操作。

5. 孵化中，应每两小时记录 1 次温度，机内温度偏高或偏低______°C 以上时应调整。

二、判断题（期望值 20 分）

1. 孵化机可试机运转 1 ~ 2 天，一切正常方可正式入孵。 (　　)

2. 在外界温度很高时，种蛋不用预热即可直接入孵。 (　　)

3. 种蛋熏蒸消毒时，先将高锰酸钾放在任意器皿内，再将所需的福尔马林溶液快速倒入。 (　　)

4. 孵化中如遇到停电，首先要打开机门，尽快发电，每 1 小时手动翻蛋 1 次。 (　　)

三、简答题（期望值 30 分）

1. 孵化前要做好哪些准备工作？

2. 试述孵化照蛋的时间以及特征。

3. 什么是人工助产？如何操作？

四、思考题（期望值 20 分）

在孵化过程中可能遇到哪些紧急情况？又该如何处理？

任务六　孵化效果检查与分析

【学习目标】

1. 了解衡量孵化效果的指标，并掌握孵化效果的检查方法。

2. 掌握孵化效果的原因分析及提高孵化质量的技术措施。

3. 能识别发育正常的胚蛋和各种异常胚蛋。

【资料单】

一、衡量孵化效果的指标

在每批出雏完成后，根据照蛋拣出的破蛋、无精蛋、死胚蛋以及出雏的健雏数、残弱雏数、死雏数及死胚数等资料，按以下各主要孵化性能指标，进行统计分析。

（1）受精率（%）。指受精蛋数（包括死精蛋和活胚蛋）占入孵蛋的比例。鸡的种蛋受精率一般在90%以上。

受精率 = (受精蛋数/入孵蛋数) × 100%

（2）早期死胚率（%）。头照时（1～5 胚龄）的死精蛋数占受精蛋的百分比，正常水平应低于2.5%。

早期死胚率 = (1～5 胚龄死胚数/受精蛋数) × 100%

（3）受精蛋孵化率（%）。出壳雏禽占受精蛋比例，统计出壳雏禽数应包括健、弱、残和死雏，高水平受精蛋孵化率可达90%以上。此项是衡量孵化场孵化效果的主要指标。

受精蛋孵化率 = (出雏数/受精蛋数) × 100%

（4）入孵蛋孵化率（%）。出壳雏禽占入孵蛋的比例，高水平应达87%以上。该项反映种禽场及孵化场的综合水平。

入孵蛋孵化率 = (出雏数/入孵蛋数) × 100%

（5）健雏率（%）。健雏占总出雏数的百分比，高水平应达97%以上。孵化场多以售出的雏禽为健雏。

健雏率 = (健雏数/出雏数) × 100%

（6）毛蛋率（%）。毛蛋指出雏结束后扫盘时未出壳的胚蛋。毛蛋占入孵蛋的百分比，正常水平应在5%～7%范围内。

毛蛋率 = (出雏死胚数/入孵种蛋数) × 100%

二、孵化效果的检查方法

（一）照 蛋

1. 照蛋时间、目的

用照蛋器透视胚胎发育情况，方法简便，效果好。一般在整个孵化期间进行 2 ~ 3 次。胚胎不同日龄照蛋特征见表 1.10、图 1.8。

表 1.10 照蛋日龄和胚胎特征

照蛋	孵化天数			胚胎特征
	鸡	鸭	鹅	
头照	5	6 ~ 7	7 ~ 8	黑色眼点（起珠或单珠）
抽照	10 ~ 11	13 ~ 14	15 ~ 16	尿囊绒毛膜（合拢）
二照	19	25 ~ 26	28	气室倾斜（闪毛）

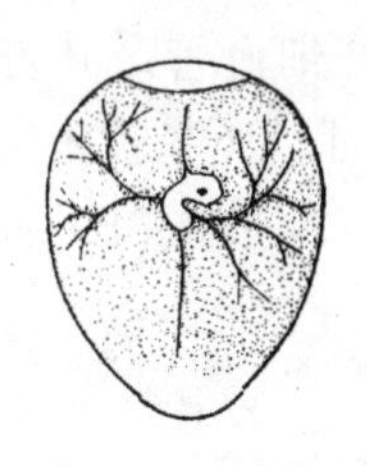
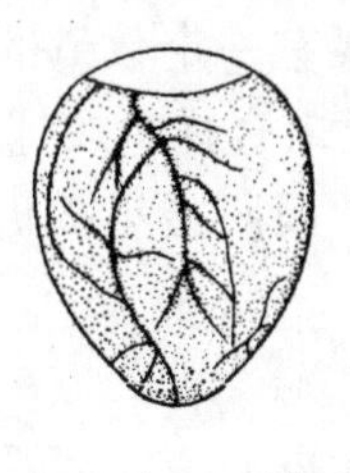
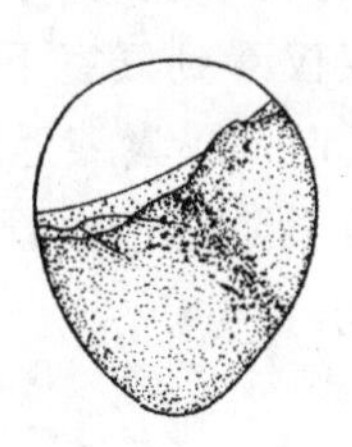

a（5 天） b（10 天） c（17 天）

图 1.8 不同日龄鸡胚胎的发育（照蛋所见）

照蛋的主要目的是观察胚胎发育是否正常，并以此作为调整孵化条件的依据，同时结合观察，挑出无精蛋、死精蛋和死胚蛋。

头照：拣出无精蛋和死精蛋，尤其是观察胚胎发育情况。如果入孵后 1 ~ 2 天死亡率高则说明种蛋是陈蛋或受震；多数发育良好，但有充血、异位现象说明孵化初期温度偏高；胚胎发育缓慢可推测温度偏低；血环蛋和无精蛋多说明种禽维生素 A 缺乏。

抽照：仅抽查孵化器中不同点的胚蛋发育情况。头照和抽照作为调整孵化条件的参考。

二照：在移盘时进行，拣出死胚蛋。二照作为掌握移盘时间和控制出雏环境的参考。若死亡率高可推测种禽营养不良；如果胚胎畸形多说明超温，内脏充血则可估计为通风不良。

2. 发育正常的胚蛋和各种异常胚蛋的识别

（1）发育正常的活胚蛋。剖视新鲜的受精蛋，可看到蛋黄上有一中心部位透明，周围为浅深圆形胚盘（有显著的明暗之分）。头照可明显看到黑色眼点，血管成放射状，蛋色为暗色。

抽验时，尿囊绒毛膜“合拢”，整个胚蛋除气室外全部布满血管。二照时，气室向一侧倾斜，有黑影闪动，胚蛋暗黑。

（2）无精蛋。俗称“白蛋”。剖视新鲜蛋时，可见一圆形透明度一致的胚珠。照蛋时，蛋色浅黄、发亮，看不到血管或胚胎。蛋黄影子隐约可见。头照时一般不散黄，以后散黄。

（3）死胚蛋。俗称“血蛋”。头照只见黑色的血环（或血点、血线、血弧）紧贴壳上，有时可见到死胚小黑点贴壳静止不动，蛋色浅白，蛋黄沉散。抽验时，看到很小的胚胎与蛋分（散）离，固定在蛋的一侧，色粉红，淡灰或黑暗，胚胎不动，见不到“闪毛”。

（4）弱胚蛋。头照胚体小，黑色眼点不明显，血管纤细，有的看不到胚体和黑眼点，仅仅看到气室下缘有一定数量的纤细血管。胚蛋色浅红。抽验时，胚蛋小头淡白（尿囊绒毛膜未合拢）。二照时，气室较正常胚蛋的小，且边缘不整齐，可看到红色血管。因胚蛋小头仍有少量蛋白，所以照蛋时，胚蛋小头浅白发亮。

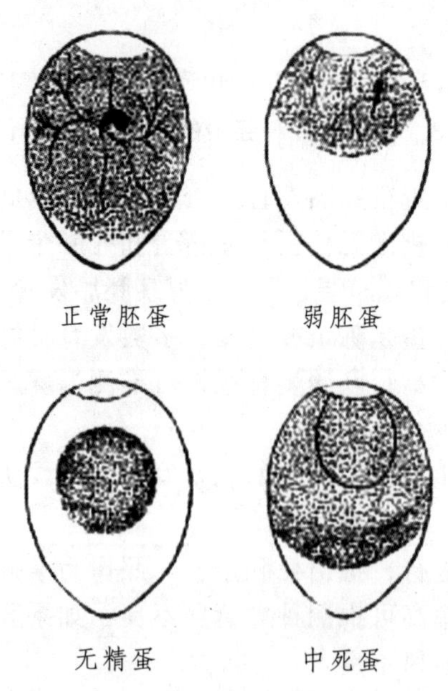

图 1.9 鸡胚一照发育特征示意图

（二）蛋重和气室变化

种蛋在整个孵化期由于水分的蒸发要失去一定的重量，蛋重约每天减少0.55%。若发现气室大、失重快，可能是湿度低或温度高或通风过快所致，反之亦然。

（三）破壳和初生雏观察

孵化正常时，出雏时间较一致，有明显的高峰，鸡胚21天全部出齐。孵化不正常时无明显的出雏高峰，持续时间长，至第22天仍有不少未破壳的胚蛋。这样，孵化效果肯定不理想。

对初生雏的观察，主要观察绒毛、脐部愈合状况、精神状态和体形等。

健雏：绒毛干净有光泽，蛋黄吸收良好，腹部平坦、柔软。脐部愈合良好、干燥，并被腹部绒毛覆盖。雏禽站立稳健而有力，叫声洪亮、清脆，对光和声音反应灵敏。体形匀称，大小适中，不干瘪或臃肿，胫、趾色素鲜浓。

弱雏：绒毛污乱，脐部潮湿带血污、愈合不良，蛋黄吸收不良，腹部大，有的甚至拖地。雏禽站立不稳，前后晃动，常两腿或一腿叉开，双眼时开时闭，缩脖，精神不振，显得疲乏，叫声无力或尖叫呈痛苦状。对光、声音反应迟钝，体形干瘪或臃肿，个体大小不一。

（四）死胚的外表观察和剖检

1. 外表观察

首先观察蛋黄吸收情况、脐部愈合状况。死胚要观察啄壳情况（是啄壳后死亡还是未啄壳，啄壳洞口有无黏液），然后打开胚蛋，判断死亡时的胚龄。观察皮肤、内脏及胸腔、腹腔、卵黄囊、尿囊等有何病理变化，如充血、出血、水肿、畸形、雏体大小、绒毛生长情况等，初步判断死亡时间及其原因。对于啄壳前后死亡或不能出雏的活胚，还要观察胎位是否正常（正常胚胎是头颈部埋在右翼下）。

2. 病理剖检

种蛋品质差或孵化条件不良时，死雏或死胚一般表现出病理变化。如维生素B_2缺乏时，出现脑膜水肿；维生素D_3缺乏时，出现皮肤浮肿；孵化温度短期强烈过热或孵化后半期长时间过热时，则出现充血、溢血等现象。因此，应定期抽查死雏和死胚，找出死亡的具体原因，以指导以后的生产工作。

3. 微生物学检查

定期抽查死雏、死胚及胎粪、绒毛等，作微生物学检查。当种禽群中有疫情或种蛋来源较混杂或孵化效果不理想时尤应取样化验，以便确定疾病的性质及特点。

三、孵化效果的分析

（一）胚胎死亡原因的分析

1. 孵化期间胚胎死亡的分布

胚胎死亡存在两个死亡高峰：第一个死亡高峰出现在孵化前期，鸡胚在孵化的第 3～5 天，第二个死亡高峰出现在孵化后期，鸡胚孵化的第 18～21 天。

一般来说，第一高峰的死胚数占全部死胚数的 15%，第二高峰约占 50%。提高孵化率的关键是减少后期死亡率。对高孵化率鸡群来说，鸡胚多死于第二高峰；而低孵化率鸡群，第一和第二高峰的死亡率大致相同。

2. 胚胎死亡高峰的原因分析

胚胎死亡的第一个高峰正是胚胎生长迅速、形态变化显著时期，各种胚膜相继形成而作用尚未完善。胚胎对外界环境的变化是很敏感的，稍有不适，胚胎发育便有可能受阻，甚至造成死亡。第二个死亡高峰正是胚胎从尿囊绒毛膜呼吸过渡到肺呼吸时期。胚胎生理变化剧烈，需氧量剧增，其自温猛增，传染性胚胎病的威胁更突出。对孵化环境（尤其是氧气）要求高，如果通风换气、散热不好，必然有一部分本来就较弱的胚胎不能顺利破壳出雏。孵化期其他时间胚胎的死亡，主要是受胚胎生活力强弱的影响。

3. 孵化各期胚胎死亡的原因

前期死亡（1～6 天）：种鸡的营养水平和健康状况不良，主要是缺乏维生素 A 和维生素 B_2；种蛋贮存时间过长、保存温度过高或受冻，消毒熏蒸过度；孵化前期温度过高；种蛋运输时受剧烈振动。

中期死亡（7～12 天）：种鸡的营养水平及健康状况不良，如缺乏维生素 B_2，胚胎死亡高峰在第 10～13 天；缺乏维生素 D_3 时出现水肿现象；种蛋消毒不好；孵化温度过高，通风不良；翻蛋不当等。

后期死亡（13～18 天）：种鸡的营养水平差，如缺维生素 B_{12}，胚胎多死于 16～18 天；胚胎如有明显充血现象，说明有一段时间高温；发育极度衰弱，是温度过高；气室小，说明湿度过高；小头打嘴，是通风不良或是小头向上入孵造成的。

闷死壳内：出雏时温度、湿度过高，通风不良；胚胎软骨畸形，胎位异常；卵黄囊破裂，胫、腿麻痹软弱等。

啄壳后死亡：若破壳处多黏液，是高温高湿；第 20～21 天通风不良；胚胎利用蛋白时高温，蛋白吸收不完全，尿囊合拢不良，卵黄未进入腹腔；移盘时温度骤降；种鸡健康状况不良，有致死基因；小头向上入孵；头两周未转蛋；后两天高温低湿等。

（二）影响孵化效果因素的分析

影响孵化效果的因素很多，总体来说有内部因素和外部因素，内部因素是指种蛋的内部品质，而种蛋的内部品质又受种鸡饲养管理的影响，外部因素是指胚胎发育的孵化条件，即归结起来有如下三个方面因素：种鸡质量、种蛋管理和孵化条件控制。只有入孵来自优良种鸡、喂给营养全面的饲料、精心管理的健康种鸡的种蛋，并且种蛋管理适当，孵化技术才有用武之地。因此，提高种蛋孵化率，必须饲养高产健康种鸡，保证种蛋质量；加强种蛋管理，确保入孵前种蛋质量；创造良好的孵化条件；合理设计孵化流程，严格执行消毒程序。

【技能单】

孵化效果的检查和分析。

【评估单】

一、填空题（期望值 30 分）

1. 受精率是指__________数占_________的比例。

2. _________指出雏结束后扫盘时未出壳的胚蛋。

3. 鸡胚死亡存在两个死亡高峰，第一个死亡高峰出现在孵化的第_____天，第二个死亡高峰出现在孵化的第____天。

二、判断题（期望值30分）

1. 二照的目的是排出无精蛋和死精蛋，尤其是观察胚胎发育情况。 （ ）

2. 种蛋在整个孵化期由于水分的蒸发要失去一定的重量，蛋重约每天减少 1%。若发现气室大、失重快，可能是湿度低或温度高或通风过快所致，反之亦然。 （ ）

三、简答题（期望值40分）

1. 发育正常的胚蛋和各种异常胚蛋各有什么特征？
2. 如何鉴别初生雏的强弱？
3. 什么原因造成胚胎有两个死亡高峰？
4. 简要分析孵化不良的原因，提高孵化率的途径有哪些？

任务七　初生雏处理

【学习目标】

1. 掌握初生雏的分级标准和方法。
2. 掌握初生雏雌雄鉴别技术。
3. 掌握初生雏的疫苗接种、剪冠、截趾方法。

【资料单】

一、初生雏的分级

1. 初生雏的分级标准

品质优良的初生雏从外表看应是活泼好动，绒毛光亮，整齐，大小一致，初生重符合其品种要求，眼亮有神，腿脚结实站立稳健，腹部平坦柔软，卵黄吸收良好，绒毛覆盖整个腹部。肚脐干燥，愈合良好，叫声清脆响亮，握在手中感到饱满有劲，挣扎有力。如脐部有出血痕迹或发红呈黑色、棕色或为钉脐者，腿和喙、眼有残疾的均应淘汰，不符合品种要求的也要淘汰。初生雏鸡分级标准见表 1.11。

表 1.11 初生雏分级标准

级别	精神状态	体重	腹部	脐部	绒毛	下肢	畸形情况	活力
健雏	活泼好动，眼睛有神	符合本品种要求	大小适中，平坦柔软	收缩良好	长短适中，毛色光亮	健壮，行动稳当	无	挣脱有力
弱雏	眼小细长，呆立嗜睡	过小或符合品种要求	过大或过小，肛门污秽	收缩不良，大肚脐	长或短，沾污	站立不稳，喜卧，行走蹒跚	无	软绵无力
残次雏	不睁眼或单眼、瞎眼	过小干瘪	过大或软或硬、青色	蛋黄吸收不完全、血脐	火烧毛、卷毛或无绒毛	弯趾跛腿、无法站立	有	无

2. 初生雏分级的方法

一看：即观察雏禽的精神状态。健雏活泼好动，眼亮有神，绒毛整洁光亮，腹部收缩良好。弱雏通常缩头闭眼，伏卧不动，绒毛蓬乱不洁，腹大松弛，腹部无毛且脐部愈合不好，有血迹、发红、发黑、钉脐、丝脐等。

二听：即听雏禽的叫声。健雏叫声洪亮清脆。弱雏叫声微弱，嘶哑，或鸣叫不休，有气无力。

三摸：即触摸雏禽的体温、腹部等。随机抽取不同盒里的一些雏禽，握于掌中，若感到温暖，体态匀称，腹部柔软平坦，挣扎有力的便是健雏；如感到雏禽较凉，瘦小，轻飘，挣扎无力，腹大或脐部愈合不良的是弱雏。

二、初生雏鸡的雌雄鉴别

（一）伴性性状鉴别法

利用伴性遗传原理，用特定的品种或品系杂交生产的商品代初生雏鸡，在羽色、羽型或皮肤等方面雌雄有明显的区别，可据此准确地鉴别雌雄。此法既准确又方便，是现代养鸡业中普遍采用的方法，主要有以下 2 种：

（1）羽色鉴别。银白羽色对金黄羽色，银白色为显性，金黄色为隐性。用银白色母鸡与金黄色公鸡交配，子一代雏鸡中，银白色为公鸡，金黄色为母鸡。

（2）羽速鉴别。慢羽对快羽，慢羽为显性，快羽为隐性。用慢羽母鸡与快羽公鸡交配，子一代雏鸡中，快羽为母鸡，慢羽为公鸡。

（二）翻肛鉴别法

翻开初生雏鸡的肛门，在泄殖腔口下方的中央有微粒状的突起，称为生殖突起，其两侧斜向内方有呈八字形的皱襞，称为八字状襞。在胚胎发育初期，公母雏都有生殖突起，但母雏在胚胎发育后期开始退化，出壳前已消失，少数母雏退化的生殖突起仍有残留，但在组织形态上与公雏的生殖突起仍有差异。因此根据生殖突起的有无或突起组织形态的差异，在雏鸡出壳 12 小时以内，在 200 W 的白炽灯下，用肉眼即可分辨出雌雄。

三、初生雏鸡的技术处理

（1）接种马立克氏疫苗。雏鸡出生 24 小时以内进行。

（2）剪冠。剪冠多用于公雏，在一日龄进行。目的是减少公鸡长大后冠被冻伤、啄伤、刮伤，避免影响视力。剪冠的方法是用弯头剪刀紧贴雏鸡冠子的基部，全部剪掉冠峰部分。

（3）截趾。在一日龄进行。目的是防止自然交配时公鸡抓伤母鸡背部而影响种蛋的受精率。断趾的方法是用电烙铁烧红，烙断掉初生雏的脚趾或趾间蹼。

【技能单】

初生雏鸡的处理技术。

【评估单】

一、填空题（期望值 30 分）

1. 用银白色公鸡与金黄色母鸡交配，子一代中银白色为_____鸡，金黄色为_____鸡。

2. 初生雏分级的方法可归纳为“______、______、______”六个字。

3. 雏鸡孵出后必须在 24 小时内注射______疫苗。

二、判断题（期望值 30 分）

1. 用慢羽母鸡与快羽公鸡交配，子一代中，快羽型为母鸡，慢羽型为公鸡。（　　）

2. 所有的雏鸡均需剪冠，剪冠的方法是用弯头剪刀紧贴雏鸡冠子的基部，全部剪掉冠峰部分。 (   )

三、简答题（期望值 40 分）

1. 简述初生雏的选择标准。

2. 绘出雏鸡羽速自别遗传分析图。

情境二 蛋鸡生产技术

项目一 蛋鸡品种的选择

在现代蛋鸡生产中，要获得较好的经济效益，选择优良的蛋鸡品种是一个关键环节。目前世界上已知鸡的品种有 2 000 多个。蛋用品种以产蛋多为主要特征，一般开产月龄 5 ~ 6 个月，年产蛋 200 枚以上，产肉少，肉质差，无就巢性。

任务一 蛋鸡品种分类

【学习目标】

了解蛋鸡品种类型和主要特点。

【资料单】

一、地方品种

在育种技术水平较低的情况下，没有明确的育种目标，没有经过计划的杂交和系统的选育，而在某一地区长期饲养而成的品种，称地方品种。其特点是生产性能较低，体形外貌不大一致。但生活力强，耐粗饲。我国列入《中国家禽品种志》的鸡地方品种有 27 个。

二、标准品种

20 世纪 50 年代前经过人们有目的、有计划的系统选育，按育种组织制定的标准鉴定承认的，并列入《美国家禽志》和《大不列颠家禽标准品种志》的家禽品种，即国际上公认的家禽品种，称为标准品种。

它强调血缘和外形外貌特征的一致性。均具有生产性能高、遗传稳定的优点，但对饲养管理条件要求较高。按美国标准图谱，鸡的标准品种列有近200个，我国列为标准品种的鸡有：狼山鸡、九斤鸡、丝毛鸡。

三、现代蛋鸡品种

现代蛋鸡品种不是原来意义上的品种而是配套品系，是近20多年来家禽育种工作者采用现代育种方法，在少数几个标准品种或地方品种基础上，先培育出专门化品系，然后进行两系、三系或四系杂交，经配合力的测定，从中筛选出的杂交优势最强的杂交组合。现代鸡种强调整齐一致高水平的生产性能，不重视外貌特征，生活力强，适应大规模集约化饲养。按所产蛋壳的颜色，人们将现代蛋鸡品种分为白壳蛋鸡、褐壳蛋鸡和粉壳蛋鸡，另外还有少量的绿壳蛋鸡。

1. 白壳蛋鸡

全部来源于单冠白来航鸡，可用羽速自别雌雄，属于轻型鸡。其主要特点：体型小，耗料少，开产早，产蛋量高。与褐壳蛋鸡相比，蛋重略小，抗应激性较差。如北京白鸡、星杂288、巴布考克B-300、滨白鸡、海兰W-36以及罗曼白、尼克白等。

2. 褐壳蛋鸡

这类鸡主要是由洛岛红、洛岛白和白洛克品种选育而来。以洛岛红为父系，洛岛白或白洛克为母系，并利用伴性羽色基因，即金黄色和银白色进行自别雌雄，生产自别雌雄的褐壳蛋鸡配套系。其主要特点：体型适中，性情温顺，蛋重较大，蛋壳厚，抗应激性较强，且商品鸡雏可作羽色自别雌雄。与白壳蛋鸡相比，耗料略高，且蛋中肉斑、血斑率高。如伊莎褐、罗曼褐、海赛克斯褐、海兰褐、尼克红等。

3. 粉壳蛋鸡

这类鸡是由白壳蛋鸡与褐壳蛋鸡杂交育成，形成羽速自别配套系。实际用作培育粉壳蛋鸡的标准品种有：白来航、洛岛红、洛岛白、白洛克、澳洲黑等。其主要特点：产蛋量高，饲料转化率高，只是生产性能不够稳定。如中国农大农昌2号、B-4鸡、京白鸡939和989等，以及加拿大星杂444、天府粉壳蛋鸡、伊利莎粉壳蛋鸡、尼克粉壳蛋鸡等。

4. 绿壳蛋鸡

这类鸡是利用我国特有的原始绿壳蛋鸡遗传资源，运用现代育种技术，以家系选择和DNA标记辅助选择为基础，进行纯系选育和杂交配套育成的。其主要特点：体型小，产蛋量较高，蛋壳颜色为绿色，蛋品质优良，与白壳蛋鸡相比，耗料少，蛋重偏小。如上海新杨绿壳蛋鸡、江西东乡绿壳蛋鸡、江苏三凰青壳蛋鸡。

【评估单】

一、填空题（期望值50分）

1. 现代蛋鸡品种都是杂交鸡，又称为________。
2. 蛋用型鸡以_________为主要特征，不重视外貌特征。
3. 蛋鸡系按蛋壳颜色分为_________、________、________、________。

二、简答题（期望值50分）

地方品种、标准品种和现代蛋鸡品种各有何特点？

任务二　蛋鸡品种

【学习目标】

熟悉主要的蛋鸡品种名称、外貌特征和生产性能。

【资料单】

一、地方品种

我国部分著名地方蛋鸡品种类型、产地、外貌特征及生产性能等见表2.1。

表2.1　我国部分著名地方品种生产性能一览表

品种	类型	原产地	外貌特征	生产性能
仙居鸡	蛋用	浙江仙居	体型轻巧紧凑，羽毛紧贴体躯，黄色居多，背部平直。喙、胫、皮肤黄色	成年体重公鸡1.44 kg，母鸡1.25 kg，开产日龄150天左右，年产蛋量180～220枚，平均蛋重42 g，蛋壳褐色

续表 2.1

品种	类型	原产地	外貌特征	生产性能
白耳黄鸡	兼用	江西、浙江	体型矮小体重较轻，羽毛紧密，黄色，耳叶银白，母鸡体躯似船形，公鸡呈三角形。喙、胫、皮肤黄色	成年体重公鸡 1.45 kg，母鸡 1.19 kg，开产日龄 151 天左右，年产蛋量 180 枚左右，平均蛋重约 54.23 g，蛋壳深褐色
寿光鸡	兼用	山东	体躯高大，体长，胸深丰满，胫高而粗，体躯近似方形，以黑羽（闪绿光）、黑腿、黑嘴“三黑”著称，皮肤白色	成年体重公鸡 2.9～3.6 kg，母鸡 2.3～3.3 kg，开产日龄 5～9 个月，年产蛋量 120～150 枚，蛋重较大，平均蛋重 65 g，蛋壳深褐色
庄河鸡	兼用	辽宁	体高颈长，胸深背长，羽色多为麻黄色，尾羽黑色，喙、胫黄色	成年体重大型公鸡 2.9 kg，母鸡 3.3 kg，开产日龄 210 天左右，年产蛋量 160 枚，蛋重较大，平均蛋重约 62 g，蛋壳褐色
固始鸡	兼用	河南	体躯中等，体型紧凑，头部清秀、匀称，喙短青黄色，眼大略外突，单冠为多，脸冠肉垂耳叶均红色。羽毛丰满，公鸡呈深红、黄色，母鸡以黄、麻黄为主，佛手尾或直尾，胫靛青色，皮肤白色	成年体重公鸡 2.5 kg，母鸡 1.8 kg，开产日龄 205 天，年产蛋量 141 枚，蛋形偏圆，蛋壳质量好，平均蛋重 52 g，蛋壳褐色
萧山鸡	兼用	浙江	体躯偏大近似方形，头部中等，单冠、耳叶、肉垂均红色，公鸡体格健壮，昂头翘尾，羽毛紧密，红、黄色，母鸡体格较小，羽毛黄色或麻黄色，喙胫黄色	成年体重公鸡 2.76 kg，母鸡 1.94 kg，开产日龄 170 天左右，年产蛋 120 枚，蛋黄颜色深，蛋品质好，平均蛋重 56 g，蛋壳褐色
边鸡	兼用	内蒙古	体型中等，身躯宽深，前胸发达，肌肉丰满，背平而宽，胫长粗壮，全身羽毛蓬松，体躯呈元宝形。单冠为主，脸、冠、肉垂、耳叶均红色。胫部有发达的胫羽	成年体重公鸡 1.83 kg，母鸡 1.51 kg，7 月龄左右开产，65 周龄产蛋量 150 枚左右，平均蛋重 60 g，70～80 g 也较多，蛋壳厚密，深褐色或褐色
彭县黄鸡	兼用	成都	体型中等，体态浑圆，单冠、耳叶红色，喙肉色或浅褐色，公鸡羽毛黄红色，母鸡羽毛黄色。皮肤、胫肉色或白色，极少数黑色	成年体重公鸡 2.43 kg，母鸡 1.66 kg，开产日龄 216 天左右，年产蛋量 150～160 枚左右，平均蛋重 53.52 g，蛋壳浅褐色

续表 2.1

品种	类型	原产地	外貌特征	生产性能
峨眉黑鸡	兼用	四川	体型较大，体态浑圆，全身羽毛黑色，大多红色单冠，肉垂、耳叶、脸部红色，极少数颌下有胡须，喙、脚、趾黑色，部分有胫羽，皮肤多为白色，极少数乌色	成年体重公鸡 3.0 kg，母鸡 2.2 kg，年产蛋量 150 枚左右，平均蛋重 53.84 g，蛋壳褐色或浅褐色
林甸鸡	兼用	黑龙江	体型中等，头部、肉垂、冠均较小，单冠为主，少数玫瑰冠，有的鸡生羽冠或胡须，喙胫趾黑色或褐色，胫细少数有胫羽，皮肤白色，羽毛深黄、浅黄及黑色	成年体重公鸡 1.74 kg，母鸡 1.27 kg，开产日龄 210 天左右，年产蛋量 150 ~ 160 枚左右，蛋较大，平均蛋重 60 g。蛋壳浅褐色或褐色
静原鸡	兼用	甘肃 宁夏	体型中等，公鸡头颈高举，尾羽高耸，胸部发达，背部宽长，胫粗短，羽毛红色或黑红色，母鸡头小清秀，背宽腹圆，羽毛较杂，黄色麻色较多	成年体重公鸡 1.88 kg，母鸡 1.63 kg，开产日龄 210 ~ 240 天，年产蛋量 140 ~ 150 枚左右，平均蛋重 56.7 ~ 58 g。蛋壳褐色
茶花鸡	兼用	云南	体小轻巧，羽毛紧贴，肌肉结实，骨骼细致，体躯匀称，近似船形。冠、肉垂红色，喙、胫趾黑色或略带黄色，皮肤白色居多，少数黄色	成年体重公鸡 1.07 ~ 1.47 kg，母鸡 1.00 ~ 1.13 kg，7 ~ 8 个月龄开产，年产蛋量 100 枚左右，个别高产时可达 150 枚，平均蛋重 38.2 g。蛋壳深褐色
藏鸡	兼用	西藏	体躯呈“U”形，头昂尾翘，体型较小，紧凑，体短胸深，胸肌发达，脚矮。冠、肉垂红色，耳叶白色，喙、脚多黑色。少数胫部有羽，母鸡羽色主要为麻、褐色，公鸡羽色多为黑红花色	晚熟鸡种，成年体重公鸡 2.76 kg，母鸡 1.94 kg，开产日龄 170 天左右，年产蛋量 40 ~ 80 枚，平均 60.9 枚，平均蛋重 39 g，蛋黄颜色深，蛋壳褐色或浅褐色

二、标准品种

部分著名标准品种蛋鸡的产地、主要外貌特征及生产性能见表 2.2。

表 2.2　部分著名标准品种生产性能一览表

品种	类型	原产地	外貌特征	生产性能
航鸡	蛋用	意大利	体小清秀，羽毛紧密、洁白，单冠，冠大鲜红，♂直立，♀侧倒，喙、胫、肤黄色，耳叶白色	成年体重♂2.5 kg，♀1.75 kg。性成熟早、产蛋量高、饲料消耗少，140 日龄开产，72 周龄产蛋量 220～300 枚，蛋重 56 g，蛋壳白色
洛岛来红	兼用	美国	羽色深红，尾羽黑色，体躯近长方形，喙、胫、肤黄色，冠、耳叶、肉垂、脸部鲜红色，背宽平	产蛋和产肉性能均好，性成熟 180 天，年产蛋量 160～170 枚，高可达 200 枚以上，蛋重 60～65 g，褐壳
新汉夏	兼用	美国	体型外貌与洛岛红鸡相似，但羽毛颜色略浅，背部较短，且只有单冠	年产蛋量 180～200 枚，蛋壳褐色，蛋重 56～60 g
横斑洛克	兼用	美国	体型椭圆，发育好，生长快，全身羽毛为黑白相间的横斑纹，单冠，耳叶红色，喙、胫、皮肤黄色	早期生长快，肉质好，易肥育。成♂4.0 kg，成♀3.0 kg，年产蛋 180 枚，高可达 250 以上，蛋重中等，褐壳
浅花苏赛斯鸡	兼用	英国	体躯长深宽，胫短、尾部高翘。单冠、肉垂、耳叶均为红色，喙、胫、趾黄色，皮肤白色	肉用性能良好，肉质好，易肥育。成♂4.0 kg，成♀3.0 kg，年产蛋量 150 枚，蛋重 56 g，蛋壳浅褐色
澳洲黑鸡	兼用	澳大利亚	单冠，胸部丰满，全身羽毛紧密呈黑色，耳叶红色，皮肤白色，、喙、眼、胫均呈黑色，脚底为白色	年产蛋 160 枚左右，平均蛋重 60～65 g，蛋壳浅褐色。近年来育成的高产品系，产蛋量较高
狼山鸡	兼用	中国	体高腿长、胸部发达，背短头尾翘立呈“U”形，全身羽毛黑色或白色，单冠、耳叶红色，喙、眼、胫黑色，胫外侧有羽毛，皮肤白色	7～8 月龄开产，年产蛋 160～170 枚，最高达 282 枚，蛋重 57～60 g，蛋壳褐色。♂3.5～4.0 kg，♀2.5～3.0 kg。近年来育成的产蛋量较高的高产品系
丝毛鸡	观赏	中国	体小轻巧紧凑，头小、颈短、脚矮，全身白色丝状羽。眼、脸、喙、胫、趾、皮肤、肌肉、骨膜骨质、内脏及腹脂膜均黑色。紫冠、缨头、绿耳、有胡须，五趾，毛脚	成年♂4.5～4.7 kg，♀3.5 kg。年产蛋 80～120 枚，蛋重 40～45 g，抱性强

三、现代蛋鸡品种

世界部分著名现代蛋鸡品种生产性能见表 2.3、表 2.4。

表 2.3 白壳商品代蛋鸡的主要生产性能

鸡种	50%开产周龄	72周龄入舍鸡产蛋（枚）	产蛋总重（kg）	平均蛋重（g）	料蛋比	育成期成活率（%）	产蛋期存活率%
“京白”988	23	310	18.66	63	2.0：1	96～98	94.5
“滨白”584	24	270～280	16.5	60	2.5～2.6：1	92	90以上
华都京白A98	20～21	(80周) 327～335	20.1～20.5	61～62	2.1～2.2：1	96～98	94～95
海兰W-36	24	285～310	18～20	63	2.2：1	97～98	96
保万斯白	21	319	18.96	59.8	2.21：1	96～98	94.1
尼克白	22～24	260	19.8	60.1	2.25：1	95～98	92.5
巴布考克B-300	21～22	285	17.2	64.6	2.3～2.5：1	98	94.5
星杂288	23～24	260～285	16.4～17.9	63	2.3：1	98	92
迪卡白	21	295～305	18.5	61.7	2.17：1	96	92
罗曼白	22～23	290～300	18～19	62～63	2.35：1	96～98	95
伊丽莎白	21～22	(80周) 322～334	19.8～20.5	61.5	2.15～2.3：1	95～98	95

表 2.4 褐壳、粉壳、绿壳商品代蛋鸡的主要生产性能

鸡种	50%开产周龄	72周龄入舍鸡产蛋（枚）	产蛋总重（kg）	平均蛋重（g）	料蛋比	育成期成活率（%）	产蛋期存活率%
海兰褐	22～23	317	20.2	63.7	2.11：1	96～98	94
海兰褐佳	21～22	295	19.2～20.65	65～70	2.05：1	96～98	94
宝万斯褐	20～21	321	20.07	62.5	2.24：1	98	94.7
罗曼褐	23～24	295～305	18.2～20.5	63.5～64.5	2.10：1	96～98	95
海赛克斯褐	23～24	290	18.3	63.2	2.39：1	97	95.5
依莎褐	24	285	18.2	63.5～64.5	2.4～2.5：1	98	93
迪卡褐	22～23	305	19.8	65	2.07～2.28：1	99	95
星杂444粉	22～23	265～280	17.66～17.8	61～63	2.45～2.7：1	92	93
农昌2号粉	23～24	255	15.25	59.8	2.7：1	90.2	93
京白939粉	21～22	299	17.9	60～63	2.33：1	96～98	92～93
新杨蛋鸡绿	22	227～238		48.8～50		95～97	
三凰蛋鸡绿	21～22	190～205		50～55	2.3：1		

【技能单】

成年家禽外貌部位识别。

【评估单】

一、填空题（期望值50分）

1. 中国养禽业历史悠久，其中有不少优良品种，如：______、______、______等被列入国际标准品种。

2. 白壳蛋鸡是主要以______为育种素材培育的配套系。

二、简答题（期望值50分）

1. 现代蛋鸡的生产性能。

2. 你所见到的地方品种的外貌特征和主要生产性能。

项目二　育雏技术

0～6周龄的小鸡称作雏鸡。雏鸡的饲养也叫育雏。育雏是一项细致而重要的工作，育雏的成败不仅影响雏鸡生长发育和成活率，而且影响成鸡的产蛋性能和种用价值，与养鸡经济效益密切相关，应特别重视育雏工作。

任务一　育雏前的准备

【学习目标】

1. 了解雏鸡的生理特点。
2. 明确雏鸡培育目标和衡量标准。
3. 熟悉育雏前的准备。

【资料单】

一、了解雏鸡的生理特点

（1）雏鸡体温调节机能弱。雏鸡既怕冷，又怕热，故要掌握适宜的育雏温度，通常要加热保温。

（2）雏鸡胃肠容积小，消化能力差，生长发育快，因此要求给予高蛋白质、低粗纤维、易消化、营养全面而平衡的日粮，通常饲喂雏鸡料，少喂勤添，自由采食。

（3）雏鸡抗病能力差，易感染鸡白痢、新城疫、法氏囊病、慢性呼吸道病等，因此，要严格控制环境卫生，切实做好防疫隔离，加强免疫。

二、确定雏鸡的培育目标和衡量标准

（1）技术目标。确保采食量正常，体格健康状况良好，使雏鸡能正常生长发育，适时达到体重标准，获得高育雏率（≥98%）。第 1 周死亡率 < 0.5%，前 3 周 < 1%，0 ~ 6 周 < 2%。

（2）衡量标准。一看成活率高低；二看生长发育是否良好，鸡群是否整齐；三看平均体重是否达到标准。

三、选择饲养方式

1. 地面育雏

地面育雏可采用土地、炕面、砖地面或水泥地面。育雏时在地面铺 5 ~ 10 cm 厚的垫料，如稻壳、粗锯末、小刨花、碎草等。地面育雏由于鸡与粪直接接触，易发生肠道病、寄生虫病或其他细菌病，如白痢、球虫和各种肠炎等。要加强卫生消毒，每天应清洗消毒饮水器 2 ~ 3 次，最大限度地控制疫病的发生，提高成活率。

地面育雏多采用地炉、火炕升温，也可使用电热伞。这种育雏方式一般限于条件差的、规模较小的饲养户，简单易行，投资少。

2. 网上育雏

这种方式就是用网面（铁丝网、塑料网、木板条或竹竿）来代替地面育雏。饲养初生雏时，在网面上铺一层小孔塑料网，待雏鸡日龄增大时，撤掉塑料网。网面距地面的高度多以 60 ~ 100 cm 为宜。优点是解决了粪便与鸡直接接触的问题。但由于网上饲养鸡体不能接触土壤，所以提供给鸡的营养要全面，特别要注意微量元素的补充。

3. 立体育雏

这是大中型饲养场常采用的一种育雏方式。立体育雏笼一般分为 3 ~ 4 层，每层之间有接粪板，四周外侧挂有料槽和水槽。优点是热源集中，容易保温，雏鸡成活率高，管理方便，单位面积饲养量大。缺点是育雏笼投资较大，且上下层温差大，鸡群发育不整齐。为了解决此问题，可将小日龄鸡在上面 2～3 层集中饲养，待鸡稍大后，逐渐移到其他层饲养。

四、准备育雏室

1. 房舍准备

房舍保温良好、不透风、不漏雨、不潮湿、无鼠害。通风设备要运转良好，所有通风口设置防兽害的铁网。舍内照明分布要合理，上下水正常，不能有堵漏现象。供温系统要正常，平养时要备好垫料。

2. 育雏舍的清洁消毒

清扫和冲洗：清除舍内垫料、粪便，将舍内用具、设备搬至舍外浸泡、清洗。用高压水冲洗整个鸡舍，保证无尘、无鸡毛、无粪便。

消毒：待地面晾干后，用 2%～3%烧碱水泼洒地面，待干后用清水冲洗地面。金属笼具最好用火焰喷雾器进行火焰消毒。其后再用 0.1%次氯酸钠或 0.3%过氧乙酸对空间、笼具进行第二次消毒。最后按每平方米 28 mL 福尔马林加 14 g 高锰酸钾进行熏蒸消毒 24 小时。消毒后的鸡舍，应空闲两周后方可进雏鸡。

五、育雏舍预温

育雏舍在进雏前 1～2 天必须进行试温，使其达到育雏温度要求。笼养鸡舍室温达 32～34 °C。平养鸡舍室温不低于 25 °C，保温伞下温度达到 33～35 °C。

雏鸡舍加热方式有以下几种：

（1）电热保温伞供热。这是平面育雏常采用的一种方式。干净卫生，耗电较多，雏鸡可在伞下进出，寻找适宜的温度区域，但单独使用效果不十分理想。育雏伞一般离地面 10 cm 左右，伞下所容鸡的数量可根据伞罩的直径大小而定。伞罩直径 150 cm，伞高 55 cm，15 天内容鸡量 400 只。使用育雏伞时，要求室温达到 27 °C 左右。最初几天内，为防止雏鸡乱跑，应在伞外 100 cm 处设置 60 cm 高的护栏，2 周后再撤离。

（2）红外线灯供热。利用红外线灯做热源，一般 1 盏 250 W 红外线灯泡，可供 100～250 只雏鸡保温。悬挂在离地面 35～50 cm 高处，实际高度可根据雏鸡日龄及气温高低调整，日龄小，气温低，可低一些；日龄大，气温高，可高些。红外线灯育雏，温度稳定，室内干燥，但耗电多，成本高。

（3）暖气供热。冬季育雏效果好，但一次性投资大，成本高，控制舍内温度的能力差，最好配合电热使用，效果更理想。

（4）烟道供热。蛋鸡一般采用笼养育雏方式，用烟道或加热管升温，提高室温达到雏鸡所需温度。

六、准备器具

育雏用具有料桶（槽）和饮水器。按 50 只雏鸡准备一个料桶和饮水器，保证使每只鸡都能同时进食和饮水；大小要适当，可根据日龄的大小及时更换；结构要合理，以减少饲料浪费，避免饲料和饮水被粪便和垫草污染。

七、准备饲料药品

育雏期 1～6 周，每只鸡消耗 1.2～1.5 kg 饲料，必须备齐一周的雏鸡全价料。常用药品和疫苗有：消毒药、抗白痢药、抗球虫药、疫苗和抗应激药。

八、准备饮水

雏鸡进舍前 2 小时，应把 5%葡萄糖液和维生素 C 的温水溶液装入饮水器内，均匀分布。

【评估单】

一、简答题（期望值 40 分）

1. 常用的育雏方式有哪几种？

2. 如何判断育雏效果？如果育雏小鸡 100 只，至 42 日龄时存栏 95 只，至 140 日龄时存栏 80 只，则育雏率和育成率分别是多少？

二、思考题（期望值 60 分）

1. 初生雏鸡有哪些生理特点？

2. 某专业户准备进鸡 1 000 只商品蛋鸡苗，采用开放式鸡舍笼养育雏，保温灯供暖，在进鸡前要做好哪些准备工作？列出需要准备的育雏用具、饲料、药品种类和数量。

任务二　雏鸡的饲养

【学习目标】

1. 了解雏鸡的营养需求。
2. 掌握雏鸡的饲喂技术。

【资料单】

一、雏鸡营养需求特点

雏鸡由于生长速度快，消化系统发育不健全，胃的容积小，采食量有限；同时肌胃研磨饲料能力差；消化道内缺乏某些消化酶，消化能力差。因此，雏鸡对饲料营养物质的要求，具有高能量、高蛋白质、丰富的矿物质和维生素的特点。所以，在生产中必须为雏鸡选择粗纤维含量低、营养价值较高、品质优良、容易消化的饲料。如玉米、大豆饼粕、优质鱼粉、小麦麸、骨粉等。蛋鸡育雏期的营养需要建议见表 2.5。

表 2.5　育雏期营养需要建议

营养素	育雏期（0～6 周龄）	
	白壳蛋鸡	褐壳蛋鸡
代谢能（MJ/kg）	11.91	11.91
粗蛋白（%）	18.0	19.0
钙（%）	1.0	1.0
有效磷（%）	0.45	0.48
蛋氨酸（%）	0.30	0.45
蛋＋胱氨酸（%）	0.60	0.80
赖氨酸（%）	0.85	1.05
维生素 A（IU/kg）	1500	15 000
维生素 D_3（IU/kg）	200	3 000
维生素 E（mg/kg）	10	20
维生素 K_3（mg/kg）	0.5	2
维生素 B_1（mg/kg）	1.8	1.2
维生素 B_2（mg/kg）	3.6	5

续表 2.5

营养素	育雏期（0~6 周龄）	
	白壳蛋鸡	褐壳蛋鸡
维生素 B_6（mg/kg）	3.0	3
维生素 B_{12}（mg/kg）	0.009	0.02
泛酸（mg/kg）	10	10
烟酸（mg/kg）	27	60
叶酸（mg/kg）	0.55	0.5
生物素（mg/kg）	0.15	0.10
氯化胆碱（mg/kg）	300	500
锰（mg/kg）	60	60
锌（mg/kg）	40	50
铁（mg/kg）	80	50
铜（mg/kg）	8	5
碘（mg/kg）	0.35	1
硒（mg/kg）	0.15	0.20

二、饲喂技术

（一）饮　水

雏鸡出壳后第一次饮水称初饮。雏鸡体内卵黄没有被完全吸收，及时的饮水有利于卵黄的吸收和胎粪的排出。同时在育雏室高温环境或雏鸡运输过程，其体内的水代谢和呼吸使水分大量散发，及时饮水有助于雏鸡体力的恢复。因此，育雏时必须重视初饮，使每只鸡都能及时喝上水。生产中，先饮水、后开食是育雏的基本原则之一，一般当雏鸡进入育雏舍后，应立即给予饮水。

雏鸡初次饮水的水温最低要达到 18 °C，绝对不能饮用凉水，否则，极易造成腹泻。在育雏第一周饮水时，可在水中适当加维生素、葡萄糖、抗生素等，以促进和保证鸡的健康生长。特别是经过长途运输的雏鸡，饮水中加入葡萄糖和维生素 C、抗生素等可明显提高成活率。整个育雏期内，要保证全天供水。雏鸡的饮水量见表 2.6。为防止疾病发生，还应定期对饮水器清洗和消毒。

表 2.6 每百只不同周龄小母鸡在不同气温下的需水量

周龄	饮水量（L）		周龄	饮水量（L）	
	≤21.2 °C	≤32.2 °C		≤21.2 °C	≤32.2 °C
1	2.27	3.30	7	8.52	14.69
2	3.97	6.81	8	9.20	15.90
3	5.22	9.01	9	10.22	17.60
4	6.13	12.60	10	10.67	18.62
5	7.04	12.11	11	11.36	19.61
6	7.72	13.22	12	11.12	20.55

（二）开　食

（1）开食时间。雏鸡的第一次喂饲称开食。开食要适时，过早开食雏鸡无食欲，也易发生消化不良；过晚开食雏鸡不能及时获得营养物质，从而消耗体力，使雏鸡虚弱，影响以后的生长发育和成活。一般而言，在出壳后 16～28 小时内开食，对雏鸡的生长最为有利。实际生产中，雏鸡进入育雏舍休息 2 小时后即可开食。

（2）开食料。雏鸡的开食料必须科学配制，营养含量要能完全满足雏鸡的生长发育需要。因此，生产中以雏鸡颗粒料开食最为理想。有时为防止育雏初期的营养性腹泻（糊肛），也可在开食时，按每只雏鸡加喂 1～2 g 小米或碎玉米，或在饲料中添加少量酵母粉以帮助消化。

（3）开食方法。将开食盘（2～3 个/100 只鸡）均匀放入育雏器，然后把颗粒饲料均匀撒入盘中，同时提高育雏器内的光照强度（20～25 lx），雏鸡见到饲料后会自己采食。应注意的是，开食盘最多只能使用 3 天，3 天以后必须逐渐改为料桶饲喂。否则，饲料容易被污染而导致疾病发生。

（4）饲料喂量。雏鸡每天的饲喂量因鸡的品种不同而不同，同时饲喂量也与饲料的营养水平有关。因此，应根据本品种的体重要求和鸡群的实际体重来调整饲喂量。喂料时，应做到少喂勤喂，促进鸡的食欲，一般 1～2 周每天喂 5～6 次，3～4 周每天喂 4～5 次，5 周以后每天喂 3～4 次。雏鸡喂料量及体重标准见表 2.7。

表 2.7 不同类型雏鸡推荐喂料量和体重

周龄	白壳蛋鸡			褐壳蛋鸡		
	日耗料（g/只）	累计耗料（g/只）	体重（g/只）	日耗料（g/只）	累计耗料（g/只）	体重（g/只）
1	10	70	63	8	56	60
2	15	175	115	16	168	120
3	20	315	185	24	336	200
4	25	490	265	32	560	290
5	33	721	350	37	819	380
6	39	994	440	40	1 099	470
7	44	1 300	535	45	1 414	560
8	46	1 626	620	50	1 764	650
9	48	1 960	710	55	2 149	730
10	51	2 317	800	57	2 548	820

【评估单】

一、选择题（期望值 40 分）

1. 雏鸡进入育雏室后，一般先________后________，生产中，开食时间以出壳后________为宜。

2. 育雏第一周,可在水中适当加____________、____________、___________等，可明显提高成活率。

二、思考题（期望值 60 分）

1. 如何根据雏鸡营养需要特点进行科学饲喂？饲喂雏鸡为什么要少喂勤添？

2. 饲料费用占养鸡成本的 60%～70%，结合生产实际谈谈节约饲料的措施。

任务三 雏鸡的管理

【学习目标】

1. 掌握雏鸡环境管理和日常管理技术。

2. 熟悉雏鸡保健知识。

【资料单】

一、适宜的环境条件

（一）合适的温度

1. 温度对雏鸡的影响

能否提供最佳的温度，是育雏成败的关键之一。温度适宜，有利于雏鸡运动、采食和饮水，以及体内剩余卵黄的吸收等生理过程，生长发育好。温度过高，采食量下降，饮水增加，容易出现拉稀，弱雏增多，并易诱发呼吸道病。温度过低，雏鸡运动减少，影响增重，还可能诱发白痢病。因此，必须严格控制育雏温度。育雏适宜的温度见表 2.8。

表 2.8 育雏温度

周龄	育雏器温度（°C）	育雏室温度（°C）
0 ~ 1	35 ~ 32	24
1 ~ 2	32 ~ 29	24 ~ 21
2 ~ 3	29 ~ 27	21 ~ 18
3 ~ 4	27 ~ 24	18 ~ 16
4 周以后	21	16

2. 温度的测定

育雏温度包括育雏器温度和舍内温度。育雏器温度是指高于鸡头 2 cm 处的温度。平养测量温度时要求温度计悬挂于距热源 50 cm、高于鸡头 2 cm 处的育雏器内。使用保温伞供温时，可将温度计悬挂于伞的边缘；立体育雏则为笼内热源区的底网。舍温一般低于育雏器的温度。

3. 看鸡施温

育雏期间必须根据雏鸡周龄的大小对温度进行调节。其遵循的规律是：前期高，后期低；小群育雏高，大群育雏低；弱雏高，强雏低；夜间高，白天低；阴雨天高，晴天低；肉鸡高，蛋鸡低；一般高低温度相差不超过 2 °C。育雏温度是否适宜除查看温度计外，也可观察雏鸡行为表现。温度过高时，雏鸡远离热源，张口喘气，呼吸频率加快，两翅张开下垂，频频喝水，采食减少；温度过低时，雏鸡集中在热源附近，扎堆，活动少，毛竖起，夜间睡眠不稳，常发出叫声；温度适宜时，雏鸡均匀地分布在育雏器内，活泼好动、食欲良好、羽毛光滑、整齐、丰满。整个育雏期间供温应适宜、平稳，切忌忽高忽低。

（二）适宜的湿度

1. 湿度对雏鸡的影响

过高过低的湿度对雏鸡均有不良的影响。湿度过高时，在高温高湿状况下，雏鸡闷热难受，身体虚弱，不利于生长发育；在低温高湿时雏鸡体热散失加快而感到更冷，使御寒和抗病能力降低。湿度过高，特别是垫料潮湿，有利于各种病原微生物的生长和繁殖，会使雏鸡抗病力降低，而引起雏鸡发病。

2. 湿度要求

一般而言，虽然雏鸡的健康生长需要维持一定的环境湿度，但要求并不严格。通常，由于雏鸡饲养密度大，鸡的饮水、排便及呼吸都会散发出水汽，因而育雏室内空气的湿度一般不会太低。但在雏鸡 10 日龄前因舍内温度高、干燥、雏鸡的饮水量及采食量小，应适当往地面洒水或用加湿器补湿，将相对湿度控制在 60%～70%。随着雏鸡日龄增加，鸡的饮水量、采食量、排粪量相应增加，空气湿度增大，此时相对湿度应控制在 50%～60%。到 14～60 天是球虫病易发期，应注意保持舍内干燥，防止球虫病发生。

3. 湿度的控制

生产中，维持雏鸡舍一定湿度的措施是：定时清除粪便，勤换、勤晒垫草，使饮水器不漏水，注意做好通风换气工作，适当减小饲养密度。

（三）保持新鲜的空气

1. 空气质量对雏鸡的影响

经常保持室内空气新鲜是雏鸡正常生长发育的重要条件之一。鸡的粪便能分解释放出 NH_3 和 H_2S 等有害气体。如果育雏室通风不良，NH_3 浓度超过 15～20 ppm，可引起雏鸡眼结膜与呼吸道疾病的发生。同时，通风不良也会导致舍内湿度增大，不利于雏鸡健康。

2. 通风换气措施

为了保持空气新鲜，应在育雏室安装专门的通风设备，定时清粪、换垫草，并适当减小饲养密度。

（四）饲养密度

1. 饲养密度对雏鸡的影响

单位面积饲养的雏鸡数即饲养密度。密度过大，不但室内 CO_2、NH_3、H_2S 等有害气体增加，空气温度增高，垫草潮湿，而且雏鸡活动受到限制，易发生啄癖。饲喂时易出现采食不匀，导致雏鸡生长发育不良，鸡群整齐度差，发病率和死亡率提高。密度过小，房舍设备不能充分利用，饲养成本提高，影响经济效益。生产实践中应根据房舍结构、饲养方式和雏鸡品种的不同，确定合理的饲养密度。

2. 雏鸡饲养密度

适宜的饲养密度如表 2.9。

表 2.9　不同育雏方式雏鸡的饲养密度

地面平养		立体笼养		网上平养	
周龄	只/m^2	周龄	只/m^2	周龄	只/m^2
0～1	50	0～1	60	0～1	50
1～2	30	1～3	40	1～2	30
2～3	25	3～6	34	2～3	25
4～6	20	6～11	24	4～6	20
		11～20	14		

（五）合理的光照

1. 光照对雏鸡的影响

光照不仅可以促进雏鸡的活动，便于采食和饮水，而且光照时间的长短与雏鸡性成熟也有密切的关系。养鸡生产中，光照最重要的作用是刺激鸡的脑下垂体，促进生殖系统发育。所以在雏鸡生长发育期，特别是育雏后期，若光照时间过长，则促进鸡的性早熟；光照过短，将延迟性成熟。因而要严格控制光照。

2. 光照强度

从出壳到 3 日龄内雏鸡每日宜采用 23 小时光照，以便使鸡尽快熟悉环境，及时开食、饮水。此时光照强度要高，一般以 20 lx（约 4 W/m^2）为宜。以后的光照按光照制度执行（见育成鸡饲养部分）。

二、雏鸡保健

1. 免疫接种

免疫接种是防止传染性疾病发生和流行的重要手段，也是雏鸡健康发育的保证。育雏期间接种的疫苗有：1 日龄接种马立克氏疫苗；7 ~ 10 日龄、22 ~ 24 日龄接种新城疫系或Ⅱ系疫苗点眼或饮水；10 ~ 15 日龄、25 ~ 30 日龄用传染性法氏囊疫苗饮水；30 ~ 40 日龄禽流感疫苗颈部皮下注射；20 ~ 42 日龄用鸡痘疫苗刺种。

2. 预防投药

在鸡群未发病前，定期在饲料或饮水中添加适量药物，可达到预防疾病发生的目的。不论投何种药物，一定要准确计算使用浓度和使用量，以防过量中毒。如 1 ~ 3 日龄，在饮水中加百病消可预防雏鸡白痢病的发生。15 ~ 46 日龄在日粮中添加 0.012%球痢灵或 0.02%磺胺敌菌净合剂，可预防球虫病的发生。

3. 搞好卫生防疫

（1）全进全出。鸡转入、转出育雏舍时，必须对育雏舍进行彻底消毒，并空舍 2 ~ 3 周，以切断病原菌循环感染的机会。

（2）严格消毒。为了保障雏鸡健康，防止疾病的发生，育雏场必须建立严格的消毒制度。每饲养一批鸡后，育雏室应彻底打扫、清洗和消毒。育雏室门前设消毒池，内放 2%氢氧化钠溶液，饲养人员进入育雏室应更衣、换鞋，谢绝外人进入。目前养鸡场普遍使用带鸡消毒法，常用的消毒药有百毒杀、抗毒威、新洁尔灭等，既可预防疾病，还能净化空气。

（3）搞好饲料和饮水卫生。饲料和饮水卫生也是防止疾病发生的重要措施，特别是消化道疾病。因此要求配合饲料营养全面，严防发霉、变质，以免雏鸡中毒。饮水最好是自来水，使用河水或井水，要注意消毒，如用漂白粉或每周饮用万分之一的高锰酸钾水一次。定期清洗饮水器具并消毒。

（4）增加营养。营养物质为机体生长发育、增强体质所必需，应适当给雏鸡增加多种维生素，特别是维生素 A、维生素 C 的用量，以利于增强雏鸡的抗病能力，提高成活率。

三、日常管理

1. 观察鸡群状况

在雏鸡管理上，日常观察鸡群是一项比较重要的工作，只有对雏鸡的一切变化情况了解，才能及时分析起因，采取对应的措施，改善管理，以便提高育雏成活率，减少损失。

一是观察鸡群的采食饮水情况，通过对鸡群给料反应，如采食的速度、争抢的程度以及饮水情况等的观察，了解雏鸡的健康状况。如发现采食量突然减少、采食积极性降低，可能是饲料质量的下降、饲料品种或喂料方法突然改变、饲料腐败变质或有异味、育雏温度不正常、饮水不充足、饲料中长期缺乏沙砾或鸡群发生疾病；如鸡群饮水过量，常常是因为育雏温度过高，育雏室相对湿度过低，或者鸡群发生球虫病、传染性法氏囊病等，也可能是饲料中使用了劣质咸鱼粉，使饲料中食盐含量过高所致。

二是观察雏鸡的精神状况，及时剔除鸡群中的病、弱雏，把其单独饲养或淘汰。病、弱雏常表现为离群闭眼呆立、羽毛蓬松不洁、翅膀下垂、呼吸有声等。

三是观察雏鸡的粪便情况，看粪便的颜色、形状是否正常，以便于判定鸡群是否健康或饲料的质量是否发生变化。雏鸡正常的粪便是：刚出壳、尚未采食的雏鸡排出的胎粪为白色或深绿色稀薄液体，采食后便排圆柱形或条形的表面常有白色尿酸盐沉积的棕绿色粪便。有时早晨单独排出的盲肠内粪便呈黄棕色糊状，这也属于正常粪便。病理状态下的粪便有以下几种情况：发生传染病时，雏鸡排出黄白色、黄绿色附有粘液、血液等的恶臭稀便，发生鸡白痢时，粪便中尿酸盐成分增加，排出白色糊状或石灰浆样的稀便，发生肠炎、球虫病时排呈棕红色的血便。

四是观察鸡群的行为，观察鸡群有没有恶癖如啄羽、啄肛、啄趾及其他异食现象，检查有无瘫鸡、软脚鸡等，以便及时判断日粮中的营养是否平衡等。

2. 定期称重

为了掌握雏鸡的发育情况，应定期随机抽测 5%～10%的雏鸡体重，计算平均体重后与本品种标准体重比较，以检查育雏效果，决定饲养管理措施。

3. 适时断喙

喙短是防止啄癖发生的最根本措施，还可防止饲料浪费。育雏环境不良、饲料平衡差、鸡群密度过大、光照强等不良影响下能引起啄癖发生。

（1）断喙时间。断喙适宜时间为 7～10 日龄。一般情况下，不建议二次断喙，否则对雏鸡影响很大。

（2）断喙方法。将断喙器刀片温度调至 700 °C（断喙器刀片为樱桃红色）。左手握住雏鸡，右手拇指与食指轻轻按住雏鸡咽喉，将喙插入断喙器刀孔，切去上喙 1/2，下喙 1/3，做到上短下长，切后用断喙器刀片灼烙喙，以止血。切面灼烙时间控制在 2 秒。

（3）注意问题。断喙对鸡的应激较大，在断喙前，要检查鸡群健康状况，健康状况不佳或有其他异常情况，均不宜断喙；断喙前后一周可增加饲料中维生素 K、维生素 C 给量，以利止血和降低应激。断喙后要立即给料、给水，以防止喙再次破裂而出血；断喙前后一周不能防疫，否则防疫效果降低。

4. 调整密度

密度即单位面积饲养雏鸡数量。饲养密度必须适宜，密度过大，鸡群采食时相互挤压，采食不均匀，雏鸡的大小也不均匀，生长发育受到影响；密度过小，设备及空间的利用率低，生产成本高。雏鸡适宜的饲养密度见表 2.10。

表 2.10 不同育雏方式的饲养密度

周龄	地面平养	网上	笼养
1～2	30	40	60
3～4	25	30	50
5～6	20	25	40

5. 及时分群

通过称重可以了解平均体重和鸡群的整齐度情况。鸡群的整齐度用均匀度表示。即用进入平均体重 ± 10%范围内的鸡数占全群鸡数的百分比来表示。均匀度大于 80%，则认为整齐度好，若小于 70%则认为整齐度差。为了提高鸡群的整齐度，应按体重大小和强弱分群饲养。可在断喙或接种疫苗时，将过小或发育差的鸡挑出单独饲养，使体重小的尽快赶上正常体重的鸡，尽快达到标准体重。

6. 日常记录报表

生产中，为了总结经验，搞好下批次的育雏工作，每批次育雏都要认真记录。育雏记录内容见表 2.11。

表 2.11 育雏生产记录表

品种（品系）: 入舍日期:
批次（代号）: 入舍数量:
转群日期: 转群数量:

月	日龄	育雏数	鸡群变动		存活率	日耗料量		标准耗料量（g）	体重（g）
			病死	淘汰	%	总量（kg）	每只（g）		
1									
2									
3									
4									
…									
合计									
平均									

7. 育雏舍每日工作程序

见表 2.12。

表 2.12 育雏舍每日工作程序

时间	工作内容
6：00—7：30	喂料，清洗饮水器，加水
7：30—8：30	早餐
8：30—11：00	打扫清洁卫生，清粪，检查饮水器，观察鸡群，拣死鸡
11：00—12：00	喂料，保证饮水不断，观察鸡群
12：00—14：00	午餐，休息
14：00—15：00	喂料，观察鸡群
15：00—17：00	清洗饮水器
17：00—18：00	喂料，观察鸡群，统计日报表
18：00—20：00	晚餐，休息

【技能单】

1. 雏鸡舍温度、湿度控制技术。
2. 雏鸡断喙技术。

【评估单】

一、填空题（期望值40分）

1. 蛋用雏鸡第一周的育雏温度以__________为宜，育雏室的相对湿度以__________为宜。

2. ______、______、______等原因均可引起鸡群发生啄癖，目前______是防止啄癖的最有效措施。蛋雏鸡断喙应该在_______日龄进行，断喙时，切去上喙的_______，下喙的_______。

二、简答题（期望值60分）

1. 如何看鸡施温？

2. 结合生产实际，谈谈提高育雏率的措施。

项目三　育成期的培育

育成鸡是指7~20周龄的鸡。育成阶段是产蛋期的准备，其饲养的好坏，直接影响产蛋鸡生产性能的发挥。

任务一　育成鸡的饲养

【学习目标】

1. 了解育成鸡的生理特点和培育标准。

2. 掌握育成鸡的限制饲养技术。

【资料单】

一、育成鸡的生理特点

育成鸡的采食量与日俱增，骨骼和肌肉的生长都处于旺盛的阶段。分为育成前期（7~14周龄）、育成后期（15~18周龄）和预产期（18周龄~5%产蛋率）。

（1）适应性提高。羽毛经过几次脱换已较丰满，御寒能力较强，具有健全的体温调节能力和较强的生活能力，对环境的适应能力强，生产中不必供温。

（2）消化机能增强，生长迅速。消化能力日趋健全，食欲旺盛；钙，磷的吸收能力不断提高，骨骼发育处于旺盛时期，此时肌肉生长最快；脂肪的沉积能力随着日龄的增长而逐渐累积，必须密切注意，否则鸡体过肥，对以后的产蛋量和蛋壳质量有极大的影响。饲料中可适当增加粗饲料和杂饼。

（3）生殖系统发育速度快。10周龄后母鸡卵巢上的滤泡就开始积累营养物质，滤泡也逐渐长大，到育成后期性器官的发育更加迅速。这一时期，在保证鸡群骨骼和肌肉系统充分发育的情况下，应在光照和日粮方面加以严格控制。否则会出现性成熟提前，从而早产，影响产蛋性能的充分发挥。

二、高产蛋鸡的育成要求

（一）育成鸡的管理目标

育成鸡的管理目标是让鸡的器官系统得到充分锻炼，在提高育成率和合格率的前提下力争鸡群整齐度好，并为进入产蛋期进行营养积累，为开产作好生理上的准备。管理关键是从营养供应和光照管理上采取有效措施，促进体成熟的进程，让鸡长好一副骨架子，控制性成熟的速度，防止鸡早产，保证产蛋期理想的产蛋性能。

（二）育成鸡效果的检查

（1）育成率。正常情况下，育成期满20周龄时成活率应达到95%以上。

（2）健康。未发生过传染病，食欲旺盛，羽毛紧凑，体质结实，骨骼发育良好，采食力强，活泼好动。

（3）体重及均匀度。育成鸡体重达标，群体整齐，均匀度大于80%，性成熟一致，符合正常生长曲线，从而使产蛋期生产潜力得以发挥。

三、饲养方式

育成鸡有地面平养、网上平养和笼养等方式。在不同的饲养方式下，饲养密度有不同的要求，合理的饲养密度见表2.13。

表 2.13 育成期不同饲养方式的饲养密度

品 种	周 龄	饲养方式		
		地面平养（只/m²）	网上平养（只/m²）	笼养（只/m²）
中型蛋鸡	8～12	7～8	9～10	36
	13～18	6～7	8～9	28
轻型蛋鸡	8～12	9～10	9～10	42
	13～18	8～9	8～9	35

四、育成鸡的营养需求特点

进入育成阶段后的蛋鸡，消化机能提高、对环境的适应性提高、骨骼和肌肉旺盛生长，特别是10周龄以后，母鸡的生殖系统发育加快。因此，育成鸡日粮中应适当降低能量和粗蛋白水平，控制鸡的早熟、早产和体重过大，这对于以后产蛋阶段的总蛋重、产蛋持久性都有利。7～14 周龄蛋白质和能量分别为 16%和 11.9 MJ/kg，15～20 周龄分别为 14%和 11.7 MJ/kg。矿物质含量要充足，钙磷比例应保持在 1.2～1.5：1，各种维生素及微量元素比例要适当，粗纤维可控制在 5%左右。

五、育成鸡的饲喂技术

1. 换 料

6 周龄末，检查雏鸡的体重，若达标，7 周龄后开始逐步更换饲料，即用中鸡料代替雏鸡料。如果达不到标准，可继续饲喂雏鸡料，直到达标为止，并查明原因。

2. 限制饲养，控制体重

限制饲养是人为地控制鸡采食的一种方法。合理的限饲可以控制鸡的生长，抑制性成熟，节约饲料。育成蛋鸡一般从 8 周龄开始实施限制饲养，至转群上笼前 18 周龄结束。

（1）限量法。即限制饲喂量，主要适用于中型蛋用育成鸡。此法不限制采食时间，把配合好的日粮按限制饲喂量喂给，喂完为止，限制饲喂量为正常采食量的 80%～90%。必须先掌握鸡的正常采食量，每天的喂料量应正确称量，而且所喂日粮质量必须符合要求。

（2）限质法。即限制日粮中的能量和蛋白质水平，主要适用于轻型蛋用育成鸡。可采用低能、低蛋白质日粮，限制日粮中氨基酸含量的办法进行自由采食。

（3）限时法。即限制饲喂时间，有隔日限饲、每周限饲等方法。

（4）限制饲养应注意的事项。限饲前，要断喙，挑出病鸡和弱鸡，避免增加限饲时的死亡数；要备有充足的水槽、食槽，撒料要均匀，使每只鸡都有采食槽位，以免由于采食不均而导致均匀度降低；每 1 ~ 2 周（一般隔周称重一次），在固定的时间，随机抽出鸡群的 2% ~ 5%进行空腹称重，以检查限饲效果，并为调整限饲方案提供依据；如遇鸡群发病或处于应激状态，应停止限饲改为自由采食；限饲过程中，饲料营养水平和喂料量应根据体重、发育情况进行调整。

【评估单】

一、选择题（期望值 10 分）

增加鸡群体重的方法是________，使鸡采食更多的能量。

A. 提高饲料能量水平　　B. 降低饲料能量水平

C. 提高饲料的粗纤维含量　　D. 降低饲料的粗纤维含量

二、填空题（期望值 40 分）

1. 7 ~ 14 周龄育成鸡日粮蛋白质水平为__________，代谢能为__________，15 ~ 20 周龄蛋白质水平为________，代谢能为_________矿物质含量要充足，钙磷比例为________，粗纤维可控制在 5%左右。

2. 育成鸡限制饲养的目的是__________________________，限制饲养方法有_________、________、________。

三、思考题（期望值 50 分）

1. 育成鸡有哪些生理特点？

2. 怎样综合判断育成效果的好坏？

任务二　育成鸡的管理

【学习目标】

1. 了解育成鸡的体重控制的重要性。

2. 掌握育成鸡的光照控制和体重控制技术。

【资料单】

一、适时转群

雏鸡育雏结束时（6 ~ 7 周龄）应转入育成舍。转群时增加维生素 1 ~ 2 倍，临时增加光照，补充舍温，同时按体重大小分群分饲，淘汰病、弱鸡。

二、控制光照，防止过早性成熟

鸡在 10 ~ 12 周龄时性器官开始发育，此时光照时间的长短影响性成熟的早晚，在较长或渐长的光照下，性成熟提前，反之性成熟推迟。育成鸡光照的原则是：每昼夜光照时间保持恒定或略为减少，切勿延长。光照强度以 5 ~ 10 Lx 为宜。

1. 密闭式鸡舍光照管理

由于密闭式鸡舍不受外界自然光照的影响，可以采用恒定的光照程序，即从 4 日龄开始，到 20 周龄，恒定为 8 ~ 9 小时光照，从 21 周龄开始，使用产蛋期光照程序。

2. 开放式鸡舍光照管理

（1）自然光照法。开放式鸡舍饲养育成鸡，由于受外界自然光照的影响，采用自然光照加补充光照的办法。

每年 4 月 15 日 ~ 9 月 1 日孵出的雏鸡，由于其生长后半期自然光照处于逐渐缩短时期，只要每天光照时间不超过 10 小时，即可利用自然光照，无须人工补充。

每年 9 月 1 日 ~ 4 月 15 日之间孵出的雏鸡可采用渐减给光法和恒定给光法。

渐减法：查出本批鸡 20 周龄时当地的日照时间，以此为准，再加上 5 小时作为第 4 天时的光照时间，从第二周开始以后每周减少 15 分钟，减到 20 周龄时恰好为当地的自然光照时间。此期间就形成了一个人为的光照渐减期。以后采用产蛋鸡的光照管理方案。

恒定法：查出本批鸡孵出到 20 周龄时的当地的最长日照时间，作为育成期的光照时间，直到开产前再采用蛋鸡的光照方案。

三、体重控制

现代蛋鸡是以体重为标准进行管理，育成鸡的体重是决定将来产蛋性能的重要因素之一。称重是衡量鸡群生长发育的有效手段。不同品种的鸡都有它的标准体重，见表 2.14。

表 2.14 育成鸡体重标准

周龄	白壳蛋鸡（g）		褐壳蛋鸡（g）	
	母	公	母	公
7	570	730	600	950
8	670	820	690	1 050
9	770	900	730	1 140
10	870	980	780	1 240
11	970	1 050	870	1 340
12	1 040	1 120	960	1 430
13	1 120	1 180	1 050	1 530
14	1 200	1 240	1 140	1 630
15	1 260	1 300	1 230	1 720
16	1 320	1 350	1 320	1 820
17	1 360	1 400	1 410	1 920
18	1 410	1 450	1 490	2 010
19	1 450	1 500	1 570	2 110
20	1 490	1 550	1 640	2 210
21	1 530	1 559	1 710	2 300
22	1 570	1 630	1 780	2 390

1. 体重的重要性

符合标准体重的鸡，说明生长发育正常，将来产蛋性能好，饲料报酬高；体重过大的母鸡，性机能差，死亡率高；体重太轻，说明生长迟缓，产蛋持久性也差。因此，在育成鸡饲养过程中，必须定期随机抽测体重。

2. 称重方法

蛋鸡从第四周开始，每周称重一次，随机抽取 5%的鸡数。笼养时采用对角线法，固定称几个笼子的鸡，大群平养时，在鸡舍的一角随机拦住一定数量的鸡，然后逐只称重，计算出平均体重，与标准体重比较，看是否到达标准体重。体重过轻时，可增加饲料的数量或改善饲料的质量。体重过重时，可适当限饲，使其平均体重降到标准范围之内。

3. 体重控制

一般要求在 6～8 周龄时体重达标，最迟不超过 10 周龄。当 8 周龄达不到要求时，可延长育雏料的使用时间。育雏期一般不会严重超重，所以应敞开饲喂。在育成期和产蛋期，体重既可能过重，也可能过轻。体重过轻时，可增加饲料的数量或改善饲料的质量；体重过重时，可减少饲料的增加速度，适当限饲，但不宜减少饲喂量。育成期体重的增长应按曲线逐步增长，千万不可限制前期体重而后期快速增长。

当 18 周龄时鸡群如达不到体重标准，对原为限饲的改为自由采食，原为自由采食的则提高蛋白质和代谢能的水平，以使鸡群开产时体重尽可能达到标准。

四、均匀度控制

均匀度是体重在平均体重 ± 10%范围内的鸡数占抽测鸡数的百分比。体重的均匀度反应鸡群的一致性，一般要求在 80%以上。育成鸡的整齐度越高，达到产蛋高峰越早，维持高峰时间也越长。

当平均体重超过标准体重时，若超标不超过 10%，则不用采取措施，若超过 10%以上时，就要采取限制饲喂的方法，使其平均体重降到标准范围之内。

造成均匀度差的原因有疾病、喂料不均匀、密度过大或断喙不成功。分群管理和降低密度能较快提高鸡群的均匀度。

五、日常管理

1. 饮 水

为了保证育成鸡的健康发育，鸡的饮水必须充足、清洁卫生。特别是刚转群的鸡，饲养人员要仔细观察，认真调教保证每只鸡都能饮上水。同时要定期清洗、消毒水槽 和饮水器，并保证槽位充分。

2. 喂 料

刚转入育成舍的鸡，饲料不可突然更换，应逐步换成育成料；喂料时要均匀；每天应清洗食槽一次；槽位要适当，不能太少，以免采食不匀而使鸡的整齐度受到影响。

3. 观察鸡群

每日对鸡群详细观察，发现问题及时解决。观察的内容如下。

精神状况：健康鸡群精神饱满，眼大有眼，经常发出“咯咯”的叫声。病弱鸡精神萎靡，冠苍白，低头垂翅，羽毛散乱，不爱活动。

采食情况：健康鸡群撒料后抢食，低头连续吃料；病弱鸡没有食欲，蹲伏不积极采食，吃几口便离开槽位。

排粪情况：育成鸡的粪便比较干燥，形状规则。若粪便较稀或无形状，颜色不正常，发黄、发绿等，需对鸡群的健康状况进行全面检查。

4. 卫生防疫

应按照制定的免疫程序做好免疫工作，特别是有条件的生产场，最好进行抗体监测；要做好消毒工作，每周带鸡消毒 1～2 次，消毒药物每二周更换一个品种，以免产生耐药性；及时清粪，以免造成舍内有毒有害气体含量增高，从而诱发呼吸道疾病。地面饲养容易导致鸡出现患蛔虫病和绦虫病，应注意对这两种寄生虫病及早预防。

5. 做好日常记录工作

记录表格式参照表 2.15。

表 2.15 育成期记录表

<table>
<tr><td colspan="2">品种</td><td colspan="4"></td><td colspan="2">入舍日期</td><td colspan="4"></td></tr>
<tr><td colspan="2">批次</td><td colspan="4"></td><td colspan="2">入舍数量</td><td colspan="4"></td></tr>
<tr><td colspan="2">转群日期</td><td colspan="4"></td><td colspan="2">转群数量</td><td colspan="4"></td></tr>
<tr><td rowspan="2">周龄</td><td rowspan="2">日龄</td><td rowspan="2">存栏</td><td rowspan="2">死亡</td><td rowspan="2">淘汰</td><td rowspan="2">成活率 %</td><td colspan="3">耗料量</td><td rowspan="2">平均体重（g）</td><td rowspan="2">均匀度（%）</td><td rowspan="2">用药免疫</td></tr>
<tr><td>每只耗料（g）</td><td>总量（kg）</td><td>累计总耗料（kg）</td></tr>
<tr><td>1</td><td>42
43
44

…
140</td><td></td><td></td><td></td><td></td><td></td><td></td><td></td><td></td><td></td><td></td></tr>
</table>

四、开产前管理

1. 补　钙

当见第一枚蛋时，将育成鸡料过渡为预产料，钙含量由1%提高到2%。

2. 转　群

后备蛋鸡转入产蛋鸡舍，称为转群。对规模化养鸡场，转群的任务重，对鸡群的应激大，应做好全面安排。

（1）转群时间。在鸡体重达到标准的情况下，17～18周龄转群较好。过早转群，鸡体重小，笼养时常从笼中钻出，到处乱跑，给管理带来不便，甚至会掉入粪沟被溺死。转群太晚，由于大部分母鸡卵巢发育成熟，这时转群，由于抓鸡、惊吓等原因，易造成卵泡破裂而引起卵黄性腹膜炎。

（2）注意事项。转群前应停止喂料10小时左右，让其将剩料吃完，同时也可减轻转群引起的损伤。转群最好在晚上能见度低时进行，这时便于捉鸡，可避免鸡受惊而造成挤堆压死。抓鸡时，动作要轻，最好抓鸡的双腿。不要抓头、颈和翅膀。在运输过程中，不要使鸡群受热、受凉，时间不要太长，防止缺食缺水。结合转群应对鸡群进行一次彻底的选择、淘汰，把不符合体重要求、生长发育缓慢及有残疾的鸡从群中挑出淘汰。

3. 增加光照

一般在第18～20周龄起，每周延长光照0.5～1小时，直至达到16小时后恒定不变，但不能超过17小时。如果鸡群在20周龄时仍达不到标准体重，则可以推迟到21周龄时开始增加光照。

开产前增加光照必须与更换饲料结合进行。如果只增加光照，不增加饲料营养或无足够的给料量，易造成生殖系统与整个体躯发育不协调；如果只更换饲料，不增加光照，又会使鸡体聚积脂肪。

【技能单】

鸡群体重均匀度的测定技术。

【评估单】

一、填空题（期望值30分）

1. 育成鸡日粮中应控制______和______的含量，否则性成熟会提前。

2. 刚转入育成舍的雏鸡，饲养管理上应精心，做到________。

3. 育成鸡在______或______的光照下，性成熟提前，反之性成熟推迟。

4. 日常管理中，主要从_____、_____、_____等方面观察鸡群是否正常。

5. 育成鸡采取限制饲养措施时，管理中要做到______、_____、_____、_____。

二、判断题（期望值 30 分）

1. 育成鸡如遇到接种、发病、转群等特殊情况时，可以继续实施限制饲养技术。（　　）

2. 育成期体重达到了开产体重标准，鸡群产蛋率迅速上升到达高峰，高峰持续时间长。（　　）

三、思考题（期望值 40 分）

开放式鸡舍，如何通过光照管理，控制小母鸡的性成熟，适时开产？

项目四　产蛋鸡的饲养管理

蛋鸡产蛋期管理的中心任务是为鸡群创造适宜与卫生的环境条件，充分发挥其遗传潜力，达到高产稳产的目的，同时降低鸡群的死淘率与蛋破损率，尽可能地节约饲料，最大限度地提高蛋鸡的经济效益。

任务一　产蛋鸡的饲养

【学习目标】

1. 了解产蛋鸡的生理特点和产蛋规律。
2. 熟悉产蛋鸡的饲养方式。
3. 掌握产蛋鸡的饲喂技术。

【资料单】

一、产蛋鸡的生理特点

（1）开产后身体尚在发育。刚进入产蛋期的母鸡，虽然性已成熟，但身体仍在发育，体重继续增长，开产后 24 周，约达 54 周龄后生长发育基本停止，体重增长较少，54 周龄后多为脂肪积蓄。

（2）对环境变化敏感。产蛋鸡富有神经质，对于环境变化非常敏感。鸡产蛋期间，饲料配方的变化，饲喂设备的改换，环境温度、湿度、通风、光照、密度的改变，饲养人员和日常管理程序等的变换，鸡群发病、接种疫苗等应激因素等，都会对产蛋产生不利影响。

（3）不同时期对营养物质利用率不同。刚到性成熟时期，母鸡身体贮存钙的能力明显增强。随着开产到产蛋高峰，鸡对营养物质的消化吸收能力增强，采食量持续增加。而到产蛋后期，其消化吸收能力减弱而脂肪沉积能力增强。

二、产蛋规律

（1）年产蛋规律。第一年产蛋量最高，以后每年以 15%～20%递减。

（2）周期产蛋规律。产蛋随周龄呈低—高—低的变化。开产初期产蛋率上升快，鸡群 21 周龄开产后（产蛋率 50%），最初 3～4 周内产蛋迅速增加，到 24～25 周龄时产蛋到达高峰，鸡的产蛋在高峰期维持一段时间后（大概到 40 周龄左右），产蛋率逐渐下降直至产蛋末期。

（3）蛋重变化规律。蛋重随周龄增大而增加，到第一年产蛋末达到最大。

三、产蛋曲线绘制与分析

（1）产蛋曲线绘制。如果以鸡的周龄大小为横坐标，以周龄所对应的产蛋率为纵坐标即可得出鸡的产蛋曲线。如图 2.1 所示。

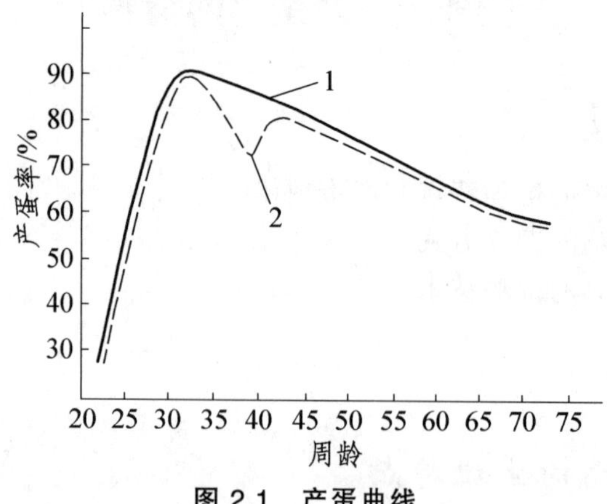

图 2.1 产蛋曲线

1—正常曲线；2—异常曲线

（2）产蛋曲线分析。正常产蛋曲线有以下特点：

上升速度快：开产后，产蛋迅速增加，曲线呈陡然上升态势。这一时间产蛋率每周成倍增长，在产蛋 6～7 周之内可达 90%以上，这就是产蛋高峰期。

下降速度慢：产蛋高峰过后，产蛋曲线下降十分平稳，呈直线状。一般情况下此期产蛋率以每周 1%～2%的速度降低，十分缓慢。

产蛋损失不可补偿：在产蛋过程中，如遇到饲养管理不当或其他应激刺激时，会使产蛋受到影响，产蛋率低于标准曲线，这种损失在以后的生产中不能完全补偿。如果这种情况发生在前 6 周，会使曲线上升中断，产蛋下降，永远达不到产蛋高峰。

四、产蛋期的饲养

（一）饲养方式

1. 平 养

平养所需的设施投入较少，但单位面积的饲养量小。

地面垫料平养：就是地面铺上垫料，在垫料上饲养蛋鸡。这种方式设备投资少，冬季保温较好。喂料设备采用吊式料桶或料槽，有条件时，可采用机械链式料槽、螺旋式料盘等。饮水设备采用大型吊塔式饮水器或水槽。

网上平养：用木条、竹条或铁丝网铺放整个饲养区的地面。网面要高出地面 70 cm 以上，以便在母鸡淘汰后清粪。这种方法不需垫草，可控制由粪便传播的一些疾病；同时也便于喂料、饮水的机械化。但这种方式饲养的鸡易受惊吓，易发生啄癖，破蛋脏蛋较多，且生产性能不能充分发挥。

地网混合饲养：由上述网面与垫料地面混合组成，两者之比为 3∶2 或 2∶1。网面设在中央，垫草地面在两侧，供料、供水系统置于网上，可每周清扫 2 次，这种方式用垫料少，产蛋较多，但为人工拣蛋，窝外蛋多。

2. 笼 养

笼养有全重叠式、全阶梯式、半阶梯式等多种方式。笼养具有饲养密度高、节约饲料、饲料利用率高等优点，但也有投资较大、鸡的活动量小体质弱、对饲料要求高的缺点。

全阶梯式：常见的为 2～3 层。其优点是：鸡粪直接落于粪沟或粪坑，笼底不需设粪板，如为粪坑也可不设清粪系统；结构简单，停电或机械故障时可以人工操作；各层笼敞开面积大，通风与光照面大。缺点是设备投资较多，目前我国采用最多的是蛋鸡三层全阶梯式鸡笼和种鸡两层全阶梯人工授精笼。

半阶梯：上下两层笼体之间有 1/4 ~ 1/2 的部位重叠，下层重叠部分有挡粪板，按一定角度安装，粪便清入粪坑。因挡粪板的作用，通风效果比全阶梯差。

层叠式：鸡笼上下两层笼体完全重叠，常见的有 3 ~ 4 层，高的可达八层，饲养密度大大提高。其优点是：鸡舍面积利用率高，生产效率高。缺点是对鸡舍的建筑、通风设备、清粪设备要求较高。此外，不便于观察上层及下层笼的鸡群，给管理带来一定的困难。

表 2.16　笼养鸡的饲养密度

品　种	需要的空间（m^2/只）	饲养只数（只/m^2）
轻型蛋鸡	0.038 0	26.3
中型蛋鸡	0.048 1	20.8

（二）产蛋鸡营养需求特点

1. 产蛋鸡营养需要

能量需要：产蛋鸡对能量的需要包括维持需要和生产需要。影响维持需要的因素主要由鸡的体重、活动量、环境温度的高低等决定。体重大、活动多、环境温度过低，维持需要的能量就越多。生产需要指产蛋的需要，产蛋水平越高生产需要越大。据研究，产蛋对能量需要的总量有 2/3 是用于维持需要，1/3 用于产蛋。鸡每天从饲料中摄取的能量首先要满足维持的需要，然后才能满足其产蛋需要。因此，饲养产蛋鸡必须在维持需要水平上下功夫，否则鸡就不产蛋或产较少的蛋。

蛋白质需要：产蛋鸡对蛋白质的需要不仅要从数量上考虑，也要从质量上注意。体重 1.8 kg 的母鸡，每天维持需要 3 g 左右蛋白质，产一枚蛋需要 6.5 g 蛋白质，当产蛋率 100%时，维持和产蛋的饲料中蛋白质的利用率为 57%，故每天共需 17 g 左右蛋白质。在实际生产中产蛋率不可能达到 100%，所以蛋白质实际需要量低于 17 g。从蛋白质需要量剖析来看，有 2/3 用于产蛋，1/3 用于维持。可见饲料中所提供的蛋白质主要是用于形成鸡蛋，如果不足，产蛋量会下降。蛋白质质量的需要实质上是指对必需氨基酸种类和数量的需要，也就是氨基酸是否平衡。

矿物质需要：自然饲料中常常不能满足产蛋鸡对某些矿物质的需要，必须另外补加矿物质或添加剂。钙对产蛋鸡至关重要，缺乏时，对产蛋的影响程度不亚于缺乏蛋白质造成后果。每枚蛋壳重约 6.3 ~ 6.5 g，含钙 2.2 ~ 2.3 g，若以产蛋率 70%计算，则每天以蛋壳形式排出的钙约 1.5 ~ 1.6 g。饲料中钙的利用率一般为 50%，则每日应供给产蛋母鸡 3 ~ 3.2 g 钙。骨骼是钙的贮存场所，由于鸡体小，所以钙的贮存量不多，当日粮中缺钙时，就会动用贮存的钙维持正常生产，当长期缺钙时，则会产软壳蛋，甚至停产。

2. 产蛋鸡的饲养标准

我国产蛋鸡的饲养标准，按产蛋水平为三个档次，各档次的能量水平相同，而粗蛋白质等营养水平，则随产量水平增加而增加。产蛋鸡从饲料中摄取营养物质的多少，主要取决于采食量的多少。在能量水平相同的情况下，采食量主要受季节变化、产蛋量高低和所处的各生理阶段的影响。所以在应用饲养标准时，应根据季节变化、所处生理阶段等进行适当调整，主要是调整粗蛋白质、氨基酸和钙的给量。我国产蛋鸡的标准见表 2.17。

表 2.17 产蛋鸡主要营养标准

项　目	产蛋率>80%	产蛋率 80% ~ 65%	产蛋率<65%
代谢能（MJ/kg）	11.5	11.5	11.5
粗蛋白（%）	16.5	15	14
蛋白能量比（g/MJ）	14.34	12.9	12.18
钙（%）	3.5	3.25	3.0
总磷（%）	0.60	0.60	0.60
有效磷（%）	0.40	0.40	0.40
食盐（%）	0.37	0.37	0.37

3. 采食量

产蛋阶段一般一天饲喂 2 次，让鸡自由采食，18 ~ 20 周龄日采食量为 100 ~ 105 g，21 周龄为 105 ~ 110 g，22 周龄为 115 ~ 120 g，23 周龄以后为 120 g。

（三）产蛋鸡的饲喂技术

现代性能卓越的蛋鸡群，500 日龄入舍母鸡总产蛋重可达 18 ~ 19 kg，是它本身体重的 8 ~ 9 倍，在产蛋期间体重增加 30% ~ 40%，采食的饲粮约为其体重的 20 倍。为了合理地、有效地利用饲料，一些学者根据蛋鸡不同产蛋期营养需要的不同而制定了不同的饲养方案。

1. 阶段饲养

根据鸡的年龄和产蛋水平，根据鸡的产蛋曲线和周龄，可以把产蛋鸡划分为几个阶段，不同阶段采取不同的营养水平进行饲喂，称为阶段饲养。

阶段的划分一般有两种方法，即两段法和三段法，其中三阶段划分更合理，见表 2.18。

表 2.18 产蛋鸡阶段划分

阶段	两段法		三段法		
周龄	21 ~ 50	51 ~ 72	21 ~ 40	41 ~ 60	61 ~ 72

采用三段饲养法，产蛋高峰出现早，上升快，高峰期持续时间长，产蛋量多。我国产蛋鸡的饲养标准也就是按这三个阶段制定的。

在 21 ~ 40 周龄，产蛋率急剧上升到高峰并在高峰期维持，同时鸡的生长发育仍在进行，此时体重增加主要以肌肉和骨骼为主，因此营养必须同时满足鸡的生长和产蛋所需。所以，饲养上饲料营养物质浓度要高，要促使鸡多采食。这一时期鸡的营养和采食量决定着产蛋率上升的速度和在高峰期维持的时间长短。因此，此期饲喂上，应该以自由采食为好。

在 41 ~ 60 周龄，鸡的产蛋率缓慢下降，此时鸡的生长发育已停止，但是其体重在增加，增加的内容主要以脂肪为主。所以在饲料营养物质供应上，要在抑制产蛋率下降的同时防止机体过多的积累脂肪。在饲养实践中，可以在不控制采食量的条件下适当降低饲料能量浓度。

在 61 ~ 72 周龄，此期产蛋率下降速度加快，体内脂肪沉积增多。所以饲养上在降低饲料能量的同时对鸡进行限制饲喂，以免鸡过肥而影响产蛋。

商品蛋鸡一般利用一个生产周期，当产蛋率低于 50%或饲料价格高，蛋价低，出现亏本，即使不到 70 周龄也应淘汰。如果继续利用一年，则必须实行强制换羽技术，让母鸡重新恢复产蛋高峰。

2. 调整饲养

调整日粮配方以适应鸡对各种因素变化的生理需要，这种饲养方式称为调整饲养。

（1）按气温变化调整。气温在 10 ~ 26 °C 条件下，鸡按照自己需要的采食量采食，超出这一范围，鸡自身的调节能力减弱，则需要进行人工调整。

气温低时，鸡的采食量增多，营养物质摄入增加，因此必须提高饲料能量水平，以抑制采食，同时降低其他营养物质浓度；气温高时，鸡的采食量下降，营养物质摄入减少，为促进采食必须降低饲料能量含量，同时增加其他营养物质浓度。

（2）按产蛋曲线调整。按产蛋曲线调整也就是按照鸡的产蛋规律进行调整。在调整营养物质水平时，掌握的原则是：上高峰时为了“促”，饲料营养要走在前头，即在上高峰时在产蛋率上升前 1 ~ 2 周先提高营养标准；下高峰时为了“保”，饲料营养要走在后头，即下高峰时在产蛋率下降后 1 周左右再降低营养标准。即在实际生产中，在鸡产蛋高峰上升期，当产蛋率还没上升到高峰时，需要提前更换为高峰期饲料，以促使产蛋率的快速提高；在产蛋率下降期，当产蛋率下降后，为抑制产蛋率的下降速度，要在产蛋率下降后一周再更换饲料。

（3）按鸡群状况调整。在鸡群采取一些管理措施或鸡群出现异常时可以进行调整饲养，在断喙当天或前后 1 天，每天饲料中添加 5 mg 维生素 K，断喙 1 周内或接种疫苗后 7 ~ 10 天内，日粮中蛋白质含量增加 1%；出现啄羽、啄肛等恶癖，在消除引起恶癖原因的同时，饲料适当增加粗纤维含量；蛋鸡开产初期，脱肛、啄肛严重时，可加喂 1%的食盐 1 ~ 2 天；在鸡群发病时，可提高日粮中营养成分，如提高蛋白质 1% ~ 2%，多种维生素提高 0.02%等。

3. 限制饲养

由于饲料消耗是影响蛋鸡的最主要的经济性状，在产蛋期实行限制饲养，可以提高饲料的转化率，降低成本。维持鸡的适宜体重，避免母鸡过肥而影响产蛋。对产蛋鸡应该在产蛋高峰过后两周开始实行限制饲喂。

限制饲养方法：在产蛋高峰过后，将每 100 只鸡的每天饲料量减少 230 g，连续 3 ~ 4 天，如果饲料减少没有使产蛋量下降很多，则继续使用这一给料量，并可使给料量再减少些。只要产蛋量下降正常，这一方法可以持续使用下去，如果下降幅度较大，就将给料量恢复到前一个水平。当鸡群受应激刺激或气候异常寒冷时，不要减少给料量。正常情况下，限制饲喂的饲料减少量不能超过 8% ~ 9%。

【技能单】

产蛋曲线的分析应用技术。

【评估单】

一、名词解释（期望值 20 分）

阶段饲养　调整饲养　限制饲养

二、填空题（期望值 20 分）

1. 蛋鸡生产中常采用的是______阶段饲养法。

2. 饲料中的蛋白质_______用于产蛋需要，_______用于维持需要。

3. 调整饲养掌握的原则是：上高峰时要_______，下高峰时要_______。

三、判断题（期望值 20 分）

1. 饲料中提供的蛋白质主要是用于形成鸡蛋，如果不足，产蛋率会下降。（　　）

2. 产蛋鸡每天从饲料中摄取的能量首先满足维持需要，然后才形成蛋的需要。（　　）

3. 产蛋后期，母鸡对钙的吸收能力下降，蛋壳变薄。（　　）

4. 产蛋过程中，因疾病等影响导致产蛋受到影响，以后产蛋率低于标准曲线部分是可以得到补偿的。（　　）

5. 正常情况下，鸡群产蛋高峰过后，产蛋曲线下降非常迅速。（　　）

四、简答题（期望值 20 分）

产蛋鸡有哪些生理特点？

五、思考题（期望值 20 分）

蛋鸡产蛋有哪些规律？怎样根据产蛋规律合理进行调整饲养？

任务二　产蛋鸡的管理

【学习目标】

1. 掌握产蛋鸡的环境管理技术，特别是降低热应激措施。

2. 掌握产蛋鸡三阶段管理技术。

3. 熟悉产蛋鸡饲养员一日操作程序。

【资料单】

鸡只生产性能的表现受遗传和环境两方面的作用，现代优良的鸡种只是具备了高产的遗传基础，其高产性能能否表现出来，与环境关系很大。这是因为鸡群生产力的表现性状大多为数量性状，其遗传力只占 5% ~ 50%，其余 50% ~ 95%取决于环境条件的作用，只有在适宜的环境下才能实现高产。

一、产蛋鸡的环境管理

（一）温度的管理

1. 温度对产蛋鸡的影响

温度对鸡的生长、产蛋、蛋重、蛋壳品质以饲料转化率都有明显影响。鸡因无汗腺，通过蒸发散发热量有限，只有依靠呼吸散热。所以，高温对鸡极为不利，当环境温度高于 37.8 °C 时，鸡有发生热衰竭的危险，超过 40 °C，鸡很难存活。由于成年鸡有厚实的羽毛，皮下脂肪也会形成良好的隔热层，所以，它能忍受较低的温度。

2. 产蛋鸡适宜温度

产蛋鸡适宜的环境温度为 8 ~ 28 °C，产蛋适宜温度为 13 ~ 20 °C，13 ~ 16 °C 产蛋率较高，15.5 ~ 20 °C 饲料转化率较高。

3. 温度的控制

（1）降低热应激的措施。

调整饲料成分：使代谢能保持在 10.88 ~ 11.29MJ/kg的水平，来减少鸡采食量降低的影响；同时提高钙的含量，可以达到 4%以减轻蛋的破损率。

改善鸡舍建筑结构：可以在鸡舍屋顶上加盖隔热层；密闭鸡舍在建筑方面对墙壁的隔热标准要求较高，可达到较好的隔热效果。还可以将外墙和屋顶涂成白色，或覆盖其他物质以达到反射热量和阻隔热量的目的。

加强通风：可增加鸡舍内空气流量和流速，以降低温度。

蒸发降温：可在屋顶安装喷水装置，使用深井水或自来水喷洒屋顶，这种方法可使舍内降温 1 ~ 3 °C；“湿帘-风机”降温系统可使外界的温度高、湿度低的空气通过“水帘”装置变为温度低、湿度高的空气，一般可使舍温降低 3 ~ 5 °C；可以通过低压或高压喷雾系统形成均匀分布的水蒸气，舍内喷雾比屋顶喷水节约用水，但必须有足够的水压；开放式鸡舍还可以在阳面悬挂湿布帘或湿麻袋。

充足的饮水：不可断水，保证每只鸡都可以饮到清凉的饮水。还可以在饮水中添加多种维生素及氯化钠、氯化钾及抗应激、抗菌类药物等来增强鸡体的抗应激能力。

其他措施：减少单位面积的存栏数；喂料尽可能避开气温高的时段；及时清粪。

（2）减少冷应激的措施。

加强饲养管理：在保证鸡群采食到全价饲料的基础上，提高日粮代谢能的水平。早上开灯后，要尽快喂鸡，晚上关灯前要把鸡喂饱，以缩短鸡群在夜中空腹的时间。

保暖：在入冬以前修整鸡舍，在保证适当通风的情况下封好门窗，以增加鸡舍的保暖性能，防止冷风直吹鸡体。在条件允许的情况下，可以采用地下烟道或地面烟道取暖。

减少鸡体热量的散发：勤换垫料，尤其是饮水器周围的垫料。防止鸡伏于潮湿垫料上；检查饮水系统，防止漏水打湿鸡体。

（二）湿度的管理

1. 湿度对产蛋鸡的影响

一般情况下，湿度对鸡的影响与温度共同发生作用。表现在高温或低温时，高湿度的影响最大。在高温高湿环境中，鸡采食量减少，饮水量增加，生产水平下降，鸡体难以耐受，且易使病原微生物繁殖，导致鸡群发病。低温高湿环境，鸡体热量损失较多，加剧了低温对鸡体的刺激，易使鸡体受凉，用于维持所需要的饲料消耗也会增加。

2. 产蛋鸡适宜湿度

在适宜的温度范围内，鸡体能适应的相对湿度是40%~72%，最佳湿度应为60%~65%。如果舍内湿度低于40%，鸡羽毛零乱，皮肤干燥，空气中尘埃飞扬，会诱发呼吸道疾病。若高于72%，鸡羽毛粘连，关节炎病也会增多。

3. 湿度的控制

防止鸡舍潮湿，调节通风量的大小控制来鸡舍湿度。

（三）通风控制

1. 空气质量对产蛋鸡的影响

由于鸡舍内厌氧菌分解粪便、饲料与垫草中的含氮物而产生 NH_3，鸡体

呼吸产生 CO_2，还有空气的各种灰尘和微生物。当这些有害气体和灰尘、微生物含量超标时，会影响鸡体健康，使产蛋量下降。所以，鸡舍内通风的目的在于减少空气中有害气体、灰尘和微生物的含量，使舍内保持空气清新，供给鸡群充足的氧气，同时也能够调节鸡舍内的温度，降低湿度。

2. 通风要领

进气口与排气口设置要合理，气流能均匀流进全舍而无贼风。即使在严寒季节也要进行低流量或间隙通风。进气口要能调节方位与大小，天冷时进入舍内的气流应由上而下，不能直接吹到鸡身上。

3. 通风量

鸡的体重愈大，外界气温愈高，通风量也愈高，反之则低。具体根据鸡舍内外温差来调节通风量与气流的大小。气流速度，夏季不能低于 0.5 m/s，冬季不能高于 0.2 m/s。

（四）光照控制

1. 光照控制的目的

光照管理是提高产蛋鸡产蛋性能的重要管理技术之一。产蛋鸡补充光照的目的是刺激产蛋，维持产蛋平衡。增加光照能刺激性激素分泌而促进产蛋，缩短光照则抑制排卵产蛋。

2. 产蛋鸡的光照原则

每天的光照时间只能延长或保持一定，绝不能缩短。光照强度以 20～25 lx 为宜。不管采用何种光照制度，一经实施，不宜随意变动，要保持舍内照度均匀，并保证一定的照度。

3. 产蛋期间的光照制度

一般采用渐增方式。通常每天 16 小时光照，产蛋鸡从 20 周龄开始实行产蛋期光照程序。

（1）开放式鸡舍。需要人工光照补充日照时间的不足。上半年育成的中鸡，在 20 周龄时增加的光照时间不得超过 1 小时，以后每周递增 1 小时光照直到每天光照达到 16 小时，并维持到产蛋结束。下半年育成的中鸡，在 20 周龄时将每天的光照时间增加到 13 小时，然后每周递增 1 小时，直到每天 16 小时光照。

生产中，每天早晨6点开灯，日出后关灯，日落时再开灯，晚上10点再关灯。白天舍内光照强度不足，仍需要补充人工光照。

（2）密闭式鸡舍。充分利用人工光照，不需要补充光照时间。可在19周8 h/d光照的基础上，20～24周每周增加1小时，25～30周每周增加0.5小时，直至每天光照时间达16小时为至，最多不超过17小时，以后保持恒定。但必须防止漏光。

（3）鸡舍内光照强度。蛋鸡的适宜光照强度为在鸡头部10 lx。光照强度过高，不仅多耗电，增加生产成本，鸡群也易受惊，易疲劳，产蛋持续性会受到影响，还容易产生啄肛、啄羽等恶癖。光照强度太低，不利于鸡群采食，达不到光照的预期目的。

二、产蛋鸡的阶段管理

根据鸡群的产蛋情况，将蛋鸡分为三个阶段，即从产蛋开始至产蛋率达85%，为产蛋前期；产蛋率在85%～90%以上为产蛋高峰期；产蛋率在80%以下直到淘汰为产蛋后期。由于各阶段的产蛋率不同，因此，各阶段的鸡对营养和管理的要求也不一样。

（一）产蛋前期的管理

在产蛋前期，由于小母鸡一方面要增长体重，另一方面，见蛋后，产蛋率上升很快，大约6周时间，产蛋率就会上升到85%，同时蛋重也在一天天增大，在这种情况下，如果营养和管理跟不上，不但延迟了鸡的发育，而且使蛋鸡的生产性能得不到充分的发挥，产蛋高峰很难达到，给以后的生产带来了很大的困难。

（1）检查体重。应根据本品种的标准体重，检查鸡群体重是否符合要求。若体重低于标准，原来的限制饲喂要改为自由采食，还应适当提高饲料中能量和蛋白质的浓度。

（2）增加光照。转群后，要适当增加光照，以促使鸡性成熟、开产，但如果体重未达标，就应首先让鸡的体重迅速达到标准体重，然后再增加光照。

（3）更换饲料。18周龄换料较合适。育成鸡转入产蛋鸡舍，开始喂产蛋前期的过渡料，即将饲料中的钙由原来的1%提高到2%或者仍用育成料。到产蛋率达50%时，全部更换为产蛋高峰期饲料，这样使营养水平赶在产蛋率上升的前边，不至于因饲料营养水平不够而使鸡群达不到产蛋高峰。

（4）加强卫生防疫。在产蛋前期，鸡群无论暴发何种疾病，都将可能影响终身产蛋。因此，要做到定期带鸡消毒，在饮水或饲料中添加抗生素以做预防。

（二）产蛋高峰期的管理

优良的蛋鸡品种，在良好的饲养管理条件下，鸡群 80%以上的产蛋率可达 1 年之久，90%以上产蛋率也可达 6 个月。这一阶段要保证鸡群高产需要的环境条件，保证鸡群的健康、高产和稳产，使产蛋高峰能维持得长一些，下降得慢一些。

（1）满足营养需要。促高峰的关键是促营养。产蛋期应给予优质的蛋鸡高峰料，饲料能量水平不低于 11.51 MJ/Kg，粗蛋白质水平为 16.5%，钙含量 3.5%，有效磷 0.45%。

（2）注意产蛋曲线的波动。密切关注高产鸡的采食量、蛋重、产蛋率和体重的变化，这是判断给饲制度是否合理的指标。产蛋率和蛋重正常，鸡的体重不减轻，说明给料量和营养标准符合鸡的生理需要，不应更换饲料配方和改变饲喂方法。

（3）防止应激。产蛋鸡对环境的变化非常敏感，任何应激都可以引起鸡群的惊恐而使产蛋率下降，一旦高峰期产率突然下降，就不可能恢复到原来的峰值。因此，在日常管理中要保持鸡舍相对稳定的环境，避免给鸡群造成逆境是极其重要的。高峰期应按正常规程操作，形成规律，不可随意更换饲料配方，保证充足清洁饮水，执行已定的光照制度，免疫、驱虫等都要避开这一时期，不喂给影响产蛋的药物（如磺胺类药物）。

（三）产蛋后期的管理

产蛋后期指鸡群产蛋率由高峰降至 80%以下时（43 ~ 72 周龄）。该阶段产蛋率每周下降 1%左右，蛋重变大，蛋壳变薄，破损率增加，体重几乎不再增加。鸡群产蛋所需的营养逐渐减少，多余的营养有可能变成脂肪使鸡变肥，同时鸡对钙的吸收能力下降，对疾病抵抗也逐渐下降，死淘率明显上升，部分鸡开始换羽。

（1）限制饲养，控制体重。一是减少饲喂量，饲料减量不超过自由采食量的 8% ~ 9%。二是在鸡群产蛋率持续低于 80%的 3 ~ 4 周以后，开始降低蛋白质含量 1% ~ 2%，钙由原来的 3.5%提高到 4%，有效磷水平下降到 0.35%，B 族维生素水平提高 10% ~ 20%，维生素 E 提高一倍，尽量减少脂肪的沉积。

（2）适时淘汰低产蛋鸡。目前，生产上的产蛋鸡大多只利用一年，在产蛋一年后，或自然换羽之前就淘汰。许多鸡场也有采用淘汰提前换羽和低产的母鸡，留下高产母鸡，再养一段时间，或进行强制换羽再饲养一年。对鸡群逐只挑选，挑出过肥、过瘦及其他有缺陷的鸡，全部淘汰，以保证鸡群的产蛋水平。

（3）增加光照时间。全群淘汰之前 3～4 周，适当地增加光照时间达 17 小时，可刺激多产蛋。

（4）加强防疫。在 55～60 周龄对鸡群进行抗体水平监测，对抗体水平较低的鸡群进行免疫接种。

三、产蛋鸡的日常管理

日常管理工作是按照饲养规程、防疫制度等进行的日常操作、管理，及时发现和解决生产中存在的问题，为鸡群的高产提供必要的保证，保证鸡群健康、高产。

（一）按时完成各项工作

1. 喂　料

每天饲喂 2 次，为了保持旺盛的食欲，每天必须有一定的空槽时间，以防止饲料长期在料槽存放，使鸡产生厌食和挑食的恶习。每次投料时应边投边匀，使投入的料均匀分布于料槽里，投入后约 30 分钟左右要匀一次料，每次喂料时添加量不要超过槽深的三分之一。

2. 饮　水

产蛋期蛋鸡的饮水量与体重、环境温度有关，饮水量随舍温和产蛋率的升高而增多。产蛋期蛋鸡不能断水，有资料表明鸡群断水 24 小时，产蛋率减少 30%，须 25～30 天的时间才能恢复正常。各种原因引起的饮水不足都会使饲料采食量显著降低，从而影响产蛋性能，甚至影响健康状况，因此必须重视饮水的管理用深层地下水供做饮用水最为理想。使用乳头饮水器供给要定期清洗水箱，每天早晨开灯后须把水管里的隔夜水放掉。

3. 拣　蛋

为减少蛋的破损及污染，要及时拣蛋，每天拣蛋 3～4 次，拣蛋次数越多越好。

4. 观察鸡群

喂料时和喂完料后是观察鸡只精神健康状况的最好时机，有病的往往不上前吃料，或采食速度不快，甚至啄几下就不吃了，健康的鸡在刚要喂料时就要出现骚动不安的急切状态，喂上料后埋头快速采食。

观察神态：发现采食不好的鸡时，要进一步仔细观察它的神态，冠髯颜色和被毛状况等，之后挑出来隔离饲养治疗或淘汰下笼。健康鸡羽毛紧凑，冠脸红润，活泼好动，反应灵敏，越是产蛋高的鸡群，越活泼。

排粪情况：健康鸡的粪便盘曲而干，有一定形状，呈褐色，上面有白色的尿酸盐附着。黄曲霉毒素、食盐过量、副伤寒等疾病排水样粪便；急性新城疫、禽霍乱等疾病排绿色或黄绿色粪便；粪便带血可能是混合型球虫感染，黑色粪便可能是肌胃或十二指肠出血或溃疡；粪便中带有大量尿酸盐，可能是肾脏有炎症或钙磷比例失调，痛风等。

有无啄癖、脱肛鸡：及时挑出有啄癖、脱肛的鸡。由于营养不全、密度过大、产蛋阶段光线太强或脱肛等原因，均可引起起个别鸡产生啄癖，这种鸡一经发现应立即淘汰。由于光照增加过快或鸡蛋过大，从而引起鸡脱肛或子宫脱出。

产蛋情况：注意每天产蛋量和破损率的变化是否符合产蛋规律，有无软壳蛋、畸形蛋，比例占多少。

夜间观察：夜间关灯后，首先将跑出笼外的鸡抓回，然后倾听鸡群动静，是否有呼噜、咳嗽、打喷嚏和甩鼻的声音，发现异常，应及时上报技术人员。

5. 除　粪

鸡舍内有害气体和湿度主要来源于鸡粪，至少每周出粪一次，人工除粪应在晚上关灯后进行，以免影响鸡群产蛋。

6. 带鸡消毒

就是在对鸡舍消毒的同时，连同鸡群一起进行消毒，是最好的消毒方法。将消毒药水（0.15%百毒杀或 0.05%次氯酸钠）装入喷雾器直接喷雾到鸡体全身，每周 1～2 次，可有效杀灭病原微生物。

7. 生产记录

详细的记录，可以使管理人员及时了解生产、指导生产，发现问题，解决问题。同时，生产记录也是考核经营管理效果的重要指标。见表 2.19。

表 2.19 蛋鸡生产日报表

日期	日龄	存栏（只）	死淘（只）		产蛋数（枚）			产蛋率（%）	产蛋量（kg）	耗料量（kg）
			淘汰	死亡	完好	破损	小计			

表 2.20 列出一般中、大型蛋鸡场的日常管理内容，供参考。

表 2.20 蛋鸡饲养员一日工作程序

时间（上午）	工作程序	时间（下午）	工作程序	时间（晚）	工作程序
晨 6：00	起床：开灯，开水，查鸡群情况	2：00～3：00	喂料，观察鸡群	9：00	匀料，观察水槽，调整水槽，除粪
6：30～7：30	喂料	3：00～4：00	备料	10：00	关灯，关水，睡觉
7：00～7：30	清除鸡笼粪便，匀料	4：00～4：20	工间休息		
7：30～8：00	早饭	4：20～5：20	集蛋，清扫		
日出	关灯	5：20～5：40	带鸡消毒		
8：30～10：00	洗水槽，匀料，拣蛋，观察鸡群	5：40～6：00	匀料		
10：00～10：20	工间休息	6：00～6：20	交蛋		
10：20～11：00	集蛋，观察鸡群	6：20	晚饭		
11；00～12：00	备料	日落	开灯		
12：00～2：00	午饭，休息				

（二）产蛋鸡的挑选

挑选出低产鸡和停产鸡是鸡群日常管理工作中的一项重要工作。它不仅能节约饲料，降低成本，还能提高笼位的利用率。及时挑出开产过迟的鸡和开产不久就换羽的低产鸡。

产蛋性能鉴定方法见表 2.21、表 2.22。

表 2.21　产蛋鸡与停产鸡的区别

项　目	产蛋鸡	停产鸡
冠，肉垂	大而鲜红，丰满，温暖	小而皱缩，色淡或暗红色，干燥，无温暖感
肛门	大而丰满，湿润，呈椭圆形	小而皱缩，干燥，呈圆形
触摸品质	皮肤柔软细嫩，耻骨薄而有弹性	皮肤和耻骨硬而无弹性
腹部容积	大	小
换羽	未换羽	已换或正在换羽
色素	肛门、喙、胫已褪色	肛门、喙、胫为黄色

表 2.22　高产鸡与低产鸡的区别

项　目	高产鸡	低产鸡
头部	大小适中、清秀、头顶宽	粗大、面部有较多脂肪、头过长或短
喙	稍粗短，略弯曲	细长无力或过于弯曲，形似鹰嘴
冠，肉垂	大、细致、红润、温暖	小、粗糙、苍白、发凉
胸部	宽而深，向前突出，胸骨长而直	发育欠佳，胸骨短而弯
体躯	背长而平，腰宽，腹部容积大	背短、腰窄、腹部容积小
尾	尾羽开展，不下垂	尾羽不正，过高，过平，下垂
皮肤	柔软有弹性，稍薄，手感良好	厚而粗，脂肪过多，发紧发硬
耻骨间距	大，可容 3 指以上	小，3 指以下
胸、耻骨间距	大，可容 4～5 指	小，3 指或以下
换羽	换羽开始迟，延续时间短	开始早，延续时间长
性情	活泼而不野，易管理	动作迟缓或过野，不易管理
各部位配合	匀称	不匀称
觅食力	强，嗉囊经常饱满	弱，嗉囊不饱满
羽毛	表现较陈旧	整齐清洁

（三）减少饲料浪费

饲料成本占整个养鸡成本的 2/3 左右，而一般的饲料浪费约占全年饲料总量的 5%。因此，提高饲料利用率，减少饲料浪费是管理的一项重要内容。

饲料浪费的原因是多方面的，如饲料不全价，饲料霉变，加料时撒落料桶外，料槽结构不合理或一次性加料太多，造成鸡在吃料时把料啄出槽外，老鼠或鸟类吃料、污染料，鸡群中有病鸡、停产鸡等。生产中可根据造成饲料浪费的原因采取针对性的措施。

（四）提高蛋壳质量，降低破蛋率

1. 影响蛋壳质量的主要因素

一是营养性因素，日粮中的钙含量不能满足产蛋鸡群的需要量，薄壳蛋和软壳蛋的比例明显增加，严重者产蛋率下降，并影响到鸡群的健康。因蛋壳中的钙主要来源于饲料和骨骼，而可以被动用的体内骨骼钙是有限的，所以产蛋鸡的钙主要由饲料提供。二是环境因素，特别是环境温度，高温影响到蛋壳腺钙盐的沉积，所以在炎热的季节，产蛋鸡的蛋壳变薄，蛋壳质量下降。三是一些药物如呋喃类、磺胺类和某些抗球虫类药物，这些药物影响蛋壳的生成。四是鸡群周龄的影响，40 周龄后的产蛋鸡群体内的钙质代谢机能降低，蛋壳自然变薄。其他还有疾病、鸡的品种的影响等因素。在正常情况下，破损率应在 2%以下。

2. 减少蛋壳破损的主要途径

满足蛋鸡的营养需要，特别是钙和维生素 D_3 要满足，同时磷的含量要适宜，掌握好钙、磷比例；增加捡蛋，避免互相碰撞，特别是在产蛋集中时间，捡蛋、搬运的动作要轻；高温季节，适当增加日粮中钙的含量，并在饮水中补充小苏打，既能减轻鸡的热应激，又能够提高蛋壳的质量；减少应激因素发生，保持鸡舍内外环境安静舒适；饲养蛋壳质量好的褐壳蛋品种；保持鸡群健康不发病；平养鸡产蛋箱的数量要充足，箱底铺干净柔软的垫物，笼养鸡笼底不可太陡，铁丝不可太粗。

三、提高产蛋率的关键技术

（一）防止各种应激

产蛋鸡胆小，抵抗力差，任何应激都会造成产蛋率下降，严重时还会发生死亡。家禽对单一的应激较易耐受，而多重应激或严酷应激对鸡群健康会造成不良影响。生产中应想方设法采取措施缓解应激，特别是缓解高温应激。应激因素有以下几种：

1. 环境影响

通气不足：在冬季，尤其是在密闭鸡舍为了保温，往往忽视通气，造成舍内有害气体含量增多，造成鸡群的产蛋率急剧下降 15%～20%，一般需 1～2 个月才能恢复。

光照程序突然变化：突然停光或减少光照时间，强度突然降低等，都会造成鸡群产蛋量突然下降。

环境温度：鸡群突然受到高温或寒流的袭击，以及长时间高温或低温，产蛋量都会突然下降。

2. 管理影响

饲料及饲喂：饲料配方突然改变，饲料中钙和盐的含量过高或过低等，都会使鸡群产生应激，造成产蛋量的突然下降。若连续几天喂料量不足，也会造成鸡群的产蛋量突然下降。

饮水：若供水系统发生故障，造成断水，或由于其他原因，造成鸡群长时间饮水不足等，都会造成鸡群的产蛋量突然下降。

应激：饲养员工作服颜色突然改变，作业程序发生改变，异常响动，陌生人或犬等进入鸡舍，都会使鸡群受到惊吓，造成产蛋量突然下降。断喙、免疫接种以及用药不当等都会对鸡群造成应激，使产蛋量突然下降。

3. 疾病影响

鸡患传染性疾病，会使鸡群产蛋量突然下降，而且多数情况下，很难恢复到原来的水平。如当暴发新城疫时，会使产蛋率从90%下降到20%～40%。鸡群感染禽流感时，会在3～5天内使产蛋率由高峰期降到10%以下。

（二）预防笼养鸡“工艺病”发生

1. 防止互啄

（1）互啄发生的原因。具有神经质型的轻型蛋鸡要比其他蛋鸡品种更容易产生互啄。饲料中能量过高，母鸡过肥，难产造成脱肛，易发生啄肛。氨基酸不平衡，尤其是饲料中若缺乏含硫氨基酸，会导致羽毛发育不全，皮肤外露，容易发生啄癖。限饲、强制换羽或者料槽空的时间太长，鸡群饥饿时间长，也会诱发啄癖。密度太大、光线太强容易产生啄癖。个别鸡出现外伤，一旦出血，其他鸡就会追啄。体外寄生虫过多，引起自啄，也会引来其他鸡同啄。大肠杆菌、沙门氏菌等也会引起脱肛，产生啄肛。

（2）防治措施。加强管理，供给全面的营养，定期驱虫，严格细致地断喙。一旦鸡群发生了互啄，要及时分析原因，尽早采取有效措施。对被啄的鸡，要及时挑出，单独饲养，痊愈后再放入大群中；较重的要及时淘汰。若大群互啄现象较为严重，可在饲料中加入1%的硫酸纳或硫酸钙（生石膏），连喂 7 天，以后改为 0.2%的比例，长期使用。在饲料中加入 1%的羽毛粉，可使啄肛现象明显减少。

2. 产蛋鸡笼养疲劳症

原因：疲劳症的特点是产蛋母鸡骨骼疏松脆弱、腿麻痹、肌肉松弛，不能正常采食、饮水而衰竭死亡。多发生于 17～18 周龄后产蛋高峰期，与笼养产蛋鸡钙、磷和维生素 D 缺乏或钙、磷代谢障碍有关。

防治措施：保持日粮中钙、磷的含量和比例，钙不低于 3.2%～3.5%，有效磷保持在 0.4%～0.42%。优化饲养环境，要有充足的光照，保持环境的安静，夏季要控制舍温（保持 27～30 °C），减少产蛋时的环境应激因素的影响。病鸡只要腿脚没有严重畸形或伤残，将其移至笼外平养，或将病鸡笼底铺上稻草，约经 1 周左右，大多可自然康复。对出现维生素 D 缺乏症状的病鸡，可喂服 2～3 滴鱼肝油，每天 3 次。

3. 过早换羽

打乱光照制度、气温突变、产蛋期间免疫不当、断水断料、日粮中含钙过高等，都可引起鸡群不该发生的过早换羽现象。往往使鸡群产蛋率降低到 30%～40%。开产后，应力求保持稳定的饲养环境，尽量减少对鸡群的应激影响。

【技能单】

家禽产蛋性能鉴定技术。

【评估单】

一、填空题（期望值 20 分）

1. 蛋鸡生产中，应从_______、_______、_______、_______等几个方面观察鸡群。

2. 育成鸡转入蛋鸡舍时间不能晚于_______周。

3. 产蛋鸡舍适宜的温度为_______，最适宜的湿度为_______。

4. 产蛋鸡的光照制度一般采用_______方式，可使产蛋在达到高峰前平稳上升。光照时间以_______为宜，光照强度以_______为宜。

二、判断题（期望值 20 分）

1. 高温对鸡极为不利，但鸡能耐受较低的温度。 （　）
2. 产蛋量遗传力低，主要受环境因素的影响。 （　）
3. 蛋鸡换羽愈早，持续时间愈长，则产蛋量越高，是高产鸡；反之，是低产鸡。 （　）

三、简答题（期望值 30 分）

1. 蛋鸡开产前后，应重点做好哪些工作？
2. 简述产蛋高峰期的饲养管理工作要点。

四、思考题（期望值 30 分）

1. 根据产蛋鸡的特点，制定蛋鸡日常管理操作规程。
2. 简要分析产蛋量突然下降的原因，并提出提高蛋鸡产蛋量的措施。

项目五　蛋种鸡的饲养管理

蛋种鸡饲养的目的是为了提供更多的优质种蛋或种雏，种鸡质量的好坏关系到商品蛋鸡生产性能的高低。因此，蛋种鸡饲养管理措施的重点是保持种鸡具有良好的体况和旺盛的繁殖能力，生产更多的合格种蛋，并保证有高的种蛋受精率、孵化率和健雏率，确保每只母鸡提供更多的健康母雏。

任务一　生产性能指标

【学习目标】

1. 熟悉蛋种鸡常用生产性能指标名称和计算公式。
2. 掌握繁殖力、生活力、产蛋力和饲料报酬的计算方法。

【资料单】

一、产蛋性能

1. 产蛋量

产蛋量是指母鸡在统计期内的产蛋枚数。通常统计开产后 300 日龄产蛋量和 500 日龄产蛋量。种鸡场和商品蛋鸡场统计群体产蛋量，群体产蛋量的计算方法有如下两种：

（1）按母鸡饲养只日统计。一只母鸡饲养 1 天就是一个饲养只日。

$$饲养只日产蛋量（枚/只）=\frac{统计期内产蛋数}{统计期内饲养只日总和\div统计期日数}$$

（2）按入舍母鸡数统计。

$$入舍母鸡产蛋量（枚/只）=\frac{统计期内总产蛋数}{入舍母鸡数}$$

2. 产蛋率

产蛋率是指母鸡在统计期内的产蛋百分率。通常用饲养只日产蛋率、入舍母鸡产蛋率、群体日产蛋率来表示。

$$饲养只日产蛋率（\%）=\frac{统计期内总产蛋数}{统计期内总饲养只日数}\times 100$$

$$入舍母鸡产蛋率（\%）=\frac{统计期内总产蛋数}{入舍母鸡数\times统计期日数}\times 100$$

$$群体日产蛋率（\%）=\frac{当日总产蛋数}{当日总饲养只数}\times 100$$

3. 蛋　重

蛋重是评价家禽产蛋性能的一项重要指标。蛋重的遗传力较高，一般在 0.5 左右。蛋重主要受产蛋母鸡年龄的影响，同时也与体重、开产日龄、营养水平、气温、光照时间、疾病等因素有关。蛋重的一般变化规律是：刚开产时蛋重较小，随着日龄的增加，蛋重迅速增大加，经过 60 天近似直线增长过程后，蛋重增长率减少，在约 300 日龄以后，蛋重转为平缓增加，蛋重逐渐接近蛋重极限。

通常蛋重的计算方法有如下两种：

（1）平均蛋重。育种场测定母鸡个体平均蛋重，通常称测初产蛋重、300 日龄蛋重和 500 日龄蛋重。方法是在上述时间连续称测三枚蛋，求其平均数作为该时期的蛋重，一般以 300 日龄蛋重为其代表蛋重。种鸡繁殖场和商品场称测群体蛋重，方法是每月按日产蛋量的 5%连称 3 天，求其平均数，作为该月龄的平均蛋重。平均蛋重以 g 为单位。

（2）产蛋重。分日产蛋重和总产蛋重。

日产蛋重（g）= 蛋重（g）× 产蛋率

总产蛋重（kg）=（平均蛋重（g）× 平均产蛋量）÷ 1 000

4. 蛋的品质

蛋的品质是衡量蛋质量水平的重要指标。测定蛋的品质应在蛋产出后24h内进行，每次测量数量要求不少于50枚。

（1）蛋形指数。蛋形指数是指蛋的长径与短径的比值。蛋的正常形状为椭圆形，鸡蛋蛋形指数为1.30～1.35之间，大于1.35的蛋为长形蛋，小于1.30的蛋为圆形蛋。如果蛋形指数偏离标准太大，不但影响种蛋的孵化率和商品蛋的等级，而且也不利于机械集蛋、分级和包装。

（2）蛋壳强度。蛋壳强度是指蛋壳耐受压力的大小。蛋壳结构致密，则耐受压力大，蛋不易破碎。蛋壳强度的测定用蛋壳强度测定仪测定，蛋的纵轴比横轴耐压力大，因此，在装运鸡蛋时以竖放为好。

（3）蛋壳厚度。蛋壳厚度是指用蛋壳厚度测定仪分别测定蛋的钝端、锐端和中腰三处蛋壳（除去壳膜）厚度的平均值。理想的鸡蛋蛋壳厚度为0.33～0.35 mm，鸭蛋的蛋壳厚度为0.43 mm左右。

（4）蛋的比重。蛋的比重是反映蛋的新鲜程度的指标，而且还可间接反映蛋壳厚度和蛋壳强度。测定蛋的比重用盐水漂浮法。

（5）蛋壳色泽。蛋壳色泽是品种的重要特征，蛋壳颜色有白、粉、褐、浅褐和绿色等。

（6）蛋的内部品质。

蛋白浓度：蛋白浓度的大小表示蛋的营养是否丰富，国际上用哈氏单位表示蛋白浓度。哈氏单位愈大，表示蛋白粘稠度愈大，蛋白品质愈好。蛋白浓度的表示方法如下：

$$\text{哈氏单位} = 100\lg(H - 1.7W^{0.37} + 7.57)$$

式中：H为浓蛋白高度（mm），W为蛋重（g）。

蛋黄色泽：蛋黄色泽越浓，表示蛋的品质越好。国际上按罗氏比色扇的15个等级进行比色分级。蛋黄色泽与饲料所含黄色素有关，如饲喂胡萝卜、黄玉米等含黄色素较多的饲料，蛋黄的色泽就浓艳。

血斑和肉斑：蛋内存在血斑和肉斑的蛋称为血斑蛋和肉斑蛋。血斑蛋和肉斑蛋占总蛋数的百分比，称血斑蛋率和肉斑蛋率。蛋内含有血斑或肉斑，将会影响蛋的品质。

二、繁殖性能

蛋种鸡繁殖性能的高低，主要是通过种蛋受精率、种蛋合格率、孵化率和健雏率等项指标进行评定。

1. 种蛋合格率

种蛋合格率是指种母鸡在规定的产蛋期内所产符合本品种、品系要求的种蛋数占产蛋总数的百分比。一般要求种蛋合格率在90%以上。

$$\text{种蛋合格率（\%）}=\frac{\text{合格种蛋数}}{\text{产蛋总数}}\times 100$$

2. 受精率

受精率是指受精蛋数占入孵蛋数的百分比。一般要求种蛋受精率在90%以上。

$$\text{受精率（\%）}=\frac{\text{受精蛋数}}{\text{入孵蛋数}}\times 100$$

3. 孵化率

孵化率有受精蛋孵化率和入孵蛋孵化率两种表示方法。受精蛋孵化率一般要求在90%以上，入孵蛋孵化率要求在75%以上。

（1）受精蛋孵化率是指出雏数占受精蛋数的百分比。

$$\text{受精蛋孵化率（\%）}=\frac{\text{出雏数}}{\text{受精蛋数}}\times 100$$

（2）入孵蛋孵化率是指出雏数占入孵蛋数的百分比。

$$\text{入孵蛋孵化率（\%）}=\frac{\text{出雏数}}{\text{入孵蛋数}}\times 100$$

4. 健雏率

健雏率指健康雏鸡数占出雏数的百分比。初生雏并非全部是健壮的，总有少数体重过小，精神不振，脐部愈合不良，腹大站不稳，有残疾、畸形者统称为残弱雏。在生产上，健雏率一般应要求达到98%以上。

$$\text{健雏率（\%）}=\frac{\text{健雏数}}{\text{出雏数}}\times 100$$

5. 种母鸡提供的健雏数

种母鸡提供的健雏数指在规定产蛋期内，每只种母鸡所提供的健雏数。

三、生活力

（1）雏鸡成活率。雏鸡成活率是指育雏期末成活雏鸡数占入舍雏鸡数的百分比。

$$雏鸡成活率（\%）=\frac{育雏期末成活雏鸡数}{入舍雏鸡数}\times100$$

（2）育成鸡成活率。育成鸡成活率是指育成期末成活育成鸡数占育雏期末入舍雏鸡数的百分比。

$$育成鸡成活率（\%）=\frac{育成期末成活鸡数}{育雏期末入舍雏鸡数}\times100$$

（3）产蛋期母鸡存活率。产蛋期母鸡存活率是指入舍母鸡数减去死亡数和淘汰数后的存活数占入舍母鸡数的百分比。

$$母鸡存活率（\%）=\frac{入舍母鸡数-（死亡数+淘汰数）}{入舍母鸡数}\times100$$

四、饲料转化率

产蛋期料蛋比是指产蛋期消耗的饲料量与总产蛋重的比值，即每产 1kg 蛋所消耗的饲料量。

$$产蛋期料蛋比=\frac{产蛋期耗料量（kg）}{总产蛋量（kg）}$$

【评估单】

一、名称解释（期望值 20 分）

产蛋量　产蛋率　蛋白浓度　种蛋合格率　育雏率

二、判断题（期望值 20 分）

1. 产蛋量遗传力低，主要受环境因素的影响。（　）
2. 蛋鸡种蛋的蛋形指数在 1.30 ~ 1.35 之间。（　）
3. 理想的鸡蛋蛋壳厚度为 0.33 ~ 0.35 mm。（　）
4. 测定蛋的品质应在蛋产出后 24 小时内进行，每次测量数量要求不少于 50 枚。（　）

5. 受精蛋孵化率一般要求在 90%以上。 ( )

6. 一只蛋鸡产蛋期耗料 40 kg，产蛋总重量 18 kg，则料蛋比为 1：2.22。 ( )

三、问答题（期望值 30 分）

1. 蛋种鸡的培养目标有哪些？
2. 蛋种鸡主要选择哪些生产性能指标？

四、计算题（期望值 30 分）

某蛋种鸡场 2005 年 2 月 5 日进种鸡苗 1 000 只，育雏过程死亡 20 只，育成期内共死亡 30 只，504 日龄淘汰时存栏 830 只。全程共产蛋 247 950 枚，平均蛋重 63 g，产蛋期共耗料 34 366 kg。求：1 ~ 42 日龄存活率、43 ~ 140 日龄存活率、产蛋期存活率、每只入舍母鸡产蛋量、每只鸡产蛋总重、产蛋期料蛋比。

任务二 蛋种鸡的饲养管理

【学习目标】

1. 掌握后备种鸡、产蛋期种母鸡和种公鸡的饲养管理技术。
2. 了解鸡的强制换羽技术。

【资料单】

本节重点阐述蛋种鸡与商品蛋鸡饲养管理的不同之处。

一、后备蛋种鸡的饲养管理

（一）饲养方式和饲养密度

（1）饲养方式。后备蛋种鸡的饲养方式包括地面平养、网上平养和笼养三种。在生产实践中，为了便于防疫注射和管理，蛋种鸡多采用笼养。笼具多采用叠式育雏笼和阶梯式育成笼，育雏批次少的鸡场直接使用育雏育成一体笼。

（2）饲养密度。后备蛋种鸡的饲养密度比商品蛋鸡小。适宜的饲养密度有利于鸡的正常发育，也有利于提高鸡的成活率和均匀度。随着日龄的增加，饲养密度逐渐降低，可在断喙、免疫接种的同时，调整饲养密度并实行强弱分群、大小分群饲养。育雏育成鸡的饲养密度见项目三“任务一”中的表 2.13。

（二）环境控制

为了培育合格健壮的后备蛋种鸡，环境控制也是关键措施。除要求按商品鸡的标准控制温度、湿度、通风外，更应该强调卫生消毒工作。特别应注意以下几方面：进雏或转群前，对鸡舍一定要彻底消毒。有条件时要做消毒效果的监测工作，不具备监测条件的，至少要消毒 3 次以上，力求彻底。舍外环境的消毒要定期坚持进行，特别是春秋季节。从育雏的第二天开始进行带鸡消毒。一般雏鸡要求隔日 1 次或每周 2 次，育成阶段每周 1 次。带鸡消毒应该轮换使用不同种类的消毒剂，最好选择无刺激、无腐蚀的消毒剂。

（三）光照管理

现代育雏、育成技术要求采用控制光照法，对后备蛋种鸡应采用合理的控制光照法，以控制其体重与性成熟。育雏的前 3 天内，要求连续 24 小时光照，以保证雏鸡开食饮水和熟悉环境。之后要根据鸡舍类型、季节等，制订光照计划，参见表 2.23、表 2.24。

表 2.23　密闭式鸡舍光照管理方案（恒定渐增法）

周　龄	光照时间（小时/天）	周　龄	光照时间（小时/天）
0～3	24	23	12
4～19	8～9	24	13
20	9	25	14
21	10	26	15
22	11	65～72	17

表 2.24　开放式鸡舍光照管理方案

周　龄	出雏日期	
	4 月 5 日～11 月 8 日	12 月 8 日～次年 3 月 5 日
	光照时间（小时/天）	
1～3 日龄	24	24
4～7 日龄	自然光照	自然光照
8 日龄～19 周龄	自然光照	按日照最长时间恒定
20～64 周龄	每周增加 1 小时，直到达 16 小时/天	每周增加 1 小时，直到达 16 小时/天
65～72 周龄	17	17

（四）分群饲养

由于公母鸡的生长速度不同，为使公母鸡能够正常生长发育和公鸡的挑选，避免公母鸡的彼此干扰，公母始终分群饲养。

（五）调控体型，提高均匀度

后备蛋种鸡要求保持良好的体型和群体均匀度。为获取良好的体型和均匀度，生产中必须测量跖长和体重。由于鸡的骨骼、肌肉和脂肪的生长高峰顺次出现，所以，育雏期跖长标准比体重标准更重要。育雏期的主要目标应该是跖长的达标。到 8 周龄时若跖长低于标准，可暂不换育成料，直到跖长达标后再换料。育成期体重是主要目标。通过合理的饲料配方及限制饲养技术的运用，加强体重控制和抽检，加强疾病防疫，将均匀度提高到 80%以上。

二、产蛋期蛋种母鸡的饲养管理

（一）饲养方式和饲养密度

产蛋期的蛋种母鸡饲养方式主要有地面散养、网上平养和笼养三种方式。目前我国以笼养为主，多采用二层阶梯式笼养，蛋种母鸡饲养在产蛋笼中，公鸡实行单笼个体饲养，这有利于人工授精技术操作。为降低劳动力成本，可采用四层叠式产蛋种鸡笼养，每笼可饲养 80 只母鸡，8～9 只公鸡，实行自由交配。种蛋从斜面底网滚出到笼外两侧的集蛋处，不必配备产蛋箱。

产蛋期的蛋种母鸡的饲养密度比商品蛋鸡小，具体饲养密度因饲养方式不同而异，见表 2.25。

表 2.25　不同饲养方式蛋种鸡产蛋期饲养密度

项目	地面平养（垫料）（只/m^2）	网上平养（只/m^2）	笼养（人工授精）（只/m^2）
白壳蛋鸡	5.3	9.1	22
褐壳蛋鸡	4.8	7.1	20～22

（二）控制开产日龄

蛋种母鸡开产过早，停产也早。由于前期蛋重小，而小于 50 g 的蛋不能做种用，开产早势必影响种蛋数量。因此，必须控制蛋种母鸡开产日龄。一般要求种鸡的开产日龄比商品蛋鸡晚 1～2 周，使蛋种母鸡体型得到充分发育，获得较大的开产蛋重，提高种鸡的合格率。开产前期，光照增加时可以比蛋鸡延迟 2～3 周。

（三）适时转群

由于蛋种鸡比商品鸡通常迟开产 1～2 周，因此，转群时间比商品蛋鸡推后 1～2 周。但是，如果蛋种鸡是网上平养，则要求提前 1～2 周转群，以便让育成母鸡对产蛋环境有一个认识和熟悉的过程，以减少窝外蛋、脏蛋、踩破蛋等，从而提高种蛋的合格率。

（四）合理的公母比例

鸡群中公鸡比例过大，吃料多，互相打架，干扰配种，种蛋受精率较低；公鸡比例少，虽能节省饲料，但可能出现漏配，受精率也较低。因此，在大群自由交配的情况下，公母比例应为：轻型蛋种鸡 1∶12～15，中型蛋种鸡 1∶10～12。小规模的种鸡场，应多饲养一些公鸡，按合理的公母比例实行轮流配种或对换公鸡。为了防止啄斗、打架，同群公鸡要一起换或撤走，不能互相掺入。

种母鸡笼养时一般两层笼养，以便进行人工授精，公母鸡分笼饲养，留养比例为 1∶20～30，实际使用比例为 1∶35～40。

（五）公母鸡合群适宜时机

公母混群时间最迟不超过 18 周龄，以保证在开产前公母鸡相互熟悉，公鸡建立群体位次。合群时将公鸡放入母鸡舍内，先将公鸡用铁丝网隔开，单独饲养 1～2 周，待相互熟悉后再混入母鸡群中。

（六）种蛋的收集与消毒

（1）收集种蛋。一般在 25 周龄、蛋重达 50 g 时，开始留用种蛋。种蛋要求定时收集，每天至少集蛋 6 次。最好从每天鸡群产蛋 5%时开始拣蛋，每 2 小时拣蛋一次。每栋鸡舍要将每次所拣种蛋及时熏蒸消毒后，再交往种蛋库。集蛋时要将脏蛋、特小蛋或特大蛋、畸形蛋、破蛋等剔出，以减少日后再挑选时的人工污染机会。

（2）消毒种蛋。种蛋消毒的方法常用福尔马林熏蒸法。一般每立方米用 30 mL 福尔马林加 15 克高锰酸钾，在密闭条件下熏蒸 20～30 分钟。也可用专用消毒水喷洒所有种蛋。消毒水的配制方法：50%的双氧水 20 mL 加上 20%的醋酸 2.5 mL 再加上 12.2%的季胺 1.6 mL，混合后加上洁净的清水调制成 1 000 mL 的消毒水。

（七）检疫与疾病净化

蛋种鸡群应对一些可以通过种蛋垂直感染的疾病进行检疫和净化工作。如鸡白痢、大肠杆菌、白血病、支原体、脑脊髓炎等，都可以通过种蛋把病传递给后代。通过检疫淘汰阳性个体，留阴性的鸡做种用，能大大提高种源的质量。许多鸡场在做净化的同时，还采用不饲喂动物性饲料，如鱼粉、肉骨粉等办法，效果很好。

三、种公鸡的饲养管理

（一）种公鸡的选择与培育

1. 蛋种公鸡的选择

蛋种公鸡的选择至少要进行三次选择，最终才能达到既符合品种特征又具良好繁殖的目的。

（1）第一次选择。在 6 ~ 8 周龄时进行第一次选择。选留个体发育良好，冠髯大而鲜红者；淘汰外貌有缺陷，如胸、腿、喙弯曲，嗉囊大而下垂，胸部有囊肿者。体重过轻的公鸡和雌雄鉴别有误的鸡亦应淘汰。选留比例笼养公母为 1：10，自然交配公母为 1：8。

（2）第二次选择。在母鸡转群时进行第二次选择。一般掌握在 7 ~ 18 周龄时开始选留体形、体重符合标准，外貌符合本品种要求的公鸡。用于人工授精的蛋种公鸡，除上述要求外，重点选择性反射功能良好的公鸡。笼养公母比例为 1：15 ~ 20，自然交配公母比例为 1：9。

（3）第三次选择。在 21 ~ 22 周龄根据精液品质进行第三次选择。选择精液颜色乳白色、精液量多、精子密度大、活力强的公鸡。公鸡的按摩采精反应有 90%以上是优秀和良好的，10%左右则为反应差、排精量少或不排精的公鸡。全年实行人工授精的蛋种鸡场，笼养公母比例为 1：25 ~ 30，自然交配公母比例为 1：10 ~ 12。

2. 蛋种公鸡的培育

（1）管理。从雏鸡开始，公母鸡实施分群饲养。平养与笼养均可，如有条件，饲养密度小一些为好，以锻炼公鸡的体质。在 17 周龄以前，每周测量体重、测量跖长、调整均匀度等。光照方案可按照蛋种母鸡的进行。到 17 ~ 18 周龄时转入单体笼内饲养（人工授精），光照也以每周增加 0.5 小时的幅度递增，达到 16 小时/天后保持恒定。

（2）营养。后备蛋种鸡营养水平是代谢能 11 ~ 12 MJ/kg，育雏期粗蛋白质 18% ~ 19%，钙 1.1%，有效磷 0.45%；育成期粗蛋白质 12% ~ 14%，钙 1.0%，有效磷 0.45%。

（3）断喙、断趾。蛋种公鸡 6 ~ 9 日龄要断喙，仅断去喙尖，以减少伤亡。1 日龄要断趾，以免自然配种时抓伤母鸡。断趾只断掉内趾和后趾第一关节。

（4）剪冠。为避免蛋种公鸡的冠影响视线、活动、饮食和配种，蛋种公鸡应进行剪冠。剪冠的方法是出壳后通过性别鉴定，用手术刀剪去公雏的冠齿。注意不要太靠近冠基，防止出血过多，影响发育和成活。

（二）繁殖期种公鸡的饲养管理

（1）在生产实践中，蛋种公鸡单独采食。平养时，为了避免蛋种母鸡采食公鸡饲料，可将料桶吊高，让母鸡吃不到，以免影响公母鸡的正常生长和繁殖。

（2）营养。

能量与蛋白质的需要量：蛋种公鸡的营养水平要比母鸡低。代谢能为 10.80 ~ 12.13 MJ/kg、粗蛋白质 12% ~ 14%的日粮最为适宜，氨基酸必须平衡，最好不要使用动物性蛋白质饲料。

维生素的需要量：使用高品质及足量添加维生素对提高种公鸡精液品质非常重要。具体运用时，可参照各育种公司提供的标准。

（3）温度和光照。成年蛋种公鸡在 20 ~ 25 °C 环境条件，可产生理想的精液品质。温度高于 30 °C，导致暂时抑制精子的产生；而温度低于 5 °C 时，公鸡的性活动降低。光照时间在 12 ~ 14 小时，公鸡可产生优质精液，少于 9 小时光照，则精液品质明显下降。光照强度在 10Lx 就能维持公鸡的正常生理活动。

（4）单笼饲养。为避免应激，繁殖期人工授精的公鸡应单笼饲养。群养蛋种公鸡的相互打斗、爬跨等会降低精液数量和品质。

（5）体重检查。为了保证整个繁殖期蛋种公鸡的健康和具有优质的精液，应每月检查一次体重，凡体重降低 100g 以上的公鸡，应暂停采精，或延长采精间隔，并另行饲养，以使公鸡尽快恢复体质。

四、蛋种鸡的强制换羽技术

换羽是禽类的一种自然生理现象。自然换羽历时 3 ~ 4 个月，而且换羽后产蛋恢复缓慢，严重影响蛋鸡的产蛋性能。人工强制换羽就是采用人为强制性施行停水、停料、停光等或喂给促进换羽的药物等方法，给鸡以突然应激，造成鸡新陈代谢紊乱，营养供给不足，促使鸡迅速换羽并迅速恢复产蛋的措施。人工强制换羽从开始到恢复产蛋一般只需 40 天左右。这样极大地减少了因换羽对蛋种鸡产蛋性能的影响，提高了蛋种鸡的繁殖力。

强制换羽的好处：利用老母鸡强制换羽，可以节省培育新母鸡的费用；可以改善蛋壳质量，减少蛋的破损；可以提高第二个产蛋期的产蛋量；强制换羽对种鸡更有意义，能更有效利用种鸡。

（一）人工强制换羽的方法

1. 化学法

化学法是指调整蛋种鸡的饲料养分，促使蛋种鸡停产换羽。在蛋种鸡的饲料中添加氧化锌或硫酸锌，使锌的用量占饲料的 2%～2.5%。让 400 日龄以上的鸡群连续自由采食 7 天，第 8 天开始喂正常产蛋鸡饲料，第 10 天蛋种鸡全部停产，3 周以后又开始重新产蛋，第 5 周产蛋率又可恢复到 50%。换羽结束后鸡的体重减轻 25%以上，基本无死亡或死亡率很低。

2. 畜牧学法

畜牧学法又称饥饿法、绝食法。让 400 日龄以上的鸡群停料，至蛋种鸡体重下降 25%～30%左右，一般需要 9～16 天。停料方法以连续绝食法（快速换羽）应用较多，能使鸡群迅速停产，体重减轻快，脱羽快而安全，恢复产蛋快，产蛋性能较高。但是此法应激性强，死亡率偏高。具体程序见表 2.26。

表 2.26 蛋鸡强制换羽程序

时间（第×天）	主要措施		
	饲料	饮水	光照（小时）
1～2	绝食	停水	停光
3	绝食	停水或供水	8
4～12	绝食	供水	8
13	喂给育成鸡料 30 克/只、天	供水	8
14～19	隔 2 天增加 20 克育成鸡料，19 天时达到 90 克/只、天	供水	8
20～26	自由采食育成鸡料	供水	8
27～42	自由采食蛋鸡料	供水	每天增加 0.5
43 天以上	自由采食蛋鸡料	供水	16

（二）强制换羽的主要技术指标

（1）绝食天数。绝食天数取决于体重减轻程度，以体重下降 25%～30%为宜，蛋鸡一般为 8～12 天。

（2）停产时间。尽早停产可使鸡有一个较长的体力和机能恢复过程，一般要求实施措施 1 周内，使鸡群产蛋率下降到 1%以下。

（3）失重率。失重率是决定强制换羽效果的一个核心指标，要求失重率达到 27%～32%，低于 25%效果不佳。超过 32%则死亡率增大。

（4）死亡率。从强制换羽开始到产蛋率重新上升到 50%，这一期间死亡率一般为 3%～4%，最高不超过 5%。绝食期间死亡率在 3%以内是强制换羽成功的标准之一。

（5）重新开产的时间。当恢复供料后，约 18 天鸡群见第一枚蛋，40～45 天产蛋率达到 50%。

（三）强制换羽期间的饲养管理

1. 强制换羽期间的饲养

当鸡群体重下降 25%～30%时开始喂料。喂料应循序渐进，先喂育成料，逐渐增加喂料量至 90 g 后转为自由采食。当产蛋率达 1%～5%时，改为自由采食产蛋鸡料。饲料中额外添加多种维生素，以提高鸡群体质。

2. 强制换羽期间的管理

（1）严格挑选。首先把病、残、弱及低产鸡淘汰，以免耐受不住换羽的应激，导致死亡率上升。因此，一些育种公司往往把种鸡的强制换羽，作为鸡群的白血病、白痢、霉形体等病净化的措施。

（2）选择换羽时间。炎热和严寒季节强制换羽，会影响换羽效果。通常选择春季、秋季鸡群开始自然换羽时进行强制换羽，效果最好。强制换羽开始初期，鸡不会立即停产，往往有软壳或破壳蛋，应在食槽添加贝壳粉，每周每 100 只鸡添加 2 kg。平养的鸡饥饿时要防止啄食垫草、砂土、羽毛等物。要有足够的采食面，保证所有的鸡能同时吃到饲料。

（3）定期称重。强制换羽开始后，每 1～2 天称重一次，固定称测鸡只的体重，了解失重率，决定实施期的结束时间。

（4）密切观察鸡群死亡率。正常情况下，第一周死亡率不能超过 1%，前 10 天不能超过 1.5%，前 5 周不能超过 2.5%，8 周死亡率不能超过 3%。必要时应调整方案甚至中止方案。

（5）不能连续换羽和给公鸡换羽。在强制换羽前应将已换换羽或正在换羽的鸡挑选出来单独饲养，避免造成死亡。换羽不适合公鸡，因为公鸡的换羽会影响精液品质。建议更换年轻种公鸡配种，提高受精率。

（6）提前做好免疫和驱虫。换羽前一个月，应对鸡群加强一次新城疫病、传染性支气管炎和禽流感免疫，集中投 1 ~ 2 个疗程驱虫药，全部做好后再停料换羽，以免影响换羽。

（7）合理光照。开始实施强制换羽时，必须同时减少光照时间，把光照时间控制在 8 小时/天。恢复期光照时间也应采用逐渐增加光照的方法。通常在强制换羽第 30 天后，每周光照增加 1 ~ 2 小时直至每天 16 小时后恒定。密闭鸡舍可每周增加 2 小时，直至每天 16 小时后恒定。

【评估单】

一、填空题（期望值 20 分）

1. 蛋种公鸡育成期蛋白质________就能满足生长期的需要。

2. 自然交配公鸡可以不断喙，但是要断趾，断趾在________进行。

3. 父母代种鸡为了防止公母混杂或剔除鉴别误差，孵化场需要对公雏做________或________处理。

4. 均匀度是指体重高于或低于平均值的_______这一范围内的个体所占的比重大小。

5. 实施强制换羽时，为了避免停水、停料对鸡的不良影响，可采用喂给高浓度________的方法。施行人工强制换羽只需________天，大大缩短了换羽停产时间。

6. 常规法强制换羽的措施即“三停”，_______、_______、_______，控制蛋鸡群失重率在_______内，死亡率在_______内，50 天恢复产蛋达 50%。

7. 一般换羽和停产早的鸡，大都是_______产鸡。

8. 在种鸡开产前，必须接种______、______、______三联苗和______单苗。

二、选择题（期望值 20 分）

1. 种鸡群要进行疾病的检疫和净化，如（　　）等疾病，可以通过种蛋把病传递给后代。

A. 鸡白痢　　　　B. 大肠杆菌

C. 白血病　　　　D. 支原体

2. 母鸡经一个产蛋期以后，便自然换羽。从开始换羽到新羽长齐，一般需（　　）个月的时间。

A. 1 ~ 4　　B. 2 ~ 4

C. 3 ~ 4　　D. 4 ~ 6

3. 人工强制换羽中最常使用的方法是（　　）。

A. 综合法　　B. 化学法

C. 生物学法　　D. 畜牧学法

4. 均匀度越好，说明鸡群越整齐，良好鸡群均匀度应（　　）以上。

A. 60%　　B. 70%

C. 80%　　D. 90%

三、判断题（期望值 30 分）

1. 种鸡育雏育成期的饲养密度一般要求比商品鸡大。（　　）

2. 种公鸡对蛋白质和钙磷的需要量低于母鸡的需要量。（　　）

3. 自然交配公鸡可以不断趾，但是要断喙以免配种时抓伤母鸡。（　　）

4. 光照对鸡的繁殖有决定性的刺激作用。（　　）

5. 胫长是指鸡爪掌底至跗关节顶端的一段距离，它反映鸡肌肉发育状况。（　　）

6. 抱性愈强，产蛋量愈少。（　　）

7. 育成鸡隔日限饲比较严格，一般用于蛋种鸡生产。（　　）

四、问答题（期望值 30 分）

1. 如何做好蛋种鸡的饲养管理工作？

2. 何谓人工强制换羽？鸡强制换羽有什么意义？

情境三　肉鸡生产技术

项目一　肉鸡品种的选择

我国饲养的肉鸡品种不论是引进的国外鸡种或是我国地方鸡种，由于饲养条件和地理环境条件的差异，存在着适应性差的问题。因此，在选用鸡种时，应考虑当地的实际情况，了解一些国内外肉鸡品种的外貌特征、生产性能以及在我国不同地区的适应性，作出合理地选择。

任务一　肉鸡品种分类

【学习目标】

了解肉鸡品种的分类和肉鸡主要生产性能。

【资料单】

一、肉鸡标准品种

人们在20世纪50年代前经过有计划的系统选种、选育，并按育种组织制定的标准鉴定承认的，并列入《美国家禽志》和《不列颠家禽标准品种志》的家禽品种，即国际上公认的家禽品种，称为标准品种。标准品种生产性能高，体型外貌一致，遗传稳定性好，并有一定数量。

二、现代肉鸡品种

肉鸡品种按照生长速度和肉质分为快大型肉鸡和优质肉鸡。

（一）快大型肉鸡

快大型肉鸡品种是专门用于生产肉用仔鸡的配套品系，主要通过肉用型鸡的专门化父系和专门化母系杂交配套选育而成。其杂交后代商品杂交鸡，生活力强，生产性能高且整齐一致，适于大规模集约化饲养。

快大型肉鸡按羽毛颜色又分为白羽肉鸡和有色羽鸡。目前世界上以白羽快大型肉鸡为主要类型。快大型肉鸡以产肉多、生长快、肉质好为主要特征。

（1）白羽肉鸡。父系大多采用生长快、胸腿肌肉发育良好的白科尼什，也结合少量其他品种血缘。母系最主要用产蛋量高且肉用性能也好的白洛克，在早期还结合了横斑洛克和新汉夏等品种的血缘。如爱拨益加、艾维茵、哈巴德、狄高、彼德逊等，一般饲养 6～7 周龄体重即可达 2.0 kg 以上，饲料转化率 2.0：1 以下。肉鸡体形硕大，体躯宽深，颈粗尾短，腿短蹠粗，肌肉丰满，羽毛蓬松；性情温顺，行动迟缓，觅食能力较差。

图 3.1　肉鸡的形体特征

（2）有色羽鸡（以红羽为主）。用红科尼什选育成父系，洛岛红选育出母系。主要品种有：红布罗（红宝），加拿大雪佛公司生产；安康红，法国伊莎公司培育。一般生产性能差于白羽肉鸡。

（二）优质肉鸡

（1）按鸡的生长速度分。按照生长速度，我国的优质肉鸡可分为三种类型，即：快大型、中速型、优质型等，呈多元格局。我国地域辽阔，不同的市场对优质肉鸡的外观和品质不尽相同。

优质型：以广西、广东湛江地区和部分广州市场为代表，内地中高档宾馆饭店、高收入人员也有需求。要求 90～120 日龄上市，体重 1.1～1.5 kg，冠红而大，羽色光亮，胫较细，羽色和胫色随鸡种和消费习惯而有所不同。这种类型的鸡一般未经杂交改良，以各地优良地方鸡种为主。品种有南方的清远麻鸡、惠阳鸡、霞烟鸡等，北方的北京油鸡、固始鸡等。

中速型：以香港、澳门和广东珠江三角洲地区为主要市场，内地市场有逐年增长的趋势。港、澳、粤市民偏爱接近性成熟的小母鸡，当地称之为“项鸡”。要求 80～100 日龄上市，体重 1.5～2.0 kg，冠红而大，毛色光亮，具有典型的“三黄”外形特征。如新浦东鸡、石岐杂鸡、矮脚黄羽肉鸡等。

快速型：以长江中下游上海、江苏、浙江和安徽等省市为主要市场。要求 49 日龄公母平均上市体重 1.3～1.5 kg，1 kg 以内未开啼的小公鸡最受欢迎。市场对生长速度要求较高，对“三黄”特征要求较为次要，黄羽麻羽黑羽均可，胫色有黄有青也有黑。快速型优质肉鸡一般含有较多的国外品种血缘，肉质风味较差。

（2）按羽色分。按照鸡的羽色，我国的优质肉鸡可分为四类，即三黄鸡类、麻鸡类、乌鸡类和土鸡类。目前，我国饲养的主要是三黄鸡与麻羽肉鸡。

三黄鸡类：毛黄、脚黄、皮黄，具有“三黄”特征。

麻鸡类：黄脚麻鸡、青脚麻鸡。

乌鸡类：除羽毛外，全身均为青黑色。

土鸡类：为地方鸡种，羽色复杂。

【评估单】

思考题（期望值 100 分）

快大型肉鸡和优质肉鸡品种有何不同?

任务二　肉鸡品种

【学习目标】

1. 熟悉我国常见的地方肉鸡品种及培育品种资源。
2. 了解我国引进的国外肉鸡品种及主要生产性能。

【资料单】

一、肉鸡标准品种

肉鸡的部分标准品种见表 3.1。

表 3.1 肉鸡部分标准品种一览表

品种名称	产地	主要外貌特征	生产性能
白洛克鸡	原产美国，兼用型品种	单冠，冠、肉垂与耳叶均为红色，喙、胫和皮肤均为黄色，全身披白羽。其生长快、产蛋较多，在现代肉鸡种中用作母系	早期生长速度快，胸、腿肌肉发达。成年公鸡体重4.0～4.5 kg，母鸡体重 3.0～3.5 kg。开产在 7～8 月龄，年产蛋 150～160 个，蛋重60g 左右，蛋壳褐色，主要作肉鸡配套杂交母系使用，其商品肉鸡增重快，肉料比1：2.0～2.5，8～10 周龄体重达 1.5～2.5 kg，是国内外较理想的肉鸡品种
科尼什鸡	原产英国康瓦耳，是世界著名大型肉用品种	科尼什鸡分红色羽和白色羽两种，以白科尼什较出名。白色羽为显性白羽，为典型快速肉用型鸡，在配套系中作父系使用，即作父母代鸡的公鸡。该品种为豆冠。喙、胫、皮肤为黄色，羽毛紧密。体质坚实，肩、胸很宽，胸、腿肌肉发达。胫，脚和腿粗壮	公鸡体重 4.5～5.0 kg，母鸡 3.5～4.0 kg。开产在 8～9 月龄，年产蛋 100～120 枚，蛋重 54～57 g，蛋壳为浅褐色。特点是生长速度快，8 周龄可达 1.75 kg 以上。与白洛克鸡或我国兼用型鸡杂交效果良好
浅花苏赛斯鸡	属蛋肉兼用型品种。原产英国英格兰苏赛斯	鸡体躯羽毛白色，但公母鸡颈羽、公鸡蓑羽及镰羽、母鸡鞍羽及尾羽黑色或镶白边羽，公母鸡主翼羽、主尾羽呈黑色。体躯长、深而宽，胫短，尾平而不高翘。单冠，中等大。冠、肉髯、耳叶红色，胫、趾、皮肤白色	肉用性能良好，易肥育，肉多而质美。成年公鸡平均体重 4.0 kg，母鸡 3.2 kg。母鸡平均年产蛋 150 枚，平均蛋重 56 g，蛋壳浅褐色。可作肉鸡配套系的母鸡使用
澳洲黑鸡	属蛋肉兼用型品种。原产澳洲，1945 年国内首次从澳大利亚引进该品种鸡于南京	全身羽毛黑色，并带有墨绿色光泽。体躯高大、单冠大型、红色，冠峰 5 个，肉垂、耳叶也为红色。嘴、脚均为黑色	肉用性能良好，成年公鸡体重 3～4 kg，母鸡 2.5～3 kg。肉质细嫩。成熟早，6～7 月龄即可产卵，年产量为 180 个左右，蛋重 55～60 g，卵壳褐色。澳洲黑鸡的性情温驯，觅食能力强，较能抗寒，适应各地饲养

续表 3.1

品种名称	产地	主要外貌特征	生产性能
狼山鸡	产于中国江苏省如东县境内属蛋肉兼用型鸡种。狼山鸡曾于19世纪后叶输往英国，对其他外国鸡种的形成也起了一定的作用	狼山鸡羽色分为纯黑、黄色和白色三种，其中黑鸡最多。单冠红色，头颈挺举，尾羽高耸，背部似U字形，胸部发达。体高腿长，腿上外侧多有羽毛。皮肤为白色，嘴、腿均为黑色	成年公鸡体重约3.5~4.0 kg，母鸡2.5~3.0 kg。年产蛋量120~170枚，蛋重55~65 g，蛋壳褐色。狼山鸡性情活泼，觅食能力强，适应性和抗病力也很强

二、现代肉鸡品种

（一）白羽肉鸡

白羽肉鸡的部分著名品种见表3.2。

表 3.2 白羽肉鸡部分著名品种一览表

品种名称	培育情况	外貌特征及生产性能
艾维茵肉鸡（Avian）	最早是美国艾维茵国际家禽有限公司培育的白羽肉鸡良种，我国自1987年引进原种后进行选育。我国饲养数量中较多的品种	肉仔鸡增重快、饲料转化率高，成活率高，胴体美观，羽根细小，皮肤黄色，肉质细嫩。商品代公母混养49日龄体重2.62 kg，料肉比1.89∶1，成活率97%以上
爱拔益加（"AA"鸡）（Arbor Acres）	美国爱拔益加公司培育。我国1980年首次引入祖代鸡，饲养在广东食品公司；1984年和1987年在山东、上海等地直接从美国爱拔益加公司引进祖代鸡。白羽，父系为考尼什型，母系为白洛克型	此鸡在我国引入数量较多，具有生产性能稳定、增重快、胸肉产肉率高、成活率高、饲料报酬高、抗逆性强的优良特点。商品代公母混养49日龄体重2.94 kg，成活率95.8%，料肉比1.90∶1
罗斯308肉鸡（Ross-308）	美国安伟捷育种公司培育成功的优质白羽肉鸡良种	体质健壮，成活率高，增重速度快，出肉率高和饲料转化率高。商品代公母混养，42天平均体重为2.4 kg，料肉比为1.72∶1，49天平均体重为3.05 kg，料肉比为1.85∶1

续表 3.2

品种名称	培育情况	外貌特征及生产性能
罗曼肉鸡（Roman）	原西德罗曼公司培育的四系配套白羽肉用型鸡	7 周龄商品代平均体重 2 kg 左右，料肉比 2.05：1。
狄高黄肉鸡（Tegel）	澳大利亚狄高公司育成的二系配套杂交肉鸡，父本为黄羽，母本为浅褐色羽，我国已引入祖代种鸡繁育推广	仔鸡生长速度快，与地方鸡杂交效果好。一般商品代 42 日龄体重为 1.84～1.88 kg，料肉比 1.87：1
红布罗肉鸡（Redbro）	加拿大雪佛公司育成的红羽快大型肉鸡，我国引进有祖代种鸡繁育推广	具有羽红、胫黄、皮肤黄等特征。适应性好、抗病力强，生长较快，肉味亦好，与地方品种杂交效果良好。商品代 50 日龄和 62 日龄体重分别为 1.73 kg 和 kg，料肉比分别为 1.94：1 和 2.25：1
海佩科肉鸡（Hypeco）	荷兰海佩科家禽育种公司培育的肉鸡品种，有白羽型、红羽型及矮小型等类型	商品代肉鸡 56 日龄平均体重 1.96 kg，料肉比为 2.07：1
星布罗肉鸡（Starbro）	加拿大雪弗公司培育的肉用型配套品系杂交鸡	羽毛白色，耳叶红色喙、胫、趾和皮肤黄色。肉鸡生长快，饲料利用率高，生活力强。56 日龄商品肉鸡平均体重为 2.12 kg，料肉比为 2.09：1

二、优质肉鸡

1. 优良的地方品种

地方品种就是在育种技术水平比较低的情况下，没有明确的育种目标，并且没有经过有计划的系统选种、选育，而在某一地区长期饲养而形成的品种。这类鸡未经杂交改良，体形体貌不一致，生长缓慢，饲料报酬低，就巢性强，繁殖力低，但具有环境适应性强、耐粗饲、肉质鲜美等优点，不适于集约化养殖。

我国列入《中国家禽品种志》的鸡的地方品种有 27 个，部分地方品种见表 3.3。

表 3.3 我国部分地方品种一览表

品种名称	原产地	主要外貌特征	生产性能
浦东鸡	原产于上海市的黄浦江以东的广大地区，故名浦东鸡	体躯硕大宽阔，羽以黄色、麻褐色者居多。单冠，肉垂、耳叶和脸均为红色，胫黄色，多数无胫羽	成年体重公鸡 4 kg，母鸡 3 kg 左右。公鸡阉割后饲养 10 个月，体重可达 5~7 kg。年产蛋量 100~130 枚，蛋重 58 g。蛋壳褐色，壳质细致，结构良好
北京油鸡	原产地为北京郊区	体躯宽短，头高颈昂，体深背阔，尾羽上翘，羽色有黄色、麻色两种	成年公鸡平均体重 1.5 kg，母鸡 1.2 kg。开产月龄 7 月，年平均产蛋 120 枚，平均蛋重 56 g，蛋壳褐色
桃园鸡	主产于湖南省桃源县中部	体型高大、呈长方形。单冠、青脚、羽色金黄或黄麻、羽毛蓬松。腿高，胫长而粗，喙、胫呈青灰色，皮肤白色	成年公鸡平均体重 3.3 kg，母鸡 2.9 kg。肉质细嫩，肉味鲜美。开产月龄 6~7 月，年平均产蛋 86 枚，平均蛋重 54 g，蛋壳浅褐色
寿光鸡	主产于山东寿光县	有大型和中型两种；还有少数小型。大型寿光鸡外貌雄伟，体躯高大，体型近似方形。成年鸡全身羽毛黑色，有的部位呈深黑色并闪绿色光泽。单冠，公鸡冠大而直立；母鸡冠形有大小之分，颈、趾灰黑色，皮肤白色	大型成年体重公鸡为 3.3 kg，母鸡 2.9 kg
吐鲁番鸡	主产于新疆吐鲁番、鄯善、托克逊一带	属斗鸡型。毛色较杂，有黑、浅麻、栗褐色三种毛色。头顶宽平而长。复冠，冠矮小，冠色为深红色。耳垂、肉髯红色。胸部带有黑色或混有红色的羽毛，尾羽短，公鸡镰羽高翘，尾羽大多数为黑色并带有青绿色光泽。腿肌发达，胫长而直，呈白色，胫部外侧有羽毛	成年公鸡平均体重为 3.7 kg，母鸡为 2.5 kg。240 日龄开产，年产蛋 60~80 枚，蛋壳多为浅褐色
惠阳鸡	产于广东省东江地区	体型中等，头大颈粗，胸深背阔，腿短，有毛髯，羽毛、喙及脚均为黄色	成年公鸡体重 1.65~2.96 kg，母鸡 1.25~2.05 kg。惠阳鸡产蛋性能低，6 月龄后开产，年产蛋 70~90 枚，平均蛋重 47 g，蛋壳分棕色、白色两种

续表 3.3

品种名称	原产地	主要外貌特征	生产性能
灵昆鸡	原产于浙江温州市灵昆岛，因而得名	体躯呈长方形，多数鸡具“三黄”特点。按外貌可分平头与蓬头（后者头顶有一小撮突起的绒毛）两种类型，多数鸡有胫羽。公鸡全身羽毛红黄或栗黄色，有光彩，颈、翼、背颜色较深，主翼羽间有几片黑羽，单冠直立，虹彩黄色。母鸡羽毛淡黄或栗黄色，单冠直立，有的倒向一侧。冠、髯、脸均红色。喙、胫、皮肤黄色	成年公鸡平均体重为2.33 kg，母鸡体重为1.95～2.02 kg。150～180 日龄开产，年产蛋130～160枚，高的可达200枚以上，平均蛋重为56.7 g，壳红褐色

2. 改良或选育品种

这类鸡是在地方鸡种基础上，引进外来品种血缘经过杂交改良选育而成。保留地方良种的外貌特征和肉质细嫩、肉味鲜美等特点，还提高了生长速度和饲料利用率，具有良好的抗病力和适应性。我国部分培育品种见表 3.4。

表 3.4 我国部分培育品种一览表

品种名称	培育情况	外貌特征及主要性能
官廷黄鸡	用北京油鸡和矮洛克母本杂交培育而成	商品肉鸡 70 日龄平均体重1.34 kg，饲料转化率2.7：1
康达尔128黄鸡	最早通过国家家禽品种审定委员会审定通过的配套系。是由深圳康达尔有限公司家禽育种中心在广东石岐杂鸡的基础上，培育的黄羽肉鸡配套系	具有胫黄、皮肤黄、羽毛黄的“三黄”特征，肉质鲜嫩，是粤港地区人们喜食的黄鸡品种
京星黄鸡	配套系由中国农业科学院畜牧研究所培育而成，是利用我国培育的D型矮洛克鸡与引进良种或地方良种参与配套，两系或三系配套繁育出优质肉鸡，包括京星黄鸡100、102	与一般鸡种相比，京星黄鸡全周期能省料 13 kg。由于母鸡含有伴性矮小基因“dw”基因，是著名的节粮型种鸡
岭南黄鸡	广东省农业科学研究院畜牧研究所与广东智威农业科技股份有限公司合作培育的黄羽肉鸡配套系，包括岭南黄鸡Ⅰ号、Ⅱ号和3号	具有生产性能高、抗逆性强，体型外貌美观、肉质好和“三黄”等特征
苏禽黄鸡	该配套系由江苏省家禽科学研究所培育而成，培育了苏禽黄鸡快大型、优质型、青脚型3个配套系	具有“三黄”特征

【评估单】

一、填空题（期望值 30 分）

1. ________品种是目前世界上肉鸡生产的主要类型。
2. 举例列出 3 个肉用型的标准品种________、________、________。
3. 举例列出 3 个白羽肉鸡品种________、________、________。

二、简答题（期望值 35 分）

北京油鸡的原产地、经济类型、外貌特点和生产性能。

三、思考题（期望值 35 分）

说出你家乡饲养的主要肉鸡品种的外貌特征、生产性能和主要优缺点。

项目二　肉用仔鸡饲养管理

肉用仔鸡，我国民间通常称“童子鸡”，不到性成熟即进行屠宰的小公鸡。肉用仔鸡是利用现代肉鸡品种如 AA、艾维茵、明星、狄高鸡等，采用高蛋白质和高能量日粮进行饲喂，养至 6～8 周，体重达 2 kg 以上即屠宰上市，也叫快大型白羽肉鸡，是目前世界上肉鸡生产的主要类型，通常制作成分割肉或西餐鸡。

肉用仔鸡生长速度快，饲料转化效率高，有专门的父系和母系，饲养周期短，饲养管理技术非常重要，直接关系到肉用仔鸡的生长发育、产品质量和商品价值。

任务一　肉用仔鸡生产前的准备

【学习目标】

1. 了解肉用仔鸡的生产特点。
2. 熟悉肉用仔鸡的饲养方式。
3. 掌握肉用仔鸡生产前的各项准备工作。

【资料单】

一、了解肉用仔鸡的生产特点

1. 早期生长速度快、饲料转化率高

由于遗传育种技术和饲料营养技术的进步，现代肉鸡的生产效率越来越高。肉仔鸡来源于肉种鸡父母代杂交，具有父母代肉种鸡的共同特点，其生长速度优于父母代。肉鸡从出壳约 40 g 体重到 2.0 kg 出栏，体重增加 40 倍，只需要 35 天的时间，而且这个时间还在逐渐缩短。优良的肉鸡品种，体重达到 2.0 kg 时的料肉比为 1.95 ~ 2.1，这是其他家畜所不能比的。

2. 饲养周期短、周转快

肉仔鸡绝对增重高峰是在第 6、7 周，高峰以增重前逐渐增加，之后逐渐降低，因此，肉仔鸡要适时上市，上市越晚，脂肪沉积越多，特别是腹脂增加明显。如果错失良机，延长饲养期，则会造成明显的经济损失。由于生长速度快，以 6 周龄上市计算，除去清理、消毒、空舍的时间，一栋鸡舍每年至少可以饲养肉鸡 6 批。因此，肉用仔鸡生产设备利用率高，资金周转快，所以它被称为“速效畜牧业”。

3. 饲养密度大、劳动生产效率高

肉用仔鸡喜安静，不好动，除了吃料饮水外，很少斗殴跳跃，特别是饲养后期由于体重迅速增加，活动量大减。一般在厚垫料平养的情况下，每平方米可养 12 只左右。这比在同等体重、同样饲养方式下蛋鸡的饲养密度增加了一倍。肉用仔鸡具有良好的群体适应能力，适宜于大群饲养。在机械化、自动化程度较高的情况下，每个劳力一个饲养周期可饲养 1.5 万 ~ 2.5 万只，年均可达到 10 万只水平，大大提高了劳动效率。

4. 屠宰率高、肉质嫩

肉仔鸡由于生长期短，鸡肉细嫩，皮柔软，便于快速烹调，尤其适合于快餐业。7 周龄的肉仔鸡半净膛屠宰率可以达到 89%，全净膛屠宰率可以达到 78%，产肉性能好。

5. 肉用仔鸡腿部疾病多，胸囊肿发病率高

肉用仔鸡由于早期肌肉生长较快，而骨骼组织相对发育较慢，加上体重大、活动量少，使腿骨和胸骨长期受压，易出现腿部和胸部疾病如骨折、关

节炎、弯腿及腹水症、胸囊肿等，特别是笼养条件下更易发生。这些病会影响肉鸡的商品等级，造成经济损失。因此在生产过程中，要加强预防这类疾病的发生。

二、选择饲养方式

肉用仔鸡的生产一般可以采用厚垫料地面平养、网上平养和笼养以及笼养与平养相结合的方式。养殖场可以根据实际情况选择适宜的饲养方式。

1. 厚垫料地面平养

这是目前国内外最普遍采用的一种饲养方式，它是在舍内水泥或砖头地面上铺以 15 ~ 18 cm 厚的垫料，雏鸡从入舍到出栏一直生活在垫料上面，一个饲养周期更换一次垫料。这种方式简便易行，投资较少，胸囊肿发生率低，适合肉鸡生长发育特点；缺点是鸡和粪便直接接触，易发生球虫病。舍内空气中的尘埃较多，容易发生慢性呼吸道病。存在药品和垫料费用较高，单位建筑面积饲养量较少等缺点。因此厚垫料平养中垫料的选择和管理是关键。垫料要求松软、吸湿性强、未霉变、长短适宜，一般为 5cm 左右。常用垫料有玉米秸、稻草、刨花、锯屑等，也可混合使用。

垫料应该在鸡舍熏蒸消毒前铺好，铺设的厚度大体一致，在生产过程中要加强通风换气量，勤翻垫料，保持垫料干燥、松软，及时将水槽、食槽周围潮湿的垫料取出更换，防止垫料表面粪便结块。

2. 网上平养

网上平养就是把肉仔鸡饲养在舍内高出地面约 60 cm 左右的塑料网或铁丝网上，粪便通过网孔落到地面。肉仔鸡喜安静，不好动，体重不超过 2.0 kg 就上市，因此可以全程网上饲养。网面网孔一般为 2.5 cm × 2.5 cm，前两周为了防止雏鸡脚爪从空隙落下，可在网上再铺一层网孔 1.25 cm × 1.25 cm 的塑料网或 1 cm 厚的整稻草、麦秸等，2 周后撤去。为了降低肉仔鸡胸囊肿的发生率，一般在金属板格上再铺上一层弹性塑料网。

网上平养最大的优点是减少了肉仔鸡和粪便接触的机会，减少了呼吸道病、大肠杆菌和球虫病等的发病率，明显地提高了成活率。缺点是单位建筑面积的饲养量较少。另外这种饲养方式要求使用较多的料桶和饮水器，使鸡在小范围内就能饮水和吃料，以保证网上平养肉鸡体重的正常增长。

3. 笼　养

笼养就是将肉仔鸡养在3～5层的笼内，每一层配有承粪板。

肉仔鸡笼养具有以下优点：笼养大幅度提高了单位建筑面积的饲养密度；便于公母分群饲养，充分利用不同性别肉鸡的生长特点，提高饲料转化率；由于限制了肉鸡的活动，降低了饲料消耗，比平养鸡生长周期缩短了12%；可节约劳动力，并不需要垫料；鸡舍清洁，鸡只不与地面粪便接触，能防止和减少球虫病的发生。

肉用仔鸡笼养目前尚不十分普遍，主要是由于笼养肉用仔鸡胸囊肿严重，商品合格率低下。近年来，生产出具有弹性的塑料笼底，并在生产中注意上市体重（一般以1.7 kg为准），使肉用仔鸡的胸囊肿发生率有所降低，发挥了笼养鸡的优势。而且需要一次性投资大，电热育雏笼对电源要求严格，鸡舍通风换气需良好，并要求较高的饲养管理技术。现代化大型肉鸡场使用效果较好。

4. 笼养与平养相结合

前3周采用笼养，3周龄后改为地面平养。这种方式由于肉鸡3周龄前体重小，不易发生胸囊肿。而且，有利于雏鸡安全度过危险期，饲养效果较好。缺点是需要转群，增加工作量，对生长速度有一定的影响。

三、肉鸡舍准备

肉用仔鸡饲养时间短，且是大群密集饲养，病菌侵入后传播极其迅速，往往会使全部鸡群发病，即使没有那样严重，也因感染病菌而使肉用仔鸡的生长发育率降低15%～30%，甚至造成部分死亡，从而遭受经济亏损，再加上有些药物、疫苗在体内有残留量，除影响鸡肉品质外，人吃了鸡肉后也给人带来不良影响。因此，至少在出售前1周内不能使用疫苗，一些药物在出售前1周也不能用（如抗球虫剂等）。所以，饲养肉用仔鸡的鸡舍及一切用具必须作严格的消毒处理，这是唯一能减少用药，提高效益的办法。

肉仔鸡的饲养采用全进全出制，每批鸡出场后，鸡舍都要进行彻底的清洗消毒。鸡舍清理和消毒的一个主要目的是切断疾病的传播途径，以免病原从上批鸡传播到下批鸡。鸡群转出后最好能空闲1～2周，再接雏开始饲养下一批肉仔鸡。切不可不清洗消毒而先空闲鸡舍。否则不会达到切断病源的目的。因为细菌病毒可以在鸡粪、饲料等有机物中存在很长时间，另外鸡粪、饲料等有机物可以使消毒药药效降低,并阻碍消毒药杀死其内部隐藏的病原。所以，要求一定要冲洗干净才能消毒。

鸡舍的清洗消毒主要分以下 5 个步骤：

（1）清扫。肉仔鸡出栏后，将鸡粪、垫料、顶棚灰尘等清扫干净，可移动的设备和用具搬出鸡舍，并在室外曝晒、清洗和消毒。鸡舍地面、墙壁、顶棚及附属设施上的灰尘、粪便、垫料、饲料、羽毛等，清扫到鸡场外的处理场统一做无害化处理。在清扫的时候，为了防止病原体扩散，可以适当喷洒消毒液。

（2）水洗。鸡舍彻底清扫后，进行水洗。可以使用高压水枪对鸡舍的各个地方冲洗，不能冲洗掉的污物要用硬刷刷洗。如果鸡舍排水设施不完善，则应在一开始就用消毒液清洗消毒,同时对被清洗的鸡舍周围喷洒消毒药。

（3）干燥。一般在水洗后搁置 1 天左右，期间加强通风，使舍内干燥，如果水洗后立即喷洒消毒药液，其浓度即被消毒面的残留水所稀释，有碍于药液的渗透而降低消毒效果。

（4）过火焚烧。用火焰喷射器对鸡舍的墙壁、地面、笼具等不怕燃烧的物品进行火焰消毒，特别是残存的羽毛、皮屑和粪便。

（5）消毒。熏蒸消毒，首先将清洗干净的可移动设备和用具搬入鸡舍，其次关闭门窗和风机，按每立方米空间用甲醛 42 mL，高锰酸钾 21 g 对鸡舍进行熏蒸消毒。熏蒸消毒是房舍消毒效果最好的方法。另外也可以采用喷洒消毒液的方法，消毒液的喷洒次序由上而下，先房顶、天花板，后墙壁、固定设施，最后是地面，同时不能漏掉被遮挡的部位。常用的消毒药有 0.3%的过氧乙酸溶液、3%的烧碱溶液、3%的来苏儿溶液等。消毒后，最好空舍 1 ~ 2 周，再开始下一批次的饲养。

四、设备和用具的准备

（1）饮水器。前 2 周每 100 只鸡 1 ~ 2 个 4 L 的真空饮水器，之后保证每只鸡 2 cm 的水槽位置或每 125 只鸡一个塔形自动饮水器。使用乳头饮水器，每 20 只鸡 1 个乳头。

（2）食槽。第 1 周每 100 只鸡 1 个平底料盘，之后每 100 只鸡 3 米长食槽，每只鸡 6 cm 槽位，或每 100 只鸡 3 个食盘，或 100 只鸡 2 个圆形吊桶。

（3）取暖设备。可用电热保温伞、暖风炉、红外线灯、火道或火炕。在厚垫料平养中常用电热保温伞取暖，在网上平养中常用暖风炉取暖。

（4）垫料。地面育雏时需要准备足够的干燥、松软、不霉烂、吸水性强的垫料。

（5）光照设施。每 10 m^2 的面积设一个灯座，灯座均匀分布，备用 25 W 和 40 W 的灯泡各一个。

（6）护围。作用是在最初几天避免雏鸡跑散，使雏鸡接近热源。护围一般 45 cm 高，设置时距热源 80 ~ 150 cm，随着雏鸡的成长逐步扩大护围范围，至 10 日龄后撤去。为了节省材料，护围一般使用网孔 1 cm 的塑料网或金属网。

五、饲料、药品及其他的准备

（1）饲养人员的配备。要求饲养人员责任心强，能吃苦，并具备一定的养鸡专业知识和饲养管理经验。

（2）饲料、药品的准备。根据肉仔鸡营养需要和雏鸡日粮配方，准备好各种饲料，提前备好 10 天内所需要的饲料量。准备好各种饲料添加剂、矿物质饲料和动物性蛋白质饲料。准备一些常用的消毒药、抗白痢、球虫药、防疫用疫苗等。

（3）预热试温。在育雏前两天对育雏室和育雏器进行试温，对损坏的取暖设备要及时修理，使其达到标准要求，并检查能否恒温。接雏前 2 小时，务必将雏鸡舍温度升到标准温度。

（4）建立和健全记录制度。准备好各种必要的饲养记录登记表。

【评估单】

一、填空题（期望值 50 分）

1. ________是目前国内外最普遍采用的一种肉仔鸡饲养方式，它是在舍内水泥地面上铺以________厚的垫料。

2. 肉仔鸡的饲养采用________制，每批鸡出场后，鸡舍都要进行彻底的清洗消毒。

二、简答题（预期值 50 分）

1. 肉用仔鸡有哪些生产特点？

2. 肉鸡舍清洗消毒的主要步骤。

任务二 肉用仔鸡的饲养

【学习目标】

1. 了解肉用仔鸡的营养需要。
2. 掌握肉用仔鸡饲养技术。

【资料单】

一、肉用仔鸡营养要求

肉用仔鸡所需营养有能量、蛋白质、矿物质、维生素和水分等。缺少这些营养，就会发生代谢紊乱，引发营养缺乏症，但用量过多，不仅造成浪费，还可引起肉用仔鸡中毒。

1. 肉用仔鸡对营养要求

要求高能量、高蛋白、高维生素，才能发挥最大的遗传力，获得最佳的增重效果；要求全价日粮，所需的各种营养物质必须齐全，任何微量元素或维生素的缺乏或不足，出现的病理性反应比蛋鸡更敏感；要求肉仔鸡的日粮，各种营养比例平衡适当，才能提高饲料转化率和经济效益。

不同国家和不同的肉鸡品种有各自不同的营养需要标准，见表 3.5、表 3.6、表 3.7、表 3.8。

表 3.5 我国肉仔鸡的饲养标准

项 目	0～4 周龄	5 周龄以上
代谢能（10^3 kcal/kg）	2.90	3.00
粗蛋白质（%）	21.0	19.0
蛋白能量比（g/10^3 kcal）	72	63
钙（%）	1.00	0.90
总磷（%）	0.65	0.65
有效磷（%）	0.45	0.40
食盐（%）	0.37	0.35
蛋氨酸（%）	0.45	0.36
蛋氨酸+胱氨酸（%）	0.84	0.68
赖氨酸（%）	1.09	0.94
色氨酸（%）	0.21	0.17

表 3.6 美国 NRC 肉仔鸡的饲养标准

项　目	0～3 周龄	4～6 周龄	7～8 周龄
代谢能（10^3 kcal/kg）	3.20	3.20	3.20
粗蛋白质（%）	23.0	20.0	18.0
钙（%）	1.00	0.90	0.80
有效磷（%）	0.45	0.40	0.35
蛋氨酸（%）	0.50	0.38	0.32
蛋氨酸+胱氨酸（%）	0.93	0.72	0.60
赖氨酸（%）	1.20	1.00	0.85
色胺酸（%）	0.23	0.18	0.17

表 3.7 爱拔益加肉仔鸡的饲养标准

项　目	0～3 周龄	4～6 周龄	7～8 周龄
代谢能（10^3 kcal/kg）	3.08～3.30	3.135～3.355	3.19～3.41
粗蛋白质（%）	22～24	20～22	18～20
钙（%）	0.9～1.1	0.85～1.0	0.8～1.0
总磷	0.65～0.75	0.60～0.70	0.55～0.70
有效磷（%）	0.48～0.55	0.43～0.50	0.38～0.50
食盐	0.30～0.50	0.30～0.50	0.30～0.50
蛋氨酸（%）	0.33	0.32	0.25
蛋氨酸+胱氨酸（%）	0.60	0.56	0.46
赖氨酸（%）	0.81	0.70	0.53
色胺酸（%）	0.16	0.12	0.11

表 3.8　艾维茵肉仔鸡的饲养标准

性别	营养成分	前期饲料	中期饲料	后期饲料
公	代谢能（10^3 kcal/kg）	3.10	3.20	3.20
	粗蛋白质（%）	24	21	19
	钙（%）	0.95 ~ 1.00	0.90 ~ 0.95	0.85 ~ 0.90
	有效磷（%）	0.50 ~ 0.52	0.48 ~ 0.50	0.42 ~ 0.46
	赖氨酸（%）	1.25	1.05	0.80
	蛋氨酸+胱氨酸（%）	0.96	0.85	0.71
母	代谢能（10^3 kcal/kg）	3.10	3.20	3.20
	粗蛋白质（%）	24	19.5	18
	钙（%）	0.95 ~ 1.00	0.85 ~ 0.90	0.80 ~ 0.90
	有效磷（%）	0.50 ~ 0.52	0.40 ~ 0.45	0.35 ~ 0.40
	赖氨酸（%）	1.25	0.90	0.70
	蛋氨酸+胱氨酸（%）	0.96	0.75	0.65

肉仔鸡生长前期应十分重视满足肉用仔鸡对蛋白质的需要，如果饲料中蛋白质含量低，就不能满足早期快速生长的需要，生长发育就会受到阻碍，其结果是单位增重耗料增多；后期要求肉用仔鸡在短期内快速增重，并适当沉积脂肪以改善肉质，所以，后期对能量要求较高。如果日粮不与之相适应，就会导致蛋白质过量摄取，从而造成浪费，甚至会出现代谢障碍等不良后果。实践证明肉用仔鸡饲料的能量水平以不低于 2.9 ~ 3.0 10^3 kcal/kg，蛋白质含量前期不低于 21%，后期不低于 19%为宜。

2. 肉用仔鸡饲养阶段划分

可分为两段制和三段制。两段制是 0 ~ 4 周龄为育雏期，喂前期饲料；5 周龄后为肥育期，喂后期饲料。我国肉用仔鸡的饲养标准属于两段制划分。当前肉鸡生产发展总的趋势，是饲养周期缩短，提早出栏，并推行三段制饲养。三段制是 0 ~ 3 周龄为育雏期，喂前期饲料；4 ~ 6 周龄中期，喂中期饲料；7 周龄至出售为后期，喂后期饲料。三段制饲养更符合肉用仔鸡的生长发育特点，饲养效果较好。

二、肉仔鸡的饲养技术

（一）适时的饮水、开食

1. 饮　水

（1）初饮。雏鸡能否及时饮到水是很关键的。由于初生雏从较高温度的孵化器出来，又在出雏室内停留，其体内丧失水分较多，故适时饮水可补充雏鸡生理上所需水分，有助于促进雏鸡的食欲，帮助饲料消化与吸收，促进粪的排出。初生雏体内约含有 75%～76%的水分，水在鸡的消化和代谢中起着重要作用，如体温的调节，呼吸、散热等都离不开水。鸡体产生的废物如尿酸等的排出也需要水的携带，生长发育的雏鸡，如果得不到充足的饮用水，则增重缓慢，生长发育受阻。长时间不饮水，雏鸡易发生脱水。

第一次给肉雏鸡饮水称为“初饮”。肉雏鸡进入育雏室稍微休息后即可饮水开食，一般“初饮”在“开食”之前，一旦开始饮水之后就不能再断水。在 7 日龄内要饮用温开水。经长途运输或在高温条件下的雏鸡，最好在饮水中加入 5%～8%的多糖和适量的维生素 C，连续用 3～5 天，起到增强雏鸡体质的作用，缓解运输途中引起的应激，促进体内胎粪的排泄，降低第 1 周雏鸡的死亡率。饮水时可把青霉素、高锰酸钾等药按规定浓度溶于饮水中，可有效地降低雏鸡发病率。7 天后饮凉水，水温和室温一致。鸡的饮用水，必须清洁干净，饮水器必须充足，并均匀分布在舍内，饮水器距地面的高度随鸡日龄增长而调整。饮水器的边高应与鸡背高度水平相同，这样可以减少水的外溢。

（2）饮水量。雏鸡的需水量与体重、环境温度呈正比。环境温度越高，生长越快，其需水量愈多，雏鸡饮水量的突然下降，往往是发生疾病的最初信号，应该予以密切注意。通常雏鸡饮水量是采食量的 1～2 倍。每天应保证供给充足清洁的饮水。肉用仔鸡日耗水量参考值见表 3.9。

表 3.9　肉用仔鸡日耗水量参考值　　单位：升/千只

温　度	周　龄							
	1	2	3	4	5	6	7	8
21 °C	3	6	9	13	17	22	25	29
32 °C	3	9	20	27	36	42	46	47

2. 开　食

（1）开食时间。开食的早晚直接影响初生雏的食欲、消化和今后的生长发育。开食太早，影响残留蛋黄的继续吸收，易引起消化不良，对以后的生长发育不利；开食过迟，体内残留蛋黄全部消耗，使雏鸡变得虚弱，影响以后的生长发育和育雏期的成活率。实际饲养时雏鸡饮水 2～3 小时后，开始喂料。

（2）开食料。雏鸡饲料营养要丰富、全价，且易于消化吸收，饲料要新鲜，颗粒大小适中，易于啄食，一般采用破碎料或粉料。

（3）开食方法。饲料放在消毒过的深色塑料布上或饲料浅盆内饲喂。喂料时要少喂勤添，以防弄脏饲料或雏鸡刨撒造成浪费。要保持室内安静，避免高声和异声刺激，每次喂食时间掌握在 15 分钟左右。从第二天或第三天起，开始逐渐更换为料槽，间断往料槽内加饲料以吸引雏鸡前来采食。每天取走 1～2 个原先使用的饲料浅盘，6～7 天后不再用饲料浅盘饲喂。食槽数量要充足，要保证鸡有足够的食位，以提高鸡群的整齐度。

（二）全进全出制

无论平养，还是笼养，肉用仔鸡都应采用“全进全出制”生产方式。“全进全出制”是指在同一鸡场（或鸡舍）内，在同一时间内只饲养同一日龄的鸡只，经过一段时间饲养后，最后在同一天转出或淘汰或屠宰。然后使鸡舍空舍 7～14 天。在空舍期间，彻底清洗鸡舍，并对鸡舍及全部养鸡设备进行彻底打扫、清洗、消毒与维修。“全进全出制”有利于切断病原的循环感染，有利于疾病控制；便于饲养管理，利于机械化作业，提高劳动效率；便于防疫措施的统一实施。这种“全进全出”的饲养制度与在同一栋鸡舍里饲养几种不同日龄的鸡相比，具有增重快、耗料少、死亡率低的优点。

鸡的“全进全出制”是肉仔鸡生产中广泛使用的一种便于鸡群管理，提高经济效益的体制。

（三）公母分群饲养

公母鸡在生长速度、脂肪沉积能力、羽毛生长快慢和对温度、湿度、密度等环境的要求有所差异，通过实行公母分群饲养，能有的放矢地进行科学管理，有利于肉仔鸡生长一致，提高生产性能和屠体品质。

公母分群饲养的优点主要有：

1. 鸡群均匀整齐度增加

在同一饲养条件，同一饲养期内，公鸡的生长速度比母鸡快17%～36%。公母混养，公母鸡体重相差达到500 g左右。分开饲养后，一般相差125～250 g。公母分群饲养后，同一群体的个体间差异变小，鸡群的均匀度大大提高，便于饲养者采用“全进全出”的管理制度。

2. 提高了饲料利用率，减少浪费

传统的混养方式，采用相同营养水平的日粮进行饲喂，由于母鸡沉积脂肪能力较强，表现为增重慢，饲料报酬低。实行公母分群饲养，分别配制饲料，避免了母雏因过量摄入营养而造成的浪费，可有效提高肉鸡的生产水平。

3. 产品质量大大提高

实行公母分群饲养，给公、母鸡提供适宜的环境条件，可使胴体肌肉含量增加，内脏脂肪沉积减少，同时使鸡群的发病率、死淘率都大大降低，减少了由于胸囊肿、腿病等引起的胴体品质残次率，提高产品质量，便于机械化屠宰加工。

（四）提倡饲喂颗粒饲料

颗粒饲料的优点是适口性好、营养全面、浪费少、饲料利用率高、增重速度快，适合于鸡喜欢吃颗粒饲料而不喜欢吃粉料的特点，颗粒饲料最适合于肉用仔鸡的快速肥育。有实验表明，饲喂颗粒饲料，每增重1 kg体重比采用粉料少耗料0.094 kg，饲料转化率提高3.1%。目前国内外肉仔鸡生产中普遍采用颗粒饲料。通常是在最初的2～3周龄，喂给粉料或破碎料，以后随着鸡只长大，逐渐改换为直径较大的颗粒饲料，以促使鸡只多吃，提高增重速度和饲料效率。

（五）注意早期饲养，选择适当的肥育期限

饲养肉用仔鸡，要利用早期生长速度快的特点，特别注意早期饲养问题。如果前期营养差、生长慢，后期虽然有一定的补偿作用，但始终赶不上营养好、生长快的。据试验，前期使用蛋白为23%的饲料，比使用蛋白为21%的饲料体重要高3%。前期鸡的体重小，维持消耗少，饲料因营养水平高，成本高一些，但鸡的生长速度比使用营养水平低的饲料长得快，饲料效率高，其单位增重比使用低营养水平的饲料成本低。

肥育期限的长短与生产的经济效益有密切的关系，它反映了生产水平的高低，国内外肉仔鸡的肥育期限都在缩短，因为鸡日龄越小，相对的生长速度越快，饲料利用率越高；随着日龄的增加，相对的生长速度减慢，饲料利用率降低，即单位增重消耗的饲料随着日龄的升高而增加，越来越不经济。

（六）提高均匀度

均匀度是指体重进入平均体重 ± 10%范围内的鸡数占总测鸡数的百分比。肉仔鸡饲养一般要求均匀度大于 80%。

1. 均匀度的测定

抽样称重鸡数占全群鸡数的 5%（大群抽测 1%），实际操作大群抽测鸡数不少于 150 只，小群不少于 100 只。对抽测的鸡要随机抓取，不可人为地挑选大小。称量时记录每只鸡的体重，算出平均值，再算均匀度。均匀度低于 80%，说明饲养管理上还存在问题，需要改进。

2. 提高均匀度措施

（1）及时分群。在整个肉仔鸡饲养过程中，当均匀度低于 80%时，要及时调整鸡群，按鸡只大小分群饲养。对体重小的群体增加饲料营养和饲喂次数，使其体重迅速增加；对体重大的群体，进行限制饲养。从而较快地提高整个鸡群的均匀度。

（2）降低饲养密度。当饲养密度过大时，鸡体活动受限，难以自由采食和饮水，舍内空气污浊，容易滋生疾病，导致鸡群的均匀度差。为了提高鸡群均匀度，应该适当地降低饲养密度。

（3）提供足够的食槽和饮水位置。为了避免争食，肉仔鸡饲养过程中一定要提供足够的食槽，每只鸡占料槽 10 ~ 12 cm，或每百只鸡用料桶 4 ~ 5 个。同时要提供足够的饮水位置。

（4）做好防疫工作。为了防止疾病的发生，影响肉鸡增重，鸡场要执行严格的消毒制度，按程序接种疫苗。根据实际情况，可适当地进行预防性的投药，定期驱虫。

【评估单】

一、填空题（期望值 50 分）

1. 肉仔鸡饲养前期料要求含有较高浓度的______，以加速其生长，后期要求含有较高的______，以达到贮存脂肪育肥的目的。

2. 肉仔鸡的饲养一般可分为______几个阶段。

3. 肉用仔鸡饲料的能量水平以不低于________兆卡/千克，蛋白质含量前期不低于________%，后期不低于________%为宜。

4. 肉仔鸡鸡舍空舍期须按每立方米空间用甲醛________mL，高锰酸钾________g对鸡舍进行熏蒸消毒。

5. 肉仔鸡在______日龄内要饮用温开水。

6. 雏鸡饮水______小时后，开始喂料。

7. ______日龄是肉仔鸡相对生长强度最大的时期。

二、问答题（期望值50分）

1. 肉用仔鸡有哪些生产特点？

2. 肉仔鸡为什么要实行公母分群饲养？

任务三　肉用仔鸡的管理

【学习目标】

1. 了解肉用仔鸡所需的环境条件。

2. 掌握肉用仔鸡生产管理技术。

【资料单】

一、提供适宜的环境条件

（一）温　度

1. 温度的作用

获得最佳生产性能的关键是为鸡提供协调一致的环境，任何温度的波动都会引起鸡的应激。温度过低，雏鸡卵黄吸收不良，消化不良，引起呼吸道疾病，降低饲料报酬，增加胸腿病的发生率；温度过高，鸡只采食量减少，饮水过多，生长缓慢。温度不稳定，特别是免疫前后的温度控制会影响疫苗的免疫效果，易引起小鸡发病。很多疾病都是由于温度忽高忽低引起，特别是春秋季节，温度控制不好，将会造成疫病流行。

初生雏鸡体温为 39 °C，前 5 日龄是关键时期，体温要升高到 39.4 ~ 41.1 °C，而且，0 ~ 20 日龄，雏鸡体表多为绒毛，羽毛还没有长齐，保温能力差，体温调节系统尚未发育完成，对外界温度的变化也非常敏感，需要依靠环境温度来维持。当外界温度与体温相差 8 °C 以上时，容易造成死亡。因此，无论在鸡的体温调节机制还没有发育完全的时候，还是羽毛发育完全的时候，都要为鸡提供适宜的温度环境，保证鸡在适温范围内生长。这就要求整栋鸡舍的温度趋于稳定，温差不能太大，不能只关注平均温度，冬季要保证鸡舍的温差在时间和空间上都控制在 ± 1 °C 范围内，夏季保证体感温差不超过 4 °C。

2. 温度的控制

肉用仔鸡所需的环境温度比同龄蛋用雏鸡高 1 °C 左右，供温标准为，第 1 ~ 2 天为 35 ~ 33 °C，以后每天降温 0.5 °C 左右。在生产实际中，最主要的是要看雏鸡的精神状态、分布状况来判断供温是否适宜，如果难以做到每天降温 0.5 °C，一般以每周递减 2 ~ 3 °C 的降温速度比较合适。从第 5 周起到上市期间，环境温度保持在 20 ~ 24 °C，这对增重速度和饲料转化率都极为有利，这是肉用仔鸡对温度要求的一大特点。肉用仔鸡不同周龄的供温要求见表 3.10。

表 3.10 肉仔鸡适宜的温度

日龄（天）	0 ~ 3	4 ~ 7	8 ~ 14	15 ~ 21	22 ~ 28	35 ~ 出栏
温度（°C）	35 ~ 33	33 ~ 31	31 ~ 29	29 ~ 27	27 ~ 24	24 ~ 21

（二）湿 度

1. 湿度的作用

湿度也是影响雏鸡健康生长的因素之一。高湿环境有利于病原微生物的生长繁殖，易诱发球虫病。湿度过低，雏鸡体内水分随着呼吸而大量散发，导致饮水增加，易发生腹泻。入雏时湿度达到 70%以上，1 ~ 2 周不低于 60% ~ 65%，3 ~ 4 周要求达到 55% ~ 60%，5 周以后应在 50% ~ 55%，整个过程最好控制在 55% ~ 70%。

育雏的开始几天，由于室内温度较高，室内相对湿度往往偏低，所以必须注意补充室内水分，可在墙壁、地面喷水来增加湿度。10 日龄后，由于雏鸡呼吸量和排粪量增加，室内湿度增大，因此雏鸡饮水时注意不要让水溢出，同时要加强通风换气，勤翻垫料，使室内湿度控制在标准范围内。

2. 湿度的控制

增加湿度的方法有炉子上烧水，过道、预温带、地面洒水，在大饮水器里存水等。自动加湿，这是目前最为先进的加湿方法，就是用电加热锅炉中的水，再把水蒸气通道鸡舍，增加鸡舍内湿度。这种加湿方法比较快，而且均匀，缺点是成本高些。降低湿度的方法有：适量通风；加强饮水器管理，防止洒水、漏水；及时清除鸡粪或潮湿垫料，保持地面干燥。相对湿度探头应该挂在鸡舍前端的 1/4 处，离地 1.2 m。见表 3.11。

表 3.11　肉仔鸡适宜的相对湿度

日龄（天）	1	7	14	21	28	35	42
湿度（%）	50～60	60	60	60	55	55	50

（三）通　风

1. 通风的作用

由于肉用仔鸡采用高密度饲养，生长发育迅速、代谢旺盛，因此鸡舍内的 CO_2、NH_3、CO、H_2S 等有害气体含量高，空气污浊，对鸡体生长发育不利，容易暴发传染病。因此，必须根据气温与肉仔鸡的周龄和体重，不断调整鸡舍内的通风量，适当地排出舍内污浊空气，换进外界的新鲜空气，并借此调节舍内的温度和湿度，这在饲养肉仔鸡非常重要。

氨气浓度是表示舍内通风换气是否良好的主要标志，舍内氨气含量不应超过 20 ppm，以不刺眼刺鼻为度，持续高浓度的氨气，会引起呼吸道疾病和肉鸡腹水症，影响增重速度，饲料效率不佳，胸囊肿增加，肉鸡等级下降。另外，在育雏期要管理好煤炉，严防一氧化碳（煤气）中毒。

2. 通风换气的控制要点

第 1、2 周龄时以保温为主，适当注意通风。育雏舍要保持一定的进风口，但要防止冷空气直接吹袭到雏鸡身上。3 周龄开始要增加通风量和通风时间。4 周龄以后应以通风为主，特别是夏季，通风可增加舍内 O_2 量，降低舍温，提高采食量，促进生长速度。

在冬季可利用中午时间通风换气，在向阳面适当打开窗户。夏季炎热季节可安装风扇等辅助设备，必要时可向屋顶或鸡群喷水，以防肉仔鸡中暑。

舍内 NH_3 浓度过大，要先提高舍温，再打开通气窗。

随着肉仔鸡日龄增加，通风量也应加大。成鸡每小时换气量为：夏天 50 立方米/只，冬天 20 立方米/只。

（四）光　照

1. 光照的作用

肉用仔鸡和蛋用、种用雏鸡的光照制度完全不同。对蛋用、种用雏鸡光照要求的主要目的是控制性成熟的时间，而对肉用仔鸡光照的目的是延长采食和饮水时间，提高生长速度。目的不同光照方法也不同，但肉仔鸡光线不可过强，光照太强影响鸡群休息和睡眠，引起相互间啄羽、啄趾或啄肛等恶癖。只要足以使其走动并吃到饲料和饮到水即可。

2. 光照的控制

肉用仔鸡的光照有连续光照和间歇光照等方法。连续光照就是每天 23 小时光照，1 小时黑暗，这 1 小时的黑暗是为了使鸡能适应黑暗的环境，以免光照出现故障时发生惊慌，造成拥挤窒息。间歇光方法是，从第 2 周龄起，白天利用自然光照，夜间每次喂料、饮水时开灯照明 1 小时，然后黑暗 2～4 小时，采用照明和黑暗交错进行的方式光照，但必须注意每次要有足够的采食时间，否则会影响采食量，而且会导致生长不整齐。这种方法主要好处是，使鸡有足够的休息时间，而且省电。开放式有窗鸡舍和密闭式鸡舍在光照时间上有所不同，详见表 3.12。

表 3.12　肉用仔鸡光照程序

日龄（天）	光照时间	
	开放式有窗鸡舍	密闭式鸡舍
1～3	24 小时	24 小时
4～8	23 小时光照，1 小时黑暗	23 小时光照，1 小时黑暗
9 天～上市	23 小时光照，1 小时黑暗	1 小时光照，2 小时黑暗，循环进行

光照强度的原则是由强到弱。每 20 m^2 安装一只灯泡，高度距地面 2 m，灯距 3 m，分布要均匀，配有灯罩，每周擦拭一次灯泡，及时更换损坏的灯泡。第 1 周强度为 15 lx，第 2 周强度为 10 lx，第 3 周至出栏降至 5 lx。即第 1 周每 20 m^2 安装一个 40 W 的灯泡，这可帮助小鸡熟悉环境，充分采食和饮水。以后到出栏，把光照强度减到最小强度，每平方米 0.75 W 即可，即每 20 m^2 将一个 40 W 的灯泡改换为 15 W 的灯泡。后期弱光可以减少啄癖的发生，鸡群安静，有利于生长肥育。所以白天日光强度超过上述规定时，可用装饲料的编织袋制成窗帘遮挡门窗，以避免阳光直射。注意不要超过 40 W 的

灯泡，灯泡大，光照强，光线不均匀，易引起啄癖。一般每 10 m^2 面积上安装 1 个 25 W 灯泡可提供 10 lx 的光照强度。

（五）饲养密度

1. 密度的影响

饲养密度是指鸡舍内平均每平方米地面所容纳的鸡数。饲养密度是否恰当，对养好肉仔鸡和充分利用鸡舍有很大关系。密度过大，不但室内空气不好，影响雏鸡生长发育，而且由于鸡群挤压在一起相互抢食争水，体重发育不均，影响饲料报酬，还易发生啄癖；密度过小，鸡舍、设备利用率低，人力增加，饲养成本提高，经济效益降低。因此，要及时调整好密度。

2. 密度的控制

网上饲养密度比地面散养大一些，冬季比夏季密度大一些，通风条件好的密度可大一些；反之，密度应少一些。在实际生产中，通常采用分隔饲养法，既便于饲养管理，又能节约能源。前期饲养密度大些，把鸡舍全部面积的 1/3 到 1/2 分隔开，让雏鸡只在这个育雏区内活动，减低整个鸡舍需要热能的范围。以后随着鸡只的长大，采用逐渐扩群的方式，逐渐扩充饲养面积。

不同饲养方式肉仔鸡饲养密度见表 3.13。

表 3.13　肉仔鸡地面平养饲养密度

周龄	1	2	3～4	出售前
只/米 ^{2}	50～40	40～30	30～20	20～12

二、加强卫生管理，减少疾病发生

加强卫生管理，减少疾病发生，是养好肉仔鸡的重要保证。加强卫生管理要做到：在鸡舍的入口处设消毒槽、保持垫料干燥、保持空气新鲜、饲喂用具经常刷洗、定期带鸡消毒。

影响肉仔鸡生产的疾病主要有胸囊肿、腿部疾病和腹水症，具体预防措施如下：

1. 胸囊肿

胸囊肿是肉仔鸡最常见的胸部皮下发生的局部炎症。它不传染也不影响生长，但影响屠体的等级和商品价值，造成一定经济损失。胸囊肿形成的原因是：肉仔鸡早期生长快增重大，在胸部羽毛未长或正在生长的时候，胸部皮肤与地面或硬质网面接触，龙骨外皮层受到长时间的摩擦和压迫等刺激，造成皮质硬化，形成囊肿。预防措施有：加强垫料管理，保持垫料松软、干燥及一定的厚度；适当赶鸡运动，减少伏卧时间；采用笼养或网上平养时，必须加一层弹性塑料网垫，可有效地减少胸囊肿的发生率。

2. 腿部疾病

随着肉用仔鸡生产性能的不断提高，腿部疾病的严重程度也在增加。由于育种工作的进展，饲养水平的提高以及环境控制的改善，使肉仔鸡的早期生长速度大幅度提高，鸡体肌肉组织的生长快于骨骼组织的生长，从而引起一些腿部疾病。主要有胫骨发育不良、脊柱畸形和歪曲腿缺陷症等。在生产实际中，要选择品质优良的肉用雏鸡，供给全价的配合饲料，加强管理工作，使该病的发生率控制在最低限度。

3. 腹水症

引起腹水症的原因多种多样，如环境条件、饲养管理、营养及遗传等都有关系。直接原因都是与环境缺氧有关。预防措施主要有：改善通风条件，保持鸡舍空气新鲜；改善营养，增加饲料中微量元素硒和维生素的含量。

三、严格执行防疫制度

肉仔鸡生产必须树立“以防为主，防重于治”的观念，制定并严格遵守合理的免疫制度和预防用药规则是保障肉仔鸡健康生产的必备条件。合理的免疫程序应该建立在抗体检测的基础上。

1. 预防接种疫苗

在实际生产中，要根据本地区、本鸡场疫病流行的特点，制定一个比较切实可行的疫苗接种程序。肉仔鸡免疫程序参见表 3.14。

表 3.14 肉仔鸡免疫程序（供参考）

日龄	疾病名称	疫苗	方法
7	新城疫 传支	Ⅳ系 H_{120} 二联苗	点眼滴鼻
14	法氏囊	法氏囊弱毒苗	饮水
21	新城疫	Ⅳ系苗	饮水
28	法氏囊	法氏囊中毒苗	饮水
35	新城疫	Ⅳ系苗	饮水

2. 预防性投药

肉仔鸡只有50天左右的生长期，鸡群无论发生哪种疾病，在出栏前多数来不及彻底恢复。所以，饲养肉仔鸡要想获得最大的经济效益，重点是预防，而不是治疗。有些鸡病可通过接种疫（菌）苗得到控制，但有些尚无有效疫苗预防，故应用药物预防也是一项重要的措施。应根据本地区、本鸡场商品肉仔鸡的疾病流行特点，制定一个比较合理的预防性投药程序。肉用仔鸡预防用药制度见表3.15。

表3.15 肉用仔鸡预防用药制度

日龄	药物	作用
"开水"时	饮水中添加电解多维	缓解运输应激
0～5	饮水中添加广谱抗菌素	防止鸡白痢和大肠杆菌
15～17	饲料中添加抗球虫药物	防止球虫病的发生

针对常见的慢性呼吸道病、消化系统疾病、大肠杆菌病等，应根据药敏试验选用高敏药物，如痢特灵、土霉素、泰乐加、红霉素、强力霉素、支原净、链霉素、庆大霉素、喹诺酮类药物（如诺氟沙星、环丙沙星、恩诺沙星）等，一般间隔5～6天，可选用其中1～2种药物连用3～5天，可按预防量投药，并注意药物的配伍禁忌。

用药时注意事项：按说明或规定量使用药物，用药量准确；药物混入饲料或饮水中时，一定要搅拌均匀，以防中毒；过期劣质药物不能使用；每次用药做好记录，并仔细观察用药效果；根据季节、气候、生态环境、鸡群日龄、生理状态、药敏试验等，本程序和选用药物种类可灵活变动。并注意经常做到带鸡消毒；为了消除出口肉鸡药物残留问题，应严格按照出口肉鸡的用药规定用药。在上市前1周停止用药，以保证鸡肉无药物残留，确保肉品无公害。

四、密切观察鸡群，及时掌握动态

经常观察鸡群是肉用仔鸡管理的一项重要工作。通过观察鸡群，一是可促进鸡舍环境的随时改善，避免环境不良所造成的应激；二是可尽早发现疾病的前兆，以便早防早治。

1. 观察行为姿态

正常情况下，雏鸡反应敏感，眼明有神，活动敏捷，分布均匀。如扎堆或站立不卧，闭目无神，身体发抖，不时发出尖锐叫声，拥挤在热源处，说明育雏温度太低；如雏鸡撑翅伸脖，张嘴喘气，呼吸急促，饮水频繁，远离热源，说明温度过高；雏鸡远离通风窗口，说明有贼风冲击。当头、尾和翅膀下垂，闭目缩颈，行走困难时则为病态表现。

2. 观察羽毛

正常情况下羽毛舒展、光润贴身。羽毛生长不良，表明温度过高；如全身羽毛污秽或胸部羽毛脱落，表明湿度过大；如果全身羽毛蓬乱或肛门周围羽毛粘有黄绿色或白色粪便或粘液时，多为发病的象征。

3. 观察粪便

正常的粪便为青灰色，成形，表面一般覆盖少量的白色尿酸盐。当鸡患病时，往往排出异样的粪便。如患出血性肠炎或球虫病时排血便；患传染性法氏囊病、传染性支气管炎或白痢时，排出白色石灰样的稀粪；绿色粪便多见于新成疫。

4. 观察呼吸

当气温急剧变化、接种疫苗后、鸡舍氨气含量过高和灰尘大的时候，容易激发呼吸系统疾病。要勤观察呼吸频率和呼吸姿势是否改变，有无流鼻涕、咳嗽、眼睑肿胀和异样的呼吸音。当鸡患新城疫或传染性支气管炎或慢性呼吸道病时，常发出呼噜声或喘鸣声，夜间特别清晰。

5. 观察饲料用量

鸡在正常情况下，饲喂适量的饲料应在当天吃完。当发现鸡群采食量逐渐减少时，就是病态的前兆。

6. 弱残病鸡隔离

鸡舍一角用铁丝网隔出一小块空地，把弱鸡、病鸡、残鸡、小鸡短期单独观察管理，特殊照顾，以提高成活率和出栏时均匀度。如发现传染病鸡，要及时淘汰，不可吝惜，以防全群感染。

五、做好日常记录

要求做好日常统计工作，填写各项记录登记表。生产记录包括饲料消耗量、存活鸡数、死淘只数、舍内温度、湿度、鸡群状态等内容。每 7 天或 14 天抽样称重 1 次，以及疫苗接种、用药时间和剂量等。每一批的日常记录表都进行分析统计，总结经验，为下一批次的生产提供参考。

【技能单】

家禽屠宰及内脏器官观察。

【评估单】

一、填空题（期望值 30 分）

1. 肉仔鸡第一周适宜的温度是________，相对湿度为________。

2. 肉仔鸡光照的目的是________________，每天________小时，光照强度的原则是_________。

二、简答题（期望值 20 分）

如何提高肉用仔鸡的产品合格率？

三、思考题（期望值 50 分）

1. 根据所学知识和当地情况，制订出肉用仔鸡的饲养操作规程。

2. 结合肉用仔鸡生产的特点，考虑怎样给肉用仔鸡创造良好的饲养环境条件。

项目三　优质肉鸡饲养管理

随着生活水平的提高，人们开始愈来愈重视食品安全，追求优质、营养和无公害的绿色食品，这已逐渐成为人们追求的消费时尚，引导肉鸡向优质和生态无公害方向发展。

任务一　优质肉鸡生产概述

【学习目标】

1. 了解优质肉鸡的概念。

2. 掌握优质肉鸡生长发育特点和饲养方式。

【资料单】

一、优质肉鸡的概念

优质肉鸡又称为精品肉鸡。中国优质肉鸡主要强调色泽、风味、口感、嫩度等多方面的感官质量。由于土种鸡纯种繁殖力低、生长慢，不能适应商品生产的需要，所以优质肉鸡生产通常用的是杂交育种而育成的优质鸡种，充分地利用了我国的地方鸡种作为素材，选育出各具特色的纯系（含合成系），通过配合力测定，筛选出最优杂交组合，以两系、三系或四系杂交模式进行商品优质肉鸡生产。

目前，众多学者普遍认为，优质肉鸡就是：生长较慢、性成熟较早、具有有色羽（如黑鸡、麻鸡、三黄鸡等）；宽胸、骨骼相对较小而载肉量相对较多；肉质鲜嫩，脂肪分布均匀，鸡味浓郁，营养丰富；含地方鸡血缘为主，受消费市场欢迎的良种肉鸡。

二、优质肉鸡生长发育特点

优质商品肉鸡与快大型肉鸡比较，在生长发育方面表现有以下特点：

（1）生长速度相对缓慢。优质肉鸡的生长速度介于蛋鸡品种和快大型肉鸡品种之间，有快速型、中速型及慢速型之分。如快速型优质肉鸡 6 周龄平均上市体重可达 1.3 ~ 1.5 kg，而慢速型优质肉鸡 90 ~ 120 天上市体重仅有 1.1 ~ 1.5 kg。

（2）优质肉鸡对饲料的营养要求水平较低。在粗蛋白质 19%、能量在 11.50 MJ/kg 的营养水平下，即能正常生长。

（3）生长后期对脂肪的利用能力强。消费者要求优质肉鸡的肉质具有适度的脂肪含量，故生长后期应采用含脂肪的高能量饲料进行育肥。

（4）羽毛生长丰满。羽毛生长与体重增加相互影响，一般情况，优质肉鸡至出栏时，羽毛几经脱换，特别是饲养期较长，出栏较晚的优质肉鸡，羽毛显得特别丰满。

（5）性成熟早。如我国南方某些地方品种鸡在 30 天时已出现啼鸣，母鸡在 100 天就会开始产蛋。其他育成的优质肉鸡品种公鸡在 50 ~ 70 天时冠髯已经红润，出现啼鸣现象。

三、优质肉鸡饲养阶段划分

生产中优质肉鸡的喂养方案通常有两种：

两阶段饲养：使用两种日粮方案，即 0 ~ 35 天（0 ~ 5 周龄）幼雏阶段，36 天至上市中雏、肥育阶段，分别采用幼雏日粮和中雏日粮。

三阶段制饲养：使用三种日粮方案，即 0 ~ 35 天幼雏，36 天到上市前 2 周中雏阶段，上市前 2 周至出栏的肥育阶段。分别采用幼雏日粮、中雏日粮、肥育日粮进行饲养。

一般使用“三个阶段制饲养”较好，育肥日粮更有利于后期催肥，同时还可作为停药期日粮。前期饲喂能量较低、蛋白质较高的饲料，后期为了增加肌肉脂肪的沉积，同时提高饲料蛋白质的利用率，应降低蛋白质含量，适当提高能量浓度。

四、优质肉鸡饲养方式

优质肉鸡的饲养分育雏和育肥两阶段，各阶段的饲养方式不同。

（1）育雏阶段。采用室内育雏，雏鸡阶段饲养方式与肉仔鸡相同。

（2）育肥阶段。采用自然放养加合理补料的饲养方式。国内的优质鸡生产，多采用地面散养或放养，即采用圈养，每只鸡所占的空间面积比一般工厂化、集约化饲养的良种鸡所占面积大。雏鸡在舍内育雏 4 周后，可选择晴天开始室外放养。放养时间由最初的 2 ~ 4 小时，逐渐延长到 6 ~ 8 小时；放养距离由最初的鸡舍周围逐渐扩大放养范围。夏天 4 周龄、春秋 5 周龄、冬天 6 周龄即可转入舍外放养饲养。通过放养加补饲的饲养方式，鸡只既可以采食自然界的虫、草、脱落的籽实或粮食，节省一些饲料；又可增强运动，增强体质，鸡肉结实。

【评估单】

简答题（期望值 100 分）

1. 什么是优质肉鸡？
2. 优质肉鸡常采用哪种饲养方式？
3. 优质肉鸡与快大型肉鸡相比，生长发育有何特点？

任务二　优质肉鸡育雏技术

【学习目标】

掌握优质肉鸡的育雏技术。

【资料单】

雏鸡对外界的适应性差，怕冷，易受惊吓，易得病，保温防病要求高，因此，雏鸡必须舍饲，喂以全价饲料，并接种多种疫苗。

一、雏鸡品种选择

为了杜绝外来疾病的侵袭，在选雏前进行实地考察，选择来自无传染病史的种鸡场、种鸡系谱登记齐全、管理规范、防疫制度健全的雏鸡。鸡的品种可选用抗逆性强的优良地方品种，如三黄鸡、麻鸡、乌鸡等。

二、育雏方式

农村养殖户多采用地面育雏和网上育雏，大型养殖场采用笼养育雏。

三、挑选雏鸡

凭经验进行。选择方法可归纳为“看、听、摸、问”4 个字。

看：就是观察雏鸡的精神状态。健雏活泼好动，眼亮有神，羽毛整洁光亮，腹部收缩良好。弱雏通常缩头闭眼，伏卧不动，羽毛蓬乱小洁，腹大松弛，腹部无毛且脐部愈合不好. 有血迹、发红、发黑、疔脐、丝脐等。

听：就是听雏鸡的叫声。健雏叫声洪亮清脆。弱雏叫声微弱，嘶哑，或鸣叫不休，有气无力。

摸：就是触摸雏鸡的体温、腹部等。随机抽取不同盒里的一些雏鸡，握于掌中，若感到温暖，体态匀称，腹部柔软平坦，挣扎有力的便是健雏；如感到鸡身较凉，瘦小，轻飘，挣扎无力，腹大或脐部愈合不良的是弱雏。

问：询问种蛋来源，孵化情况以及马立克氏疫苗注射情况等。来源于高产健康适龄种鸡群的种蛋，孵化过程正常，出雏多且整齐的雏鸡一般质量较好。反之，雏鸡质量较差。

四、饮水与饲喂

应遵循先饮水、后开食原则。

（1）初饮。先饮温水 2～3 小时，最好 5%～8%糖水 12 小时，降低第 1 周死亡率。不能缺水。头两天 24 小时光照，40～50lx 的强度。

（2）饲喂。雏鸡充分饮水 3 小时后开食，优质雏鸡饲料干喂或拌湿喂，撒在开食盘或报纸上。雏鸡自由采食，少喂勤添。添料时清理盘上的粪便，换水时清洗饮水器。1 周后换成小号料桶，50 只鸡 1 个料桶。

五、环境要求

提供适宜的温度、湿度，合理的通风换气，有利于提高肉鸡成活率、生长速度和饲料利用率。

（1）温度。一般采用 1 日龄舍温 32～35 °C，随着鸡龄的增长，温度应逐渐下降，通常每周下降 2～3 °C，到第五周时降到 21～23 °C。

（2）湿度。舍内的相对湿度保持在 55%～65%。10 日龄之前为 60～65%，10 日龄之后为 55%～60%，保持舍内干燥，避免饮水器洒水，防止垫料潮湿。

（3）通风。保持舍内空气新鲜和适当流通，是养好优质肉鸡的重要条件之一，所以通风要良好，无刺鼻或熏眼的感觉。防止因通风不畅诱发肉鸡腹水症等疾病。另外，要特别注意贼风对仔鸡的危害。

（4）公母分群饲养。生长速度在同一期内公鸡比母鸡快，若公母分群饲养，可适当调整营养水平，实行公母分期出栏。

六、饲养密度

结合鸡舍类型、垫料质量、养鸡季节等综合因素加以确定。一般平养育雏期 30～40 只/m^2，舍内饲养生长期 12～16 只/m^2。

七、断　喙

对于生长速度比较慢的肉鸡，由于饲养周期比较长，容易发生啄羽、啄肛等恶癖，需要进行断喙处理。优质肉鸡断喙多在雏鸡阶段，一般在 6～9 日龄进行。断喙时应注意止血，通过与刀片的接触灼焦切面而止血。最好在断喙前 3～5 天在饲料中加入高剂量的维生素 K（每 kg 饲料加 2 mg）。为防止感染，断喙后在饲料或饮水中加入抗生素，连服 2 天。

八、加强卫生防疫

优质肉鸡饲养周期与肉用仔鸡相比较长，应增加免疫内容，如马立克氏疫苗和鸡痘疫苗接种。根据本地区疾病流行的特点，采取适的方法进行有效的免疫监测，做好疫病防治工作。此外，还要搞好隔离、卫生消毒工作。优质肉鸡参考免疫程序见表 3.16。

表 3.16　参考免疫程序

日龄	疫苗	方式
1	马立克疫苗	颈部皮注
7～9	新城疫Ⅳ系+传支 H_{120} 二联苗	点眼滴鼻
9～12	传染性法氏囊疫苗	饮水
23	鸡痘疫苗	翅内刺种
25	新城疫Ⅳ系+传支 H_{52} 疫苗	饮水
28	传染性法氏囊疫苗二免	饮水
80	新城疫Ⅳ系+传支 H_{52} 三免	饮水

九、记　录

认真做好各项记录。每天检查记录的项目有：健康状况、光照、雏鸡分布情况、粪便情况、温度、湿度、死亡、通风、饲料变化、采食量、饮水情况及投药等。

【评估单】

一、填空题（期望值 50 分）

1. 雏鸡的选择方法有________、________、________、________四种。

2. 雏鸡饲养阶段相对湿度控制 10 日龄前为__________，10 日龄后为________。

二、简答题（期望值 50 分）

1. 优质肉鸡育雏技术要点有哪些？

2. 优质肉鸡育雏期要做哪些疫苗免疫？

任务三　优质肉鸡放养技术

【学习目标】

掌握优质肉鸡放养技术。

【资料单】

生产中，小鸡饲养至30～40日龄开始放养，全程放养期70～90天，甚至更长。

一、选择放养品种

优质肉鸡放养是通过舍内育雏，雏鸡育成后白天在鸡场开放散养，晚归舍室补饲，以自由觅食昆虫、嫩草及腐殖质等和人工补料的方式饲养。放养鸡因其生长环境较为粗放，故应选择黄鸡、麻鸡、黑鸡、乌鸡等适应性强、抗病力强、耐粗饲、勤于觅食的地方鸡种进行饲养。

二、放养场地选择

放养鸡需要有良好的生态条件。适合规模放养土鸡的地方包括山地、坡地、果园、荒山荒坡和经济林地等，放养鸡的鸡场应选择在地势高、背风向阳、环境安静、水源充足卫生的地方，距离干线公路、村镇居民集中居住点至少1 km，周围3 km内无污染源。

山地、坡地最好有灌木林、荆棘丛和阔叶林等，其坡度不宜过大（地势≤5°），附近有未被污染的小溪、池塘等清洁水源为宜。

适宜养鸡的园地包括竹园、果园、茶园和桑园等。园地要求地势高燥、避风向阳、无污染和无兽害等。果树树龄以3～5年为佳。园地周围用旧渔网或纤维网隔离，国内要设有清洁、充足的饮水。

三、搭建简易棚舍

棚舍是鸡夜晚休息和避风、躲雨的栖息场所。鸡棚可建在丘陵地带、果园或树林中，要求在放养区地势高燥、避风向阳、环境安静、平坦或稍有坡度的地上搭建棚舍。鸡舍建筑要因地制宜，可就地取材，在既节约成本又保证鸡只安全的前提下搭建简易棚舍或永久式棚舍。

简易式棚舍中间高约 2 m，跨度 5 ~ 6 m，长度依鸡群大小而定。前后墙高 1 m 左右，棚顶先盖一层油毡，上面覆一层茅草或麦秸，草上覆一层塑料薄膜防水保温。棚的四壁用秸秆编成篱笆墙，或用塑料布、塑料薄膜、油毡等围上。

围栏面积根据饲养数量而定，一般每棚舍内设置食槽、饮水器，食槽可选用木板、竹子、镀锌板或硬质塑料等，其规格可按鸡而定，食槽设计与规格不合理是浪费饲料原因之一。饮水器的吊挂高度必须合适，要使盘槽边缘与雏鸡背部或成鸡的眼部齐平。

棚舍四周应有排水沟，棚舍南面留好几个可以关闭的洞口，用于鸡只进出。四周的塑料布或薄膜是活动性的，在炎热天时，可以掀起 0.8 ~ 1.0 m 高，以利降温。

在放养场地周边要有隔离设施，可以选用尼龙网、铁丝或竹篱，高度 2.5 m 以上，防止鸡飞出。

四、放养规模

放养规模以每群 1 500 ~ 2 000 只为宜，规模太大不便管理，规模太小则效益低。放养密度以每亩 667 m^2 果园林地放养 80 ~ 200 只为宜。商品鸡出栏应采用“全进全出制”。

五、放养季节

最佳放养季节为春末、夏初。一般夏季 30 ~ 45 日龄、寒冬 50 ~ 60 日龄开始放养，放养期 3 个月。

六、放养方法

1. 刚脱温雏鸡的放养

为防应激，可在饲料或饮水中加入一定量的维生素 C 或复合维生素等。

雏鸡放养头 3 ~ 4 天进行调教，使其形成良好的反射。天气晴好时，清晨将鸡群放出鸡舍，傍晚将鸡群赶回舍内。雏鸡放入果园、山林前 5 天，料槽和饮水器放在距鸡舍约 1 m 处，使其熟悉环境，仍按正常育雏方式饲喂，以后可逐渐减少饲喂次数。

2. 依天气状况放养

下雨比较小时，果园、山林有高大果树遮雨，而且鸡的羽毛已经丰满时，可以将鸡舍门打开，任其自由进出活动；若果树尚小，没法避雨，则不宜将鸡放出。气候突变，应及时将鸡唤回。

3. 补饲、供水

每天早晨放养前先喂给适量饲料，投放饲料占全天的 1/3，傍晚将鸡召回后再补饲 1 次，根据饥饱程度补饲 。用全价饲料搭配稻谷、米糠、红薯、玉米、瓜果类补饲。白天给予充足的清洁饮水，根据放养的数量置足水盆或水槽。

秋、冬季节果园、山林杂草和昆虫少，可适当增加补饲量，春、夏季节则可适当减少补饲量。阴雨天鸡不能外出觅食，需要及时给料。夏秋季节可在鸡舍前安装灯泡引诱昆虫，让鸡采食。

4. 种养结合

在放养地播种黑麦草、苜蓿草、菊苣等牧草，不仅营养好，鸡喜食，又节约了饲料成本。

5. 养殖昆虫喂鸡

蚯蚓、蝇、蛆、面包虫是高蛋白的优质饲料，且养殖成本低，生长快，繁殖率高。通常用米糠、牛猪粪、树叶、杂草及土杂肥等即可。

6. 实行轮牧制

将林地、果园划分成 2 ~ 3 个小区轮放，这样有利于嫩草的生长和昆虫的繁殖，从而保证鸡群的自然食料。在放牧区内要为鸡备足饮用水。

7. 鸡场管理

良好的管理体制并严格执行，以减少放养鸡饲养期中疾病的发生，提高成活率，降低成本，尽可能获得较大的利润。

环境卫生：鸡场四周不可有污水、垃圾堆、粪堆等；猫和老鼠不能进入鸡舍和饲料存放处。

饮水卫生：用自来水或深井水，注意饮水消毒。

饲料卫生：饲料配制合理，营养水平达标准，贮存时防止受潮发霉。

综合防疫：鸡场的防疫工作非常重要，健全的卫生管理制度和健全的防疫，可使病源微生物无机可乘。发病时及时诊断，及时治疗，确保鸡只健康生长。放养时，对球虫病要严加防范，每月驱虫一次。饲养中后期，防治疾病时尽可能不用人工合成药物，多用中药及采取生物防治，以减少和控制鸡肉中的药物残留，以便于上市在放养阶段需要注射鸡新城疫 I 系苗，注射时间在 2 月龄，注射疫苗时间最好避开放养的第 1 周，避免鸡产生应激，在晚上鸡群归舍后进行。果园使用农药防治病虫害时，鸡群应停止放养 3 ~ 5 天，以防农药中毒。放养场地不准外人和其他鸡只进入，以防带入传染病。同时要好防止蛇、兽、大鸟等危害。

8. 优质肉鸡笼养育肥

商品肉鸡上市前进行为期 10 ~ 15 天的短期育肥，以增加屠体的脂肪沉积，提高肉质的嫩滑度和特殊香味，明显提高肥育效果和饲料转化率。饲料以能量饲料为主，在添加一些比例的蛋白质饲料，粗蛋白质含量不超过 14%。若能量不足，则可在配合饲料中加入 2%的稳定性好的脂肪，不但育肥效果好，还可以使鸡的羽毛更有光泽。不能用鱼油、牛油等有异味的油脂，注意补充维生素、微量元素。最好用颗粒饲料。

9. 减少优质肉鸡残次品的管理措施

养鸡场生产出良好品质的优质肉鸡是一回事，而将鸡的品质一直保持到消费者手中则又是一回事。在抓鸡、运输、加工过程中防止和减少优质肉鸡胸部囊肿、挫伤、骨折、软腿是增加经济效益的有效途径。

生产中要注意：在抓鸡时，鸡舍使用暗淡灯光；避免垫料潮湿，增加通风，减少氨气，提供足够的饲养面积；在抓鸡、运输、加工过程中装取要轻巧；在抓鸡前一天勿惊扰鸡群，装运仔鸡的车辆最好在天黑后驶进鸡舍，白天车辆响声会对鸡产生应激；抓鸡前，移去地面上的全部设备；抓鸡工人不要一手同时握住太多的鸡，一手握住的越多则鸡外伤发生的可能性越大。

七、优质肉鸡饲养效率的评价

评价优质肉鸡的饲养效率，得首先计算生产性能指标，包括上市活重、成活率和耗料比 3 个最重要的指标。计算方法如下：

$$\text{上市活重（kg）}=\frac{\text{随机抽测总活重（kg）}}{\text{随机抽测肉鸡数}}$$

$$\text{成活率}=\frac{\text{上市日龄成活的肉鸡数}}{\text{饲养开始入舍雏鸡数}}\times 100\%$$

$$\text{料肉比}=\frac{\text{饲养全程耗料量（kg）}}{\text{肉鸡总活重（kg）}}$$

【技能单】

1. 家禽屠宰及内脏器官观察。
2. 公鸡的阉割技术。

【评估单】

一、问答题（期望值 50 分）

1. 如何减少优质肉鸡残次品的出现？
2. 优质肉鸡放养期间的饲养管理技术要点有哪些？

二、思考题（期望值 50 分）

制定提高优质肉鸡生产效益的综合措施。

项目四　肉种鸡饲养管理

肉种鸡主要有曾祖代、祖代和父母代，饲养数量最多的是父母代肉种鸡。肉种鸡必须要有好的繁殖性能，生产更多可供孵化的种蛋，得到更多的商品肉用仔雏。肉种鸡具有采食量大、生长速度快、体重大、容易育肥、产蛋量低的特点，饲养周期长，饲养环节多，饲养管理技术复杂，因此，肉种鸡的饲养管理要更科学化、系统化、专门化，才能获得较高的经济效益。

根据饲养过程中不同阶段的生理特点和管理要点，可将肉种鸡的饲养过程分为育雏期（0～6 周）、育成期（7～23 周）和产蛋期（24～68 周）三个饲养阶段。肉种鸡育成期和产蛋期的饲养方法与蛋用种鸡有很大差别，一是肉种鸡育成和产蛋阶段容易肥胖而造成繁殖力下降，必须实行严格的限饲，强化种鸡体质，以利于肉种鸡进行种蛋生产。二是肉种鸡的腿病发生率显著高于蛋鸡，要采取各种措施，控制和减少肉种鸡腿病发生。

任务一　肉用种鸡的限制饲养

【学习目标】

1. 了解肉种鸡主要的饲养方式及其特点。
2. 了解肉种鸡限饲的意义，掌握限饲方法。

【资料单】

一、选择肉种鸡的饲养方式

肉用种鸡生产性能的高低与饲养方式、管理水平有密切的关系。目前饲养方式比较常用的有网上平养、混合地面和笼养三种方式。

（一）网上平养

网上平养是用支架支起床面，上铺塑料网、金属网或竹条等类型的漏缝地板，地板一般高出地面约 60 cm。铺设材料以硬塑网最好，平整，易冲洗消毒，但成本较高；金属网较差，难平整，不易冲洗消毒且成本高；竹木条造价低，采用条宽 2.5 ~ 5.1 cm，间隙 2.5 cm 来铺设，板条走向与鸡舍长轴平行，刨光表面及棱角。可采用槽式链条喂养或弹簧喂料机供料。公母鸡混养时，公鸡另设料桶喂养。网上平养每平方米可饲养 4.8 只成年肉用种鸡。

（二）混合地面饲养

这种方式是国内外使用最多的肉种鸡饲养方式，在肉种鸡配种期多用。板条棚架结构床面与垫料地面之比为 3 : 2 或 2 : 1。舍内布局有两种方法：

（1）“两低一高”。沿鸡舍中央铺设板条，把一半垫料地面靠在前墙，另一半垫料地面靠在后墙，而中央设置板条地面。

（2）“两高一低”。中央铺垫料，两侧距地面约 60 cm 安装竹木条，搭设漏粪地板。喂料设备和饮水设备置于漏粪地板上。产蛋箱一端架在竹木条边缘，另一端吊在垫料地面上方，与鸡舍长径垂直排列。这样既节约地面面积，又方便鸡只进出产蛋箱。

种鸡交配多在垫料上进行，采食、饮水、排粪多在漏缝地板上进行，鸡每天排粪大部分在采食时进行，使得垫料少积粪和水。混合地面饲养具有设备投资少，简单易行，能减少胸囊肿发生率等主要优点，提高了肉种鸡的受精率，进而提高了肉种鸡的供雏数量。但易发生球虫病，饲养密度稍低些，为每平方米 4.3 只。

（三）笼　养

近年来，随着种鸡合理限饲、人工授精配套技术的普及等笼养配套技术的成熟，肉种鸡笼养有增加的趋势，是今后发展的方向。肉种鸡笼养除了能减少疾病的发生外，还能提高单位空间利用率；饲料效率可提高 5%～10%，降低成本 3%～7%；节约药品费用；无需垫料，节省开支；提高劳动效率；便于公母分开饲养，实行更科学的管理，加快增重速度。

1. 配种阶段笼养

配种阶段种鸡笼多为两层阶梯笼。种母鸡每笼装 2 只，种公鸡每笼装 1 只。采用人工授精技术进行配种。由于肉种鸡体重偏大，对鸡笼质量要求高，笼底的弹性要好，否则种鸡容易患胸腿疾病。

2. 全程笼养

肉用种鸡全程笼养包括：育雏期立体笼养，育成期三层半阶梯笼养，产蛋期双层笼饲养。肉种鸡全程笼养有利于控制种鸡体重，提高整齐度和对种鸡进行选育。全程笼养为限饲提供了非常有利的条件，抽样称重方便，调群更加直观有效。

二、限制饲养

（一）限制饲养的意义

肉种鸡具有采食量大、前期生长快、生长发育迅速、体脂沉积能力强、增重快等特点。如果在育成期对种鸡的采食量和饲料营养不加限制，任鸡自由采食，种鸡就会长得过肥、过重。过肥的母鸡产蛋性能会下降，过肥的公鸡精液品质不佳并影响交配能力。因此，肉用种鸡在饲养期间必须对其饲料在量或质的方面进行限制饲喂，严格控制体重，使其符合标准要求；延缓种鸡性成熟期，使母鸡适时开产，提高种用价值。

（二）限制饲养的方法

生产中应根据育种公司提供的不同生产阶段的体重标准，采取不同的限饲方法和不同的限制程度，以达到最佳的限饲效果。肉种鸡在饲养的各个阶段都要进行限制饲养，但最主要的限饲阶段是在育成期，育成期的能量和粗蛋白水平分别低于育雏期和产蛋期。肉种鸡的限饲的方法主要有两种：一是限制饲料营养水平（限质），二是限制饲料的喂量（限量）。

1. 限　质

限质即种鸡日粮中某种营养成分低于正常水平，如采用低能量或低蛋白，甚至低赖氨酸的日粮，同时增加体积大的饲料，如糠麸、叶粉等，使鸡只采食同样体积的饲料却不能获得足够的营养物质，从而达到限制生长、控制体重的目的。但是在限质过程中，钙、磷、微量元素和维生素的供应必须充足，这样才有利于育成鸡骨骼、肌肉的生长。通常采用的程序是：母鸡 4 周龄开始实行严格的限饲程序，公鸡 5 周龄开始实行限饲程序。日粮中蛋白质水平从 18%逐渐降至 15%，代谢能从 11.5 MJ/kg 降到 11 MJ/kg。

2. 限　量

即限制饲料的喂给量。限量法一般从 4 周龄开始，要求饲粮营养全价，尤其要求鸡数和饲料数计算精确。

（1）每日限饲。每天给以限定的料量。此法对鸡应激较小，限饲程度轻，适于雏鸡转入育成期前 2～4 周（即 4～6 周龄）和育成鸡转入产蛋舍前 3～4 周（即 20～24 周龄）。

（2）隔日限饲。将 2 天的饲料量在 1 天喂完，另 1 天不给料只给饮水。此法强度较大，适于生长速度较快、体重难以控制的阶段，如 7～11 周龄。另外，体重超标的鸡群也可采用此法，但 2 天的饲料量总和不要超过产蛋高峰期的用料量。

（3）每周限饲。将 1 周（7 天）的料量在 5 天内喂给，另外 2 天不喂料只饮水。例如每只鸡日喂料为 50 g，则前 5 天日喂料量为 70 g，后 2 天不喂料只饮水。此法限饲强度较小，一般用于 12～19 周龄，也适于体重没有达到标准的鸡群或受应激影响较大、承受不了较强限饲的鸡群。

（三）限制饲养注意事项

1. 限饲时间

肉用种鸡应至少从 4 周龄开始限饲。

2. 及时调群并实行公母分群

限制饲养前，通过对鸡群的目测和逐只称重，将其分成大、中、小三群。同时将过度瘦弱、体质较差的鸡淘汰。公鸡、母鸡最好分开饲养。限制饲养开始后，根据每周称重结果及日常观察，随时调整鸡群，将体重大小接近鸡只调到同一群，再具体实施增减料计划。种鸡开产后，一般不再做调群工作，以免因鸡只应激引起损失。

3. 断　喙

限制饲喂会引起饥饿应激，容易诱发恶癖，所以应在限饲前 7～10 日龄或 6 周龄对母鸡进行正确的断喙。公鸡需要断趾和切喙。

4. 正确确定各阶段的饲料量

限饲的主要目的是限制能量饲料摄取量，而维生素、常量元素和微量元素要保证充足供给。当鸡群体重低于标准体重时，可适当加大喂量；当鸡群体重超出标准体重时，可暂停增加料量，直到降至标准体重时再增加料量。当鸡群患病或接种疫苗时，应临时恢复自由采食，个别病弱的鸡挑出单养，不进行限饲。

（1）育成期至开产期。根据各周对种鸡的称重情况，参照标准体重，酌情考虑加减料。同时，还需要考虑所用的饲料中能量和蛋白质水平与鸡只的营养需要，综合确定。

（2）产蛋期。根据鸡群的实际产蛋率、日平均舍温、种鸡参考体重、种蛋重量和健康情况而定。种鸡开产后 3～4 周内饲料供给量必须迅速增加或很快达到产蛋高峰期的最大饲喂量。如果种鸡的营养供应不足或不及时，种鸡会在产蛋高峰前出现掉羽，蛋重变轻，甚至停产。种鸡产蛋高峰期饲喂量一旦确定下来，要保持饲料质和量稳定，不可轻易改变。通常保持时间需要 6～8 周，这样可保证种鸡的产蛋率下降到最低程度。

（3）产蛋后期。肉种鸡的产蛋率在 40 周龄后开始下降，从 36 周龄或产蛋高峰过后 1～2 周，鸡群产蛋率不再上升，这时要酌情减料，否则种鸡会因营养过剩而变得过肥，产蛋率会下降。减料的原则是产蛋率每下降 4%，每只鸡平均减料 2.3 g，到 40～64 周龄每只种鸡大约减料 14 g。

5. 备足料槽水槽

限制饲养一定要有足够的食槽、饮水器和合理的鸡舍面积，使每只鸡都有机会均等地采食、饮水和活动，以免鸡只因采食不均造成体重不一致或因为互相拥挤抢食，造成伤亡等现象。

6. 定期称重

为及时了解鸡群的体重情况，应每周称重 1 次，每次在同一时间进行。并根据标准体重，适时调群，合理增减饲喂量，以提高鸡群的整齐度。每次称重一定比例的鸡，所称鸡只占鸡群比例越大，所得结果越真实。一般要求生长期抽测每栏鸡数的 5%～10%，产蛋期为 2%～5%。

7. 投放砂砾

从第七周开始，平养的育成鸡，每周每100只鸡投放中等粒度的不溶性砂砾400 g作垫料。

（四）限饲效果检查

1. 整齐度

整齐度也叫均匀度，是指鸡群中每只鸡体重大小的均匀程度。

$$鸡群整齐度（\%）=\frac{处在平均体重\pm10\%范围内的鸡数（n）}{样本称重的鸡数（n）}$$

限制饲养是通过控制鸡群的生长速度来控制体重的，使绝大多数个体的体重控制在标准体重范围内。全群中个体的体重接近标准体重的越多，即均匀度越高，说明种鸡群发育均匀，有较为一致的体成熟和性成熟度，这样的鸡群达到产蛋高峰快，峰值产蛋率高，而且健康状况良好。限饲效果好的鸡群整齐度大于 80%。生产实践证明，肉种鸡的均匀度每增减 3%，每只入舍鸡产蛋数相应增减4枚左右。

2. 开产日龄

种鸡群在24～26周龄内陆续开产，25周龄产蛋率达5%，说明开产日龄一致，限饲效果较好。如果鸡群开产日龄有早有晚，极不一致，这样的鸡群产蛋率上升慢，产蛋高峰不易达到，这是限饲不当的表现。

【评估单】

一、填空题（期望值20分）

1. 肉种鸡限饲的方法主要有________和________。
2. 限量方式主要有__________和__________等多种方法。

二、简答题（期望值50分）

1. 肉种鸡不同饲养方式有何优缺点？
2. 肉种鸡在育成期为什么要实行限制饲养？
3. 肉用种鸡在限制饲养期间应注意哪些问题？

三、思考题（期望值30分）

肉种鸡限制饲养与蛋鸡限制饲养方法有何不同？

任务二　肉用种鸡的管理

【学习目标】

掌握肉种鸡各阶段的管理要点。

【资料单】

一、生长期（育雏、育成期）的管理

肉用种鸡 0 ~ 20 周龄的饲养管理和生长情况,决定以后生产性能的发挥。通过对温度、湿度、密度、断喙、光照等管理，使种鸡开产时具有健康的骨骼、适当的胫长、发达的肌肉、较低的脂肪沉积和适宜的体重，以达到适时开产、较高的产蛋率和持久的产蛋持续性。

1. 温　度

雏鸡 1 ~ 3 日龄的温度 34 ~ 36 °C，降温从 3 日龄以后开始，根据季节、鸡生长情况、密度、鸡舍条件等每周逐渐降低 2 ~ 3 °C，3 周后可每周逐渐降低 3 °C。在夏季育雏时用温度不能高于上限，而冬季育雏时用温度不能低于下限。温度过高或过低，易出现腹泻、卵黄吸收不良、应激和脱水等问题。因此适宜的温度、温差、施温方法及施温时间的长短是决定育雏成败的关键。

育成期适宜的温度为 18 ~ 21 °C。当舍内温度超过 27 °C 或低于 16 °C 时，就会影响到鸡的饲料报酬和生长发育，应进行温度调节。

2. 湿　度

1 ~ 7 天保持 70%左右的相对湿度；8 ~ 20 天，相对湿度降到 65%左右；20 天以后，注意加强通风，更换潮湿的垫料和清理粪便，相对湿度在 50% ~ 60%为宜。避免高温高湿对鸡造成的危害。见表 3.17。

表 3.17　肉种鸡的适宜湿度

日龄	0 ~ 10	11 ~ 30	31 ~ 45	46 ~ 60
适宜湿度（%）	70	65	60	50 ~ 55
高湿极限（%）	75	75	75	75
低湿极限（%）	40	40	40	40

3. 密　度

密度过大易造成鸡生长发育不良、整齐度差，球虫病、呼吸道疾病的暴发。根据温度、湿度及时调整密度，特别在限饲中要和槽位及鸡舍条件配套。密度过高，育雏结束时，小母鸡胫长发育差、整齐度差、羽毛生长差、体重不达标。

雏鸡入舍时，饲养密度大约为 20 只/m^2，以后，饲养面积应逐渐扩大，28 日龄到 140 日龄，饲养密度：母鸡 6～7 只/m^2，公鸡 3～4 只/m^2，同时保证充足的采食和饮水空间。见表 3.18、表 3.19。

表 3.18　肉种鸡的采食位置

年龄/日龄	种母鸡			种公鸡		
	雏鸡喂料盘（只/个）	槽式饲喂器（cm/只）	盘式饲喂器（cm/只）	雏鸡喂料盘（只/个）	槽式饲喂器（cm/只）	盘式饲喂器（cm/只）
0～10	80～100	5	5	80～100	5	5
11～49		5	5		5	5
50～70		10	10		10	10
>70		15	10		15	10
>140					18	18

表 3.19　饮水位置

饮水器	育雏育成期	产蛋期
自动循环和槽式饮水（cm/只）	1.5	2.5
乳头饮水器（只/个）	8～12	6～10
杯式饮水器（只/个）	20～30	15～20

4. 断　喙

对肉种鸡进行断喙目的是防止鸡只打斗造成损伤，并能有效控制啄羽等现象。现在一般不提倡断喙，特别是遮黑或半遮黑鸡群，因为不断喙的鸡群也表现出很好的生产性能。如果认为有必要进行断喙，应尽量去除少量的喙部。断喙最佳时间，母鸡 5～7 日龄，公鸡 10～12 日龄。断喙的好坏将直接影响到育成期限饲计划的实施及均匀度的高低，断喙前后 2 天，加维生素 K 和抗应激电解质多维，预防感染和出血。避开挑鸡、转群、防疫等应激。

5. 光　照

肉用种鸡的光照程序与蛋用种鸡的光照程序基本相同，1～3 日龄光照 24 小时，4～7 日龄 14 小时，8～14 日龄为 10 小时，15～18 日龄，最迟不能超过 21 日龄，采用恒定光照 8 小时。如果鸡群发育良好，在 2 周龄前达到体重标准，恒定光照时间可以提前到 14 日龄以前。育雏初期，育雏区的光照强度至少达到 80 ~ 100 lx/m^2。其他区域的光线可以较暗或昏暗。恒定光照期间，光照强度 5 ~ 10 lx/m^2。育成期不能任意增加光照时间或变更光照强度。产蛋期不能任意减少光照时间或变更光照强度。参见表 3.20。光照计划的实施要和饲料过渡、管理过渡和体成熟等管理工作配合。否则性成熟和体成熟不同步，造成产蛋高峰上不去和产蛋高峰持续时间短。肉种鸡最高不要超过 17 小时。

表 3.20　肉种鸡光照计划方案（参考）

周龄	光照时数（小时）
1 ~ 2 日龄	23
3 ~ 7 日龄	16
8 日龄 ~ 18 周龄	8
19 ~ 20 周龄	9
22 ~ 23 周龄	13
24 周龄	14
25 ~ 26 周龄	15
27 周龄	16

6. 公母分饲

公母鸡分开饲养，是近年来国内外积极推行的肉用种鸡饲养方式。具体指生长周期（0 ~ 20 周龄）内公母鸡分栏管理，在繁殖期（21 ~ 26 周龄）公母鸡同栏饲养，分槽饲喂的方式。公母鸡分饲后，由于公母鸡的体重与性成熟得到了较好的控制，使种公鸡的配种频率增加，精液质量提高，种蛋的受精率和受精蛋的孵化率均有显著提高。

分饲时间可从入雏之日起，将公母雏鸡分别饲养于不同鸡舍或同一鸡舍的不同鸡栏内。在转群时，先将公鸡提前 4 ~ 5 天转入，使其熟悉和适应公鸡料桶和环境，然后再转入母鸡。混饲后，为防止公母鸡互相采食饲料，可在母鸡料桶上安装隔栅栏，栅栏格之间宽度为 42 ~ 43 mm，使母鸡可以自由采食，而公鸡采不到食。公鸡料桶的料盘上有无栅栏均可，料桶距地面 41 ~ 46 cm 的高度，以母鸡够不到公鸡料盘为宜。每周按公鸡背高调节料桶高度。

7. 公母组群

当肉用种鸡达到 18 周龄时，进行种公鸡和种母鸡的选择和组群。对种公鸡要严格选择，淘汰不符合种用标准的公鸡，选留体重达标，第二性征明显的公鸡。公鸡并入母鸡在晚上进行，公母之间在体重和性成熟方面不宜差别太大。

在人工授精时还要对公鸡的精液品质进行逐只检查，选留精液品质优良的公鸡。选择公母鸡后，按照正常的公母比例，提前 4 ~ 5 天将公鸡转入产蛋鸡舍，使之适应新环境和各种设备，同时也有利于群序等级的建立，防治组群后因打斗而影响配种。自然交配，公母比例以 1∶8 ~ 10 为宜；笼养人工授精时，公母比例 1∶25 ~ 30。为了保证配种后期公鸡数量和平时公鸡淘汰的补充，在组群时预留好后备公鸡。一般可多留 3% ~ 5%。

二、开产前（18 ~ 23 周龄）的准备工作

1. 适时转群

肉用种鸡在开产前 2 ~ 3 周应从育成鸡舍转入产蛋鸡舍。转群时间可视具体情况而定。早的可在 20 周龄，晚的可在 22 周龄。在种鸡开产前将其提前转入产蛋鸡舍，种鸡可以有足够的时间熟悉和适应新环境，同时减少环境变化给鸡只带来的应激。转群时，应尽量减少应激。在炎热季节，转群应安排在早晚或夜间进行。先从鸡的后部抓住一只腿的胫部，然后两腿并在一起，用手握住胫部提起，不可抓翅、抓颈，更不可用钩子钩鸡。

2. 调整日粮

调整日粮应与光照的逐步增加密切配合，一般在增加光照 1 周后改换种鸡日粮，由生长料逐渐过渡为产蛋料。在 20 周龄前，应继续采用限制饲养。从 20 ~ 23 周龄开始，限饲的同时，将生长料转换为产蛋前期料（含钙 2%，其他营养成分与产蛋期料相同）。从 22 ~ 24 周龄开始，改限饲方法为每日限饲。

3. 备足料槽和饮水器

种鸡由育成舍转入产蛋舍，应尽快恢复喂料和饮水，同时应将密度调为 4.4 只/m^2。

4. 调整光照，增加光刺激

应根据各种鸡舍类型的不同，选择适合本场的补光程序。不论何种鸡舍，

在 20 ~ 21 周龄光照时间应为 14 小时。何时达到 16 小时的最长光照，应根据具体情况在 22 ~ 24 周龄进行。光照强度为 15 ~ 22 lx。应注意当鸡群从育成舍转到产蛋舍时，一定不要减少光照强度，同时体重也是影响性成熟的重要因素，在体重达不到标准时切记不可增加光照时间和强度，以防止鸡早衰。

5. 备好产蛋箱

在鸡群开产前两周，调整鸡群数量及产蛋箱的规格，准备充足的产蛋箱，在鸡群转入产蛋舍之前放入产蛋舍，以免放置太晚开产种鸡将蛋产在窝内。产蛋箱要排列均匀，放置平稳。

6. 其他准备工作

20 ~ 24 周龄阶段，抗体检测、预防接种、白痢检疫、霉形体检测、选择淘汰、修喙等各种产蛋前的准备工作都要完成。

三、产蛋期的管理

产蛋期是指从母鸡开产到淘汰的饲养时期，一般指 24 ~ 68 周龄这段时间。鸡群产第一枚蛋称“见蛋”，产蛋率达到 5%称为“开产”。目前种鸡一般在 23 周龄开产，29 周龄达到产蛋高峰，63 ~ 65 周龄淘汰，整个产蛋周期约产种蛋 170 枚，提供合格鸡苗约 130 只。由于种鸡的饲养目的是获得数量尽可能多的合格受精蛋，所以产蛋期的饲养管理尤为重要。

1. 温度和湿度

温度管理尤为重要，特别是温差大的季节，鸡并不表现临床症状，仅表现粪便变稀或生产水平下降。特别注意高温季节的管理，除采取一定的降温措施外，要减少饲喂量。产蛋期适宜的温度为 16 ~ 21 °C，若舍内温度高于 28 °C 或低于 16 °C，应人工进行调节。产蛋期相对湿度的要求标准为 55% ~ 65%。

2. 通风换气

更换新鲜空气，可以提高舍内空气质量，调节舍内温度。春秋季节通风仅通过调节风机的开启数量和开启进风口，就能保持舍内有一个比较理想的环境。夏季采用纵向通风，当舍温超过 28 °C 时必须启动湿帘降温系统，同时开启风扇，尽可能地降低温度。根据当日的气温来调节开启湿帘和启动风扇的数量，调至适宜温度。冬季通风与保温是一对难以调和的矛盾，因此，在冬季通风通常称为换气，采取最小通风量，由纵向通风改为横向通风。当温度低于 15 °C 时，通常要启动供温系统，同时调节昼夜温差在 2 °C 以内。

3. 光照原则

此阶段主要是给以适当的光照，使母鸡适时开产和充分发挥其产蛋潜力。光照时间宜长，中途不可缩短，一般以 14 ~ 16 小时为宜，光照强度一段时间内可渐强，但不能渐弱。从生长期转向产蛋期，一般在 21 ~ 23 周龄逐渐增加光照。

4. 产蛋鸡的饲喂方法

（1）产蛋期喂料量。根据产蛋递增、蛋重、母鸡体重等加料。产蛋率 45% ~ 50%喂高峰料。测定的生产指标和实际的生产指标及产蛋环境要吻合，否则产蛋率达不到高峰，母鸡过肥，产蛋持续时间短。若加的高峰料预计的比实际的产蛋率低，高峰很快会跌下去，产蛋持续时间短。

（2）产蛋高峰后种母鸡的限饲管理。产蛋期减料一般从 33 ~ 35 周开始。产蛋前期建立的一切程序，不得随意变更。如配方、饲喂时间，饲喂数量、环境温度、卫生条件等。否则任何不良应激都会导致生产水平急剧下降。若产蛋高峰未达到 80%以上，管理也不要松懈，因为维持这种产蛋率的时间越长，总产蛋数会适当弥补高峰未上去的缺陷。

（3）产蛋后期。注意公鸡体重及腿病，注意受精率、孵化率。产蛋期有条件的可实行公母同栏分饲，有利于公鸡的健康和旺盛的活力，减少腿病。

5. 加强种蛋管理，提高孵化率、健雏率

（1）定时拣蛋。每天分五次拣蛋，减少种蛋的破破率，减少种蛋被污染的机会。拣蛋同时剔除畸形蛋、“钢壳蛋”、破损蛋等不合格种蛋。

（2）种蛋及时消毒。每次拣蛋结束后立即用 3 个当量浓度的甲醛烟熏消毒，在种蛋冷却收缩之前消毒，能有效阻止蛋壳外面的有害微生物进入种蛋内部。

（3）种蛋贮存。种蛋贮存的天数不得超过 7 天。

6. 加强种公鸡的选择与淘汰

保持种公鸡体重均匀，体质健壮，是提高种蛋受精率的保证。在控制体重的同时，也要经常检查鸡群重是否出现体重轻、体质差、雄性不佳、行为异常，发现这几类的公鸡要及时淘汰，并用后备公鸡进行补充。

【评估单】

一、填空题（期望值 20 分）

1. 肉种鸡的饲养过程分为_______个饲养阶段。

2. 肉种鸡育成和产蛋阶段容易肥胖而造成繁殖力下降，必须实行________。

3. 肉种鸡产蛋期适宜的温度是________，光照时间为________小时。

4. 肉种鸡育成鸡饲养到________周龄左右即转入产蛋鸡舍。

5. 肉种鸡和蛋鸡饲养管理过程中最大的不同是____________。

6. 肉种鸡自然交配的公母比例一般为___________。

7. ___________方式是国内外使用最多的肉种鸡饲养方式。

8. 一般肉种鸡的断喙是在出壳后第_______天进行。

9. 限制饲喂一般可以节约饲料_______%，从而降低成本。

10. 饲料中适当增加_______等，有助于减少肉鸡腹水症的发病率。

二、选择题（期望值 20 分）

1. 肉种鸡饲养管理的核心技术是（　　）。

A. 限制饲养　　B. 公母分群饲养
C.“全进全出”饲养　　D. 混合地面平养

2. 肉用种鸡从第（　　）周开始一直到产蛋结束都要实行限制饲养。

A. 2　　B. 4　　C. 10　　D. 16

3. 典型的肉种鸡饲养方式是（　　）。

A. 漏缝地板平养　　B. 混合地面平养
C. 笼养　　D. 网上平养

4. 平养种鸡舍（　　）只母鸡备一个产蛋箱。

A. 2　　B. 4　　C. 5　　D. 6

5. 肉种鸡育成期不能任意（　　）光照时间或变更光照强度。产蛋期不能任意（　　）光照时间或变更光照强度。

A. 增加　　B. 减少
C. 先减少后增加　　D. 先增加后减少

三、问答题（期望值 30 分）

1. 肉种鸡在育成期为什么要控制光照？如何控制光照？

2. 肉种鸡产蛋期饲养管理要点？

3. 肉种鸡在育成期为何要公母分开饲养？

四、思考题（期望值 30 分）

1. 肉种鸡生产中，夏季如何防暑降温？

2. 如何防治肉鸡猝死综合症？

3. 结合生产实际，阐述如何提高肉鸡生产的经济效益？

情境四　水禽生产

项目一　鸭的饲养管理

鸭属于水禽，从世界范围来看，鸭是水禽业中饲养最多的一种水禽。在我国，水禽的饲养量和产品价值仅次于养鸡，居第二位。

任务一　鸭的品种选择

【学习目标】

1. 了解鸭的品种类型，并掌握其生产性能。
2. 识别常见鸭种的外貌特征，能够识别主要的鸭品种。

【资料单】

一、鸭的品种类型

鸭的品种类型按经济用途可分为蛋用型、肉用型和兼用型三个类型。我国蛋用型鸭品种资源丰富，主要以麻鸭为主，除麻鸭外还有一些非麻色的品种如莆田黑鸭、连城白鸭等。肉用型品种有北京鸭、瘤头鸭等；兼用型品种以高邮鸭和建昌鸭分布较广，四川、云南和贵州省多饲养兼用型麻鸭品种，且以稻田放牧补饲饲养肉用仔鸭为主。

二、鸭的优良品种

鸭主要品种见表 4.1。

表 4.1 主要鸭品种一览表

类型	品种	外貌特征	生产性能
蛋用型	绍兴鸭	原产地位于浙江绍兴一带。可分为红毛绿翼梢鸭和带圈白翼梢鸭2个类型。带圈白翼梢鸭公鸭全身羽毛深褐色，头和颈上部羽毛墨绿色，有光泽。母鸭全身以浅褐色麻雀羽为基色，颈中间有2~4 cm宽的白色羽圈，主翼羽白色，腹部中下部羽毛白色。红毛绿翼梢公鸭全身羽毛以深褐色为主，胸腹部颜色较浅；头至颈部羽毛均呈墨绿色，有光泽。母鸭全身以深褐色为主，颈部无白圈，颈上部褐色，无麻点；镜羽墨绿色，有光泽	具有体型小、成熟早、产蛋多、耗料省、抗病力强、适应性广等优点。全国已有20多个省、市、自治区引种饲养。目前，在浙江省绍兴市建有绍兴鸭原种场。成年体重，“带圈”型公鸭1.45 kg，母鸭1.5 kg；“红毛”型公鸭1.5 kg，母鸭1.6 kg。母鸭性成熟年龄为132~135天。在正常饲养管理条件下，平均年产蛋量260~300枚，最高可达320枚，蛋重63~65 g，蛋壳颜色，“带圈”型以白色为主，“红毛”型以青色为主
	金定鸭	主产于福建省龙海市紫泥镇金定乡而得名。公鸭体形较长，前躯高台，胸宽背阔；母鸭身体细长，匀称紧凑，腹部丰满。成年公鸭头颈部羽毛具有翠绿色光泽，前胸赤褐色，背部灰褐色，腹部灰白带深色斑纹，翼羽深褐色有镜羽，性羽黑色，并略上翘。母鸭全身羽毛呈赤褐色麻雀羽，背部羽毛从前向后逐渐加深，腹部羽毛较淡，颈部羽毛无黑斑，翼羽深褐色，有镜羽	具有产蛋量多、蛋型大、蛋壳青色、觅食能力强、饲料转化率高和耐热抗寒等特点。目前，福建省石狮市建有金定鸭原种场。其体型、羽色和蛋壳颜色已基本一致，遗传性能稳定。成年体重，公鸭1.5~2.0 kg，母鸭1.5~1.7 kg。母鸭110~120天开产，500天累计产蛋量260~280枚，蛋重70~72 g
	荆江麻鸭	产于湖北省荆江两岸而得名。体型较小，肩较窄，背平直。体躯稍长且向上抬起，全身羽毛紧密。头清秀，颈细长，喙石青色。眼上方有长眉状白色。公鸭头、颈部羽毛具翠绿色光泽，前胸、背腰部羽毛褐色，尾部谈灰色。母鸭头、颈部羽毛多为泥黄色，背腰部羽毛以泥黄色为底色，上缀黑色条斑，或浅褐色底色上缀黑色条斑。胫、蹼橙黄色	成年公鸭1 415 g，母鸭1 495 g。母鸭平均开产日龄100天。平均年产蛋214枚。平均蛋重64 g，青壳蛋重60克，蛋壳以白色居多。公母鸭配种比例1：20~25。公鸭利用年限1~2年，母鸭3~5年

续表 4.1

类型	品种	外貌特征	生产性能
蛋用型	咔叽·康贝尔鸭	属蛋用型品种，产于英国。体躯较高大，深长而结实。头部秀美，面部丰润，喙中等大，眼大而明亮。颈细长而直，背宽广、平直、长度中等。胸部饱满，腹部发育良好而不下垂。两翼紧贴体躯，两腿中等长，站距较宽。公鸭的头、颈、尾和翼肩部羽毛青铜色，其余羽毛深褐色；喙蓝色，胫、蹼深橘红色。母鸭的羽毛为暗褐色，头颈羽毛为稍深的黄褐色，喙绿色或浅黑色，翼黄褐色，胫、蹼的颜色与体躯相似	60日龄公鸭平均体重1 820 g，母鸭1 580 g。成年公鸭平均体重2 400 g，母鸭2 300 g。其肉质鲜美，有野鸭肉的香味。母鸭平均开产日龄130天，72周龄平均产蛋280枚，平均蛋重70 g，蛋壳白色。公母鸭配种比例1∶15～20，平均种蛋受精率85%。公鸭利用年限1年；母鸭第一年较好，第二年生产性能明显下降
	莆田黑鸭	全身羽毛黑色，津贴身躯，毛密厚重，加之尾脂腺发达，海水不易浸湿内部绒毛。颈细长（公鸭较粗短），骨细而硬。体态轻盈、活泼，行动迅速。脚、爪、蹼黑色（公鸭脚黑绿色）。公鸭前驱比后躯发达；颈部羽毛黑色而有光泽，尾部有4根向上卷曲的性羽，雄性明显。母鸭骨盆宽大，后躯发达，呈圆形	成年公鸭1 340 g，母鸭1 630 g。平均开产日龄为120天。平均年产蛋265枚，平均蛋重为64 g。蛋壳白色，少数青绿色。公鸭180日龄性成熟，公母鸭配种比例1∶25。公鸭利用年限2年，母鸭3年
肉用型	北京鸭	原产于北京西郊玉泉山一带，现已遍布世界各地。该品种体型较大而紧凑匀称，头大颈粗，体宽、胸腹深、腿短，体躯呈长方形，前躯高昂，尾羽稍上翘。公鸭有钩状性羽，两翼紧附于体躯，羽毛纯白略带奶油光泽。喙和皮肤橙黄色，蹠蹼为橘红色	具有生长发育快、育肥性能好的特点，是闻名中外的“北京烤鸭”的制作原料。性情驯顺，易肥育，对各种饲养条件均表现较强的适应性。成年公鸭体重3～4 kg，母鸭2.7～3.5 kg。母鸭5～6月龄开始产蛋，年产蛋180～210枚，蛋重90～100 g，蛋壳白色

续表 4.1

类型	品种	外貌特征	生产性能
肉用型	天府肉鸭	是由四川农业大学家禽育种专家王林全教授育成的大型肉鸭商用配套品系。羽毛洁白，喙、胫、蹼呈橙黄色，母鸭随着产蛋日龄的增长，颜色逐渐变浅，甚至出现黑斑。初生雏鸭绒毛呈黄色，分为白羽和麻羽两个品系	天府肉鸭体型硕大丰满，遗传性能稳定，是适应性和抗病力强的大型肉鸭商用配套品系。母本品系成年体重母鸭 2.7～2.8 kg、公鸭 3.0～3.1 kg；开产日龄 180～190 天，入舍母鸭年产合格种蛋 230～250 枚，蛋重 85～90 g
	樱桃谷鸭	原产于英国，是世界著名的瘦肉型鸭。樱桃谷鸭体型较大，羽毛洁白，喙、胫、蹼呈橙黄色	樱桃谷鸭具有生长快、瘦肉率高、净肉率高和饲料转化率高，以及抗病力强等优点。成年体重公鸭 4.0～4.5 kg，母鸭 3.5～4.0 kg。父母代群母鸭性成熟期 26 周龄，年平均产蛋 210～220 枚
	瘤头鸭	原产于南美洲及中美洲热带地区。瘤头鸭体型前后窄，中间宽，呈纺缍状，站立时体躯与地面呈水平状态。喙短而窄，喙基部和头部两侧有红色或黑色皮瘤，不生长羽毛，雄鸭的皮瘤肥厚展延较宽，头大，颈粗稍短，头顶部有一排纵向长羽，受刺激时竖起呈刷状。腿短而粗壮，胸腿肌肉很发达。翅膀发达长达尾部，能作短距离飞翔	公鸭全净膛率 76.3%，母鸭 77%。肌肉蛋白质含量达 33%～34%。母鸭开产日龄 6～9 月龄，一般年产蛋量为 80～120 枚，高产可达 150～160 枚，蛋重 70～80 g。蛋壳玉白色。公母鸭配种比例 1∶6～8，种公鸭利用年限 1～1.5 年
兼用型	高邮鸭	高邮鸭体躯呈长方形，胸深背阔肩宽，发育匀称，具典型的兼用型种鸭体型	成年公鸭体重 2.8 kg 左右，母鸭体重 2.5 kg 左右。以 40～70 日龄期间生长最快。高邮鸭繁殖率较强，公鸭 70 d 后即有性行为，母鸭开产日龄 120～160 d，500 日龄产蛋 206 枚左右，蛋重 85 g 左右，蛋壳白色者居多
	建昌鸭	建昌鸭是肉用性能优良，以生产肥肝著称的肉蛋兼用型麻鸭，素有“大肝鸭”的美称。建昌鸭体型中等大小，体躯宽阔，头大、颈粗	成年公鸭体重 2.2～2.5 kg，母鸭 2～2.3 kg。年均产蛋量 150 枚左右，平均蛋重 72.9 g，蛋壳以青色居多。母鸭开产日龄 150～180 天。建昌鸭生长较快。7 月龄建昌鸭填肥 14 天平均肝重 229.24 g，最大者达 455 g

【评估单】

一、选择题（期望值 30 分）

1. 英国培育的（　　）是世界上著名的蛋用型标准品种

A. 樱桃谷鸭　　B. 康贝尔鸭　　C. 奥白星　　D. 狄高鸭

2.（　　）是由四川农业大学培育的大型肉鸭品种。

A. 高邮鸭　　B. 天府肉鸭　　C. 建昌鸭　　D. 瘤头鸭

3. 我国（　　）是世界著名的肉用标准品种，国外不少优良鸭品种都含有它的血液。

A. 北京鸭　　B. 建昌鸭　　C. 瘤头鸭　　D. 高邮鸭

二、填空题（期望值 30 分）

1. 鸭的品种根据经济类型分为______、______、______。

2. 鸭的兼用品种有______、______。

三、简答题（期望值 40）

说出北京鸭、樱桃谷鸭、瘤头鸭的产地、经济类型、外貌特征、生产性能。

任务二　肉鸭的饲养管理

【学习目标】

1. 掌握肉用仔鸭的饲养管理方法。
2. 了解番鸭的生产方法。

【技能单】

一、肉用仔鸭的饲养管理

（一）肉用仔鸭生产的特点

1. 生长快，周期短，经济效益高

日前，用于集约化生产的肉鸭大多是配套系生产的杂交商品代鸭。其早期生长速度是所有家禽中最快的一种，8 周龄活重可达 3.2 ~ 3.5 kg，其体重的增长量为出壳重的 60 ~ 70 倍。

2. 体重大，出肉率高，肉质好

大型肉鸭的上市体重一般在 3.0 kg 以上，胸肌特别丰厚，出肉率高。据测定，8 周龄上市的大型肉用鸭的胸腿肉可达 600 g 以上，占全净膛屠体重的 25%以上，胸肌可达 350 g 以上。这种肉鸭肌间脂肪含量多，所以特别细嫩可口。

3. 性成熟早，繁殖率强，商品率高

肉鸭是繁殖率较高的水禽，大型肉鸭配套系母本开产日龄为 26 周龄左右，开产后 40 周内可获得合格种蛋 180 枚左右，可生产肉用仔鸭 120 ~ 140 只。以每只肉鸭上市活重 3.0 kg 计算，每只亲本母鸭年产仔鸭活重为 360 ~ 420 kg，约为其亲本成年体重的 100 倍。

4. 全进全出的生产流程

可根据市场的需要，在最适屠宰日龄批量出售，以获得最佳经济效益。同时，建立配套屠宰、冷藏、加工和销售体系，以保证全进全出制的顺利实施。

（二）育雏期（0 ~ 3 周龄）的饲养管理

雏鸭的饲养是肉鸭生产的重要环节。刚出壳的雏鸭比较娇嫩，各种生理机能都不完善，还不能完全适应外部环境条件，而大型肉鸭的雏鸭生长又特别迅速，因此，必须从营养和饲养管理上采取措施，给予雏鸭周到细致的照顾，促使其平稳、顺利地过渡到以后的生长阶段，同时也为以后的生长奠定基础。

1. 进雏前的准备

育雏前首先要根据进雏数量准备好育雏人员、育雏舍和各种育雏设备，饲料、药品以及地面平养所需的垫料也要准备充足。接雏前 1 ~ 2 天还要将育雏舍内的温度调整好，待温度上升到合适的范围并稳定后方可进雏。

2. 育雏温度

大型肉鸭是长期以来用舍饲方式饲养的鸭种，不像麻鸭那样比较容易适应环境温度的变化。因此，在育雏期间，特别是在出壳后第一周内要保持较高的环境温度。1 天时的舍内温度通常保持在 29 ~ 31 °C，随日龄增长而逐渐

降低，至 20 天左右时，应把育雏温度降到与舍温相一致的水平。室温一般控制在 18 ~ 21 °C 最好。

3. 环境湿度

育雏前期，室内温度较高，水分蒸发快，育雏室内的相对湿度要高一些。如舍内空气湿度过低，雏鸭易出现脚趾干瘪、精神不振等轻度脱水症状，影响健康和生长。所以，1 周龄以内，育雏室内的相对湿度应保持在 60% ~ 70%，2 周龄起维持在 50% ~ 60%即可。环境低湿时，可通过放置湿垫或洒水等提高湿度；环境高湿时，可通过加强通风，勤换垫料、保持垫料的干燥等加以控制。

4. 舍内空气

雏鸭的饲养密度大，排泄物多，育雏舍内容易潮湿，积聚 NH_3 和 H_2S 等有害气体，影响雏鸭的生长发育。因此，育雏舍在保温的同时要注意通风，保持舍内空气清新。

5. 合理的光照和密度

光照可以促进雏鸭的采食和运动，有利于雏鸭的健康生长。出壳后的头 3 天内采用 23 ~ 24 小时光照，以便于雏鸭熟悉环境，寻食和饮水。关灯 1 小时保持黑暗，光照的强度不要过高，通常在 10 1x 左右。4 日龄以后可不必昼夜开灯，白天利用自然光照，早晚开灯喂料，光照强度只要能保证雏鸭能看见采食即可。雏鸭的饲养密度见表 4.2。

表 4.2 雏鸭的饲养密度

周龄	地面平养（只/m^2）	网上饲养（只/m^2）	笼养（只/m^2）
1	20 ~ 30	30 ~ 50	60 ~ 65
2	10 ~ 15	15 ~ 25	30 ~ 40
3	7 ~ 10	10 ~ 15	20 ~ 25

6. 饲 养

清洁而充足的饮水对肉鸭正常生长至关重要，雏鸭出壳 12 ~ 24 小时发现雏鸭东奔西走并有啄食行为时，要立即给雏鸭饮水、开食。“开水”的水中可加入 0.1%的高锰酸钾或 5%的葡萄糖；开食的饲料可直接使用小粒径或破碎的全价颗粒饲料，“开水”后，要保持清洁饮水不间断。开食后，最初几天，因为雏鸭的消化器官还没有经过饲料的刺激和锻炼，消化机能不健全，因而要少喂勤添，随吃随给。以后逐步过渡到定时定餐。

（二）肥育期（4 周龄～上市日龄）的饲养管理

在此时期，雏鸭的骨骼和肌肉生长旺盛，消化机能已经健全，采食量大大增加，体重增加很快，在饲养管理上要抓住这一特点，使肉鸭迅速达到上市体重后出栏。

1. 平稳脱温

育雏期向肥育期过渡时，要逐渐打开门窗，使雏鸭逐步适应外界气温，遇到外界气温较低或气温变化不定时，可适当推迟脱温日龄。脱温期间，饲养员要加强对鸭群的观察，防止挤堆，保证脱温安全。

2. 及时更换饲料

从第四周起换用肉鸭肥育期的日粮，即适当降低蛋白质水平，使饲料成本相对降低。颗粒料的直径提高到 3～4 mm。

3. 及时分群

脱温后，应按体格强弱、体重大小分群饲养，对体质较差。体重偏轻的鸭，要补充营养，使他们在此期内迅速生长发育，保证出栏时的体重要求，肥育期如采用地面平养，其饲养密度分别为：4 周龄 7～8 只/m^2，5 周龄 6～7 只/m^2，6 周龄 5～6 只/m^2，7～8 周龄 4～5 只/m^2。

4. 及时上市

根据肉鸭的生长状况及市场价格选择合适的上市日龄，对提高肉鸭饲养的经济效益有较大的意义。大型肉鸭的生长发育较快，4 周龄时体重即可达到 1.75 kg 左右。4～5 周龄时，饲料报酬较高，个体又不太大，肉脂率也较低，适合市场的需要，但胸肉较少，鸭体含水率较高，瘦肉率较低。7 周龄时肌肉丰满，且羽毛也基本长成，饲料转化率也高，若再继续饲养，则肉鸭偏重，绝对增重开始下降，饲料转化效率也降低。所以，一般选择 7 周龄上市。当然，如果是生产分割肉，则建议养至 8 周龄。

5. 正确运输

商品肉鸭行动迟缓，皮肉很嫩，容易损伤。在运输前 2～3 小时应停上喂料，让鸭充分饮水后装笼运输。装笼时应视气温高低确定装载密度，一般冬季和早春可多装些，炎热夏季少装些，以防鸭闷热致死。

二、番鸭的饲养管理

番鸭又称“瘤头鸭”“麝香鸭”“洋鸭”，为著名的肉用型鸭。番鸭与普通家鸭之间进行的杂交，是不同属间的远缘杂交，所得的杂交后代具有较强的杂交优势，但一般没有生殖能力，故称为半番鸭（又称骡鸭）。生产中，应采用公番鸭配母家鸭或樱桃谷鸭母鸭，其经济效果显著。半番鸭的主要特点是生长快，体重大，胸肌丰厚，瘦肉率高，肉质细嫩，生活力强，耐粗放饲养，也适于填肥、生产优质肥肝。番鸭肉质好，肉味鲜美且富有野禽肉的风味，因而受到消费者的欢迎；番鸭耐粗放饲养，适应性强，可水养、旱养、圈养、笼养和放牧饲养均适应，饲料报酬高。

（一）雏番鸭的饲养管理

雏番鸭是指 4～5 周龄内的小番鸭。雏番鸭的体温调节机能较弱，消化能力差，但生长极为迅速。育雏时必须根据这些特点采取合理的饲养管理措施。番鸭异性间差别较大，3 周龄以后，公母体重距离拉大（达 50%左右），公鸭性情粗暴，抢食强横，因此应对初生雏进行性别鉴定，公母分群饲养。为防止番鸭之间相互啄斗、交配时互相抓伤和减少饲料浪费，雏番鸭在第三周内要进行断趾和断喙。由于母番鸭具有低飞能力，留种母鸭在育雏阶段还需切去一侧翅尖。

（二）种番鸭的饲养管理

1. 育成期的饲养管理要点

从第 5 周至 24 周为番鸭的育成期，这 20 周是饲养种番鸭的关键时间，育成期的好坏直接影响到种鸭的产蛋性能及种蛋的受精率。育成期的工作重点是限制饲养和控制光照，以控制种鸭的体重，防止过肥或过瘦，保持鸭群良好的均匀度和适时性成熟。

2. 产蛋期的饲养管理要点

24 周龄左右转群，转群时按种鸭的体形、体重、体尺标准进行选择，公母比例控制在 1∶4～5，分群饲养，每 200～300 只为一群，饲养密度为每平方米 3～4 只。24 周龄起，逐渐增加光照时间和光照强度，并将育成日粮转换为产蛋日粮，将限饲调整为每天喂饲，适当增加喂料量。

番鸭是晚熟的肉鸭品种，28 周龄左右才开产，整个产蛋期分 2 个产蛋阶段，第一阶段为 28～50 周，第二阶段为 64～84 周，在 2 个产蛋阶段之间有

13 周左右的换羽期（休产期）。成功的换羽是提高番鸭产蛋量的有效措施，当母鸭群产蛋率降低到 30%左右、蛋重减轻时，应实行人工强制换羽，以缩短换羽期。

抱窝是母番鸭的一种生理特性，在临床上表现为停止产蛋，生殖系统退化，骨盆闭合，形成孵化板，鸣叫，在产蛋箱内滞留时间延长，占窝，采食减少，羽毛变样。易形成抱窝的条件主要有饲养密度过大，产蛋箱太少，光照分布不均匀或较弱，捡蛋不及时等。解除抱窝的办法是定期转换鸭舍，第一次换舍是在首批抱窝鸭出现的那一周（或之后），2 次换舍间隔时间平均为夏季 10 ~ 12 天、春秋季 16 ~ 18 天。换舍必须在傍晚进行，把产蛋箱打扫干净，重新垫料，清扫料盘。加强饲养管理，尽量消除引起抱窝的不利条件。

（三）半番鸭（骡鸭）生产

生产骡鸭的杂交分为正交（即公瘤头鸭与母家鸭）和反交（即公家鸭与母瘤头鸭）两种方式。我国普遍采用正交方式生产骡鸭，这样可充分利用番鸭优良的肉质性能和家鸭较高的繁殖性能，提高经济效益。而且用正交方式生产的骡鸭公母之间体重相差不大，12 周龄平均体重可达 3.5 ~ 4.0 kg，这对肉鸭生产来说是有利的。如果采用反交方式生产骡鸭，母瘤头鸭产蛋少，而且所生产的骡鸭公母体重相差较大，12 周龄公骡鸭体重可达 3.5 ~ 4.0 kg，而母骡鸭只有 2.0 kg。用反交方式生产骡鸭经济效益较低。

采用自然交配的公母比一般为 1：4。公瘤头鸭应在 20 周龄前放入母家鸭群中，公母混群饲养，让彼此熟识，性成熟后方能顺利交配。自然交配受精率较低，一般在 50% ~ 60%。由于公番鸭与母家鸭（尤其是麻鸭品种）体重相差较大，现多采用人工辅助交配或人工授精技术。采用人工授精时需要加强公番鸭的采精训练和诱情，每周授精两次效果较好。

【评估单】

一、选择题（期望值 50 分）

1. 雏番鸭 1 ~ 3 日龄时育雏室的温度控制在（　　）°C。

A. 24 ~ 26　　B. 26 ~ 28　　C. 28 ~ 30　　D. 30 ~ 32

2. 骡鸭自然交配受精率低，现多采用（　　）技术。

A. 人工授精　　B. 自然交配　　C. 大群配种　　D. 小间配种

3. 生产骡鸭的杂交方式为（　　）。

A. 公番鸭 × 母番鸭　　B. 公番鸭 × 母家鸭

C. 公家鸭 × 母番鸭　　D. 公家鸭 × 公番鸭

二、简答题（期望值50分）

1. 如何提高大型肉鸭生产的经济效益？
2. 简述种用番鸭的饲养管理要点。

任务三　蛋鸭的饲养管理

【学习目标】

1. 了解鸭的生活习性。
2. 掌握蛋鸭育雏技术，提高雏鸭的成活率。
3. 掌握产蛋鸭和种鸭的特点、产蛋规律及饲养管理技术。

【资料单】

一、鸭的生活习性

1. 喜水性

鸭属水禽，善于在水中觅食、嬉戏和求偶交配。鸭的尾脂腺发达，能分泌含有脂肪、卵磷脂、高级醇的油脂，鸭在梳理羽毛时常用喙压迫尾脂腺，挤出油脂，再用喙将其均匀地涂抹在全身的羽毛上，来润泽羽毛，使羽毛不被水浸湿，有效地起到隔水防潮、御寒的作用。

2. 合群性

鸭的祖先天性喜群居，很少单独行动，不喜斗殴，性情温驯，胆小易惊，很适于大群放牧饲养和圈养，管理也较容易。

3. 杂食性

鸭是杂食动物，食谱比较广，鸭的味觉不发达，对饲料的适口性要求不高，鸭的食道宽，肌胃发达，其中经常贮存有砂砾，有助于鸭磨碎饲料。所以，鸭在舍饲条件下的饲料原料应尽可能地多样化。

4. 生活有规律

鸭有较好的条件反射能力，可以按照人们的需要和自然条件进行训练，并形成一定的生活规律，如觅食、戏水、休息、交配和产蛋都具有相对固定的时间。放牧饲养的鸭群一天当中一般是上午以觅食为主，间以戏水或休息；中午以戏水、休息为主，间以觅食；下午则以休息居多，间以觅食。一般来说，产蛋鸭傍晚采食多，不产蛋鸭清晨采食多，这与晚间停食时间长和形成蛋壳需要钙、磷等矿物质有关，因此，每天早晚应多投料。鸭子配种一般在早晨和傍晚进行，其中熄灯前 2 ~ 3 小时鸭子的交配频率最高，垫草地面是鸭子安全的交配场所。因此，晚关灯，实行垫料地面平养有利于提高种鸭的受精率。

5. 耐寒性

成鸭因为大部分体表覆盖正羽，致密且多绒毛，所以对寒冷有较强的抵抗力。相反，鸭对炎热环境的适应性较差，加之鸭无汗腺，在气温超过 25 °C 时散热困难，只有经常泡在水中或在树阴下休息才会感到舒适。

6. 无就巢性

就巢性（俗称抱窝）是鸟类繁衍后代的固有习性。但鸭子经过人类的长期驯养、驯化和选育，已经丧失了这种本能，从而延长了鸭的产蛋期，而种蛋的孵化和雏鸭的养护就由人们采用高效率的办法来完成。

7. 群体行为

鸭良好的群居性是经过争斗建立起来的，强者优先采食、饮水、配种，弱者依次排后，并一直保持下去。这种结构保证鸭群和平共处，也促进鸭群高产。在已经建立了群序的鸭群中放入新公鸭，各公鸭为争配会引起新的争斗，使战败者伤亡，或处于生理阉割状态，所以配种期应经常观察鸭群，并及时更换无配种能力的公鸭。合群、并舍、更换鸭舍或调入新成员应在母鸭开产前几周完成，以便鸭群有足够的时间重新建立群序。

8. 定巢性

鸭产蛋具有定巢性，即鸭的第一个蛋产在什么地方，以后就一直到什么地方产蛋，如果这个地方被别的鸭占用，该鸭宁可在巢门口静立等待也不进旁边的空窝产蛋。由于排卵在产蛋后半小时左右，鸭产蛋时等待的时间过长会减少其日后的产蛋量。一旦等不及，几只鸭为了争一个产蛋窝，就会相互啄斗，被打败的鸭便另找一个较为安静的去处产蛋，结果造成窝外蛋和脏蛋增多。因此，在蛋鸭开产前应设置足够的产蛋窝。另外，鸭产蛋具有喜暗性，并多集中在后半夜至凌晨，所以在产蛋集中的时间应增加收蛋次数。

二、育雏前的准备

1. 育雏季节选择

原则上一年四季均可饲养，但最好要根据自然条件和农田茬口来安排育雏的最佳时期，这不仅关系到成活率的高低，还影响饲养成本和经济效益的大小。选择合适的季节，采用相应的育雏技术。

（1）春鸭。3 月下旬至 5 月份饲养的雏鸭都称为春鸭，这个时期育雏要注意保温，育雏期一过，天气日趋变暖，自然饲料丰富，又正值春耕播种阶段，放牧场地很多，雏鸭生长快，省饲料，产蛋早，开产以后会很快达到产蛋高峰。但春鸭御寒能力差，饲养不当会导致母鸭疲劳，若气候骤变，一遇寒流就容易停产。故饲养春鸭一般都作为商品蛋鸭，很少留作种用。

（2）夏鸭。即从 6 月上旬至 8 月上旬饲养的雏鸭。这个时期气温高，雨水多，气候潮湿，农作物生长旺盛，雏鸭育雏期短，不需要什么保温，可节省育雏保温费用。早期可以放牧秧稻田，帮助稻田耕锄草，可充分利用早稻收割后的落谷，节省部分饲料，而且开产早，进入冬季即可达到产蛋高峰，当年可产生效益。但是，夏鸭的前期气温高，多雨闷热，气候条件不适合雏鸭的生理需要，管理也较困难，要注意防潮湿、防暑和防病工作。

（3）秋鸭。即从 8 月中旬至 9 月饲养的雏鸭。雏鸭从小到大，正适合它对外界温度的生理需要，是育雏的好季节。如将秋鸭留种，产蛋高峰期正遇上春孵期，种蛋价格高；如作为蛋鸭饲养，开产以后产蛋持续期长，只要有一定的饲养经验，产蛋期可以一直保持到第 2 年底。但是，秋鸭的育成期正值寒冬，气温低，日照短，后期天然饲料少，因此要注意防寒和适当补料。过了冬天，日照逐渐变长，对促进性成熟有利，但仍然要注意光照的补充，促进早开产，开产后的种蛋可提供一年生产用的雏鸭。

2. 育雏方式的确定

（1）地面育雏。在舍内地面上铺上 5 ~ 10 cm 厚的松软垫料，将鸭直接饲养在垫料上。若垫料出现潮湿、板结，则加厚垫料。一般随鸭群的进出更换垫料，可节省清圈的劳动量。这种方式简单易行，投资少，寒冷季节还可因鸭粪发酵而有利于舍内增温。但这种管理方式需要大量垫料，房舍的利用率低，且舍内必须保证通风良好，否则垫料潮湿、空气污浊、氨气浓度上升，易诱发各种疾病。

（2）网上育雏。在舍内设置离地面 60 ~ 90 cm 高的金属网、塑料网或竹木栅条，将肉鸭饲养在网上，粪便由网眼或栅条的缝隙落到地面上，可采用机械清粪设备，也可人工清理。这种方式省去日常清圈的工序，避免或减少了由粪便传播疾病的机会，而且饲养密度比较大，房舍的利用率比地面平养增加 1 倍以上，提高了劳动生产率。这种方式一次性投资较大。

（3）立体笼养。这种方式一般用于育雏，即将雏鸭饲养在特制的单层或多层笼内。笼养既有网上平养的优点，又比平养更能有效地利用房舍和热量。缺点是投资大。近年来，蛋鸭的立体笼养也在逐步兴起。

（4）自温育雏。利用竹条或稻草编成的箩筐，或利用木盆、木桶、纸盒等作为育雏用具，内铺垫草，依靠雏鸭自身的热量来保持温度，并通过增加或减少覆盖物来调节温度。此法设备简单、经济，但温度很难掌握，管理麻烦，一般只适用于小规模饲养的夏鸭和秋鸭，而不适合养早春鸭。

3. 育雏室与育雏人员的准备

育雏室要求保温良好，环境安静。对育雏室的场地、保温供温设施、下水道进行修检，准备好充足的料槽和饮水器。墙壁、地面、室内容间、食槽、饮水器等严格消毒。在雏鸭进舍前 2～3 天，对育雏室进行加热试温，使室内的温度能保持在 30～32 °C。

根据育雏的日期和数量，配备好饲养员。饲养员要求有一定育雏经验，工作责任心强。

4. 育雏饲料与垫料的准备

准备好足够的饲料和垫料，备好常用药品、药械和疫苗。

5. 雏鸭的选择

雏鸭品质的优劣是雏鸭养育成败的先决条件。因此要选养出壳时间正常、初生重符合本品种标准的健康雏鸭。健康的雏鸭活泼好动，眼大有神，反应灵敏，叫声洪亮，腹部柔软，大小适中，脐口干燥、愈合良好，绒毛整洁、毛色符合品种标准。凡是头颈歪斜、瞎眼、痴呆、站立不稳、反应迟钝、绒毛污秽、腹大坚硬、脐口收缩不好及有其他不符合品种要求的雏鸭均应剔除。

三、雏鸭的饲养管理

蛋鸭育雏期是指 0～28 日龄的雏鸭饲养阶段。雏鸭的培育目标是通过精心的饲养管理，使其逐步适应外界环境条件，健康地生长发育，保持良好的体质和较高的成活率，为将来的育成鸭和产蛋鸭（或种鸭）打下良好的基础。

1. 雏鸭生理特性

雏鸭自身调节体温能力差，对外界环境条件适应能力较差，需要人工保温。雏鸭消化机能尚不健全，应喂给易消化营养全价的饲料。雏鸭早期生长发育比较快，在育雏阶段应喂给蛋白质含量较高的全价的饲料，才能满足生长发育的需求。抗病力弱，需要特别注意卫生防疫工作。

2. 雏鸭的饮水与开食

雏鸭出壳后第一次饮水和吃食称为“初饮”(也叫“潮口”“开水”)和“开食”。由于雏鸭对脱水极为敏感，所以，培育雏鸭要采取“早饮水、早开食，先饮水、后开食”的方法，具体措施如下：

原则上“开水”应在雏鸭出壳后 12 ~ 24 小时内进行，运输路途远的，待雏鸭到达育雏舍休息 0.5 小时左右立即供给复合维生素和葡萄糖水让其饮用。传统养鸭“开水”的方式是将雏鸭分装在竹篓里，慢慢将竹篓浸入水中，以浸没鸭爪为宜，让雏鸭在 15 °C 的浅水中站 5 ~ 10 分钟，雏鸭受水刺激，将会活跃起来，边饮水边活动，这样可促进新陈代谢和胎粪的排出。集约化养鸭“开水”多采用饮水器或浅水盘，直接让雏鸭饮用。饮水 15 ~ 30 分钟后可给雏鸭“开食”，即“开水”以后让雏鸭梳理一下羽毛，身上干燥一点后再“开食”。也有紧接“开水”之后就给雏鸭喂食的做法，这主要看气温高低、出壳迟早和雏鸭的精神状态而定。传统养鸭“开食”的饲料是使用煮制的夹生米饭，现在集约化养鸭大多直接采用全价颗粒饲料破碎后饲喂。

3. 育雏期的日常管理

（1）合理饲喂。将饲料撒在竹匾上或塑料薄膜上，让雏鸭自由采食。饲喂次数可由开食时的每天 6 ~ 7 次逐渐减少到育雏结束时 3 ~ 4 次。

（2）适时“开青”“开荤”。苗鸭开食 3 天后，即开始喂给青饲料，苗鸭开食 4 天后，可“开荤”，即给雏鸭饲喂动物性饲料，可促进其生长发育。“开青”和“开荤”均为传统养鸭的饲喂方法，现代规模养鸭饲喂全价颗粒料无需另外再喂青料和荤食。

（3）放水。放水既让雏鸭下水活动，促进新陈代谢，增强体质，还可洗净羽毛上的脏物，有益于卫生保健等。雏鸭下水的时间，开始每次 10 ~ 20 分钟，可以上午、下午各 1 次，10 日龄以后适当延长下水活动时间，随着水上生活的不断适应，次数也可逐步增加。

（4）放牧。雏鸭能够自由下水活动后，就可以进行放牧训练。放牧训练的原则是：距离由近到远，次数由少到多，时间由短到长。

（5）及时分群。雏鸭分群是提高成活率的重要环节。雏鸭在“开水”前，应根据出雏的迟早、强弱分开饲养。分群是在“开食”以后，一般吃料后3天左右，可逐只检查，将吃食少或不吃食的放在一起饲养，以后根据雏鸭体重来分群，各品种都有自己的标准和生长发育规律，未达到标准的要适当增加饲喂量，超过标准的要适当减少饲喂量。

（6）防止打堆。刚出壳时的鸭常堆挤而眠，体弱的雏鸭往往被压伤或压死，或因堆挤受热使雏鸭“出汗”受凉感冒或感染其他疾病造成死亡。为防止雏鸭堆集，每隔1～2小时驱赶1次，放水上岸后应有充分的理毛时间，以保持舍内干燥，可减少雏鸭的打堆。

（7）搞好卫生。每日清除棚内鸭粪，垫草要勤换勤晒，食槽要经常冲洗干净，禁止饲喂腐败变质饲料，并保持周围环境卫生。除此以外，还要防止惊群，预防兽害，夜间、熄灯时应渐明渐暗，同时应加强值班巡视，经常清点鸭数，做好饲料消耗和死亡记录；防治鸭病等等。

4. 育雏期的环境控制

（1）温度。由于雏鸭御寒能力弱，初期需要温度稍高些，随着日龄的增加，室温可逐渐下降。育雏温度是否合适，根据雏鸭的行为表现来判断育雏室内温度是否适宜。当温度过低时，雏鸭会拥挤在一起，靠近热源，惊慌颤抖，常发出尖叫声，严重时造成雏鸭相互扎堆，并压伤压死，饮水量减少；当舍内温度过高，雏鸭远离热源，张口喘气，饮水量增加，严重时还会使雏鸭脱水而死亡；温度适宜时，雏鸭分散均匀，精神活泼，采食饮水正常，静卧无声。育雏时温度过高和过低对雏鸭的日增重和饲料转化率都有影响。

（2）湿度。育雏初期育雏舍内需保持较高的相对湿度，一般以60%～70%的相对湿度为佳。随着雏鸭日龄的增加，体重增长，此时育雏舍的相对湿度应尽量降低，一般以50%～55%为宜。

（3）通风换气。雏鸭体温高，呼吸快，如果育雏室关得太严密，室内的二氧化碳会很快增加。育雏室要定时换气，朝南的窗户，要适当敞开，以保持室内空气新鲜。但任何时候都要防止“贼风”直吹鸭身。

（4）密度。育雏密度应根据季节、雏鸭日龄和环境条件等灵活掌握。密度过大，鸭群拥挤，采食、饮水不均，影响生长发育，鸭群整齐度差，也易造成疾病的传播严重时可能会引起氨气及硫化氢中毒。密度过小，则房舍利用率低又不经济。合理的育雏密度如表4.3。

表 4.3 雏鸭育雏的密度（只/m^2）

日龄		1～10	11～20	21～30
加温育雏	夏季	30～30	25～3	20～25
	冬季	35～40	30～35	20～25
自温育雏		以直径 35～40 cm 的箩筐为例，第 1 周每筐在 15 只左右，1 周后约 10 只		

（5）光照。雏鸭特别需要日光照射，太阳光能提高鸭的体表温度，增强血液循环，合成维生素 D_3，促进骨骼生长，并能增进食欲，刺激消化系统，有助于新陈代谢。第 1 星期，每昼夜光照可达 20～23 小时。第 2 星期开始，逐步降低光照强度，缩短光照时间。第 3 星期起，要区别不同情况，如上半年育雏，白天利用自然日照，夜间以较暗的灯光通宵照明，只在喂料时用较亮的灯光照半小时；如下半年育雏，由于日照时间短，可在傍晚适当增加光照 1～2 小时，其余仍用较暗的灯光通宵照明。

5. 育雏期的疾病控制要求

病害的发生往往取决于两个因素，即环境或鸭本身致病因素的存在和鸭体自身抵抗力的强弱。因此，育雏期的疾病控制要坚持“预防为主、防重于治”的方针，通过综合预防措施的落实，消灭传染源，断绝传染途径，建立健康群体，力保疾病的少发生或不发生。

四、育成鸭的饲养管理

蛋鸭育成期一般指 5～16 周龄或 18 周龄开产前的青年鸭。这个时期的育成鸭体重增长快、羽毛生长迅速、性器官发育快、适应性强。此期的青年鸭表现出杂食性强，可以充分利用天然动植物性饲料，并适当地增加动物性饲料和矿物质饲料。育成阶段要充分利用鸭的特点，进行科学的饲养管理，加强洗浴，增加运动量，使其生长发育整齐，同期开产。

1. 育成鸭的饲养方式

（1）舍内饲养。育成鸭饲养的全程始终在鸭舍内进行。一般鸭舍内采用厚垫料、网状和栅状地面饲养。这种饲养方式的优点是可以人为地控制饲养环境，受自然界因素制约较少，有利于科学养鸭，达到稳产高产的目的，便于向大规模集约化生产过渡，同时可以增加饲养量，提高劳动效率；由于不外出放牧，减少寄生虫病和传染病感染的机会，从而提高成活率。此法饲养成本高。

（2）半舍饲。鸭群固定在鸭舍、陆上运动场和水上运动场，不外出放牧。吃食、饮水可设在舍内，也可设在舍外，一般不设饮水系统，饲养管理不如全圈养那样严格。其优点与圈养一样，可减少疾病传染源，便于科学饲养管理。这种饲养方式一般与养鱼的鱼塘结合一起，形成一个良性的鸭 - 鱼结合的生态循环，是我国当前农村养鸭的主要方式之一。

（3）放牧饲养。这是我国传统的饲养方式。放牧时鸭在平地、山地和浅水、深水中潜游觅食各种天然的动植物性饲料，节约大量饲料，降低生产成本，同时使鸭群得到很好锻炼，增强体质，较为适合于养殖农户的小规模养殖方式，这种方法比较浪费人力，蛋鸭大规模集约化生产时较少采用放牧饲养。

2. 育成鸭的饲养管理要点

（1）饲养。育成期与其他时期相比，饲料宜粗不宜精，能量和蛋白质水平宜低不宜高，目的是使育成鸭得到充分锻炼，使蛋鸭长好骨架。在育成期饲养过程中应采用限制饲喂。限制饲喂一般从 8 周龄开始，到 16 ~ 18 周龄结束。

限制饲喂主要用于圈养和半圈养鸭群，而放牧鸭群由于运动量大，能量消耗也较大，且每天都要不停地找食吃，整个过程就是很好地限喂过程，故放牧条件下一般不需限饲。限制饲喂方法有限量法和限质法两种。育成鸭体重和饲喂量见表 4.4。

表 4.4　小型蛋鸭育成期各周龄的体重和饲喂量

周　龄	体重（g）	平均喂料量（g/只·日）
5	550	80
6	750	90
7	800	100
8	850	105
9	950	110
10	1 050	115
11	1 100	120
12	1 250	125
13	1 300	130
14	1 350	135
15	1 400	140
16	1 400	140
17	1 400	140
18	1 400	140

（2）通风换气，保持鸭舍干燥。鸭舍要保持新鲜空气，尤其是圈养鸭舍，即使在冬季，每天早晨喂料前都应首先打开门窗通风，排除舍内污浊的气体。圈养鸭每天要添加垫料，或定期清除湿垫料。饮水器应放置在有网罩的排水沟上方，不让水滴到垫料上。

（3）合理的光照。育成鸭的光照时间宜短不宜长，以控制其性成熟，一般 8 周龄起，每天光照以 8 ~ 10 小时为宜，光照强度为 5 lx。

（4）加强运动。运动可促进骨骼和肌肉的发育，防止过肥，每天定时赶鸭在舍内作转圈运动，每次 5 ~ 10 分钟，每天 2 ~ 4 次。

（5）及时分群。在鸭的生长发育过程中，由于饲养管理及环境等多种因素的影响，难免会出现个体差异。育成期的鸭要及时按体重大小、强弱和公母分群饲养。其饲养密度，因品种、周龄而不同，一般 5 ~ 8 周龄每平方米地面养 15 只左右，9 ~ 12 周龄每平方米 12 只左右，13 周龄起每平方米 10 只左右。

（6）做好记录工作。生产鸭群的记录内容包括鸭群的数量、日期、日龄、饲料消耗、鸭群变动的原因、疾病预防情况等。

3. 育成期的疾病控制要点

（1）保持圈舍、垫料干燥，对喂料和饮水器具应天天清洗消毒。

（2）做好预防工作，育成鸭阶段主要预防鸭瘟和禽霍乱。平时可用磺胺二甲基嘧啶或磺胺噻唑按 0.5% ~ 1%比例拌饲料喂 3 ~ 5 天；或用 0.01%的高锰酸钾饮水防疫。放牧鸭群采食的自然饲料中，含有较多的肠道寄生虫，尤其足绦虫，因而要定时检查，进行必要的驱虫。

五、产蛋鸭的饲养管理

1. 产蛋期鸭的生理特点

进人产蛋期的母鸭新陈代谢很旺盛，对饲料要求高。鸭属于杂食动物，不仅采食植物性饲料，也采食动物性饲料。性情比较温驯开产以后的鸭子，性情较温驯，进舍后安静地休息、睡觉，不到处乱跑乱叫。产蛋都在深夜进行，而且集中在下半夜。

2. 产蛋鸭的饲养管理要点

蛋鸭一般在 110 ~ 120 日龄开产，190 ~ 200 日龄时可达产蛋高峰。产蛋鸭的饲养管理分为圈养和放牧两种形式。随着养鸭业的迅速发展，加上水域的开发利用，环境保护的要求，在城镇郊区的养鸭多以圈养为主，农村小规模饲养多以放牧为主。

（1）圈养产蛋鸭的饲养管理要点。蛋鸭品种产蛋初期和前期的饲养管理的目标是应尽快把产蛋率推向高峰。从营养方面应根据产蛋率上升的趋势不断提高饲料质量，日粮营养水平，特别是粗蛋白质要随产蛋率的递增而调整，并注意能量蛋白比的适度，促使鸭群尽快达到产蛋高峰。这个时期，鸭进行自由采食，每只鸭的耗料量为 150 g 左右。光照时间从 17 ~ 19 周龄就可以逐步开始加长，最终达到 16 ~ 17 小时为止，以后维持在这个水平上，光照强度一般为 5 lx。

产蛋中期，这个时期要在营养上满足高产的需要，营养水平应在前期的基础上适当提高，日粮中粗蛋白质的含量应从 18%提高到 19% ~ 20%，同时增加钙的喂量，但日粮中含钙量过高会影响适口性，可在混合饲料中添加 1% ~ 2%的颗粒状贝壳粉，供其自由采食。同时，应适当增加优质青绿饲料的喂量，或添加多种维生素。光照时间稳定保持 16 ~ 17 小时。

产蛋后期饲养管理的主要目的是尽量减缓鸭群产蛋率下降的幅度。这个阶段要根据体重和产蛋率确定饲料的质量和喂料量，不可盲目增减饲料，若产蛋率已降到 60%左右，再难以上升，则无需加料；保持每天保持 16 ~ 17 小时光照；观察蛋壳质量和蛋重的变化，若出现蛋壳质量下降、蛋重减轻时，则可增补一些无机盐添加剂和鱼肝油；管理得当，防止应激：保持鸭舍内环境的相对稳定，保持稳定的作息时间，防止产生应激。

（2）放牧蛋鸭的饲养管理要点。产蛋鸭一年四季都可以放牧饲养，但放牧技术对产蛋鸭有很大的影响，必须根据天气和季节的特点，严格掌握“春要晒，秋要洗，夏避雨，冬避风”的原则，进行针对性放牧饲养。

选择适宜放牧环境，在鸭的放牧饲养中，放牧环境及路线的选择是至关重要的。环境选得好，饲料充足，鸭每天能吃得饱，长膘快。因此，选择牧地、安排放牧路线都由经验最丰富的饲养员掌握。并在放牧前的半个月，对周围的地形地势、河流湖泊、农作物种类、收获时间进行一次勘察访问，作出周密计划，确定放牧路线。在放牧的前 3 天再作一次实际调查，根据农作物收获的实际进度，以及野生动植物饲料资源等，估测出各种饲料的数量，计算好可供放牧的鸭数及放牧次数，然后有计划地进行。

3. 产蛋期的环境控制

（1）饲养密度。圈养和半圈养时，一般每平方米鸭舍可饲养产蛋鸭 7 ~ 8 只。

（2）温度。产蛋鸭最适宜的外界环境温度是 13 ~ 20 °C，此温度下鸭群的饲料利用率、产蛋率都处于最佳状态。一般当环境温度超过 30 °C 时，鸭群采食量减少，产蛋量下降，并可影响到蛋及蛋壳的质量，严重时会引起中暑死亡；如环境温度过低，尤其降到 0 °C 以下时，鸭的正常活动受阻，产蛋量明显下降。

（3）光照。蛋鸭产蛋期应逐步增加光照时间，提高光照强度，以促使性器官的发育，进入产蛋高峰期后，要稳定光照时间和光照强度，使之达到持续高产。开放式鸭舍一般使用自然光照加上人工光照，而封闭式鸭舍则多采用人工光照。一般正常使用的白炽灯泡可按每平方米鸭舍 1.3 W 设置，即当灯泡离地面 2 m 时，一个 25 W 的灯泡，可保证 18 m^2 鸭舍的照明。具体可参照表 4.5 执行。

表 4.5　蛋鸭产蛋期的光照时间和光照强度

周龄	光照时间	光照强度
17～22	每天以 15～20 分钟均匀递增，直至 16 小时	5 lx，晚间朦胧光照
23 周以后	稳定在 16 小时，临淘汰前 4 周时增加到 17 小时	5 lx，晚间朦胧光照

六、蛋种鸭产蛋期的饲养管理

我国蛋鸭产区习惯从秋鸭（即 8 月下旬至 9 月份的雏鸭）中选留种鸭，因为秋鸭留种，正好满足了次年春孵旺季对种蛋的需要，同时在产蛋盛期的气温和日照等环境条件最有利于稳产高产。但是，随着市场需求和生产方式的改变，常年留种常年饲养的方式越来越多地被采用，特别是大规模集约化养鸭场，一般根据市场的需要，灵活确定留种季节。种用蛋鸭饲养管理的主要目的是获得尽可能多的合格种蛋，能孵化出品质优良的雏鸭。因此，这就要求饲养管理过程中，除了要养好母鸭，还要养好公鸭。

1. 蛋种鸭的挑选

（1）种公鸭的选留。选留种公鸭须按种公鸭的品种标准经过育雏期、育成期和性成熟初期三个阶段的选择，以保证用于配种的种公鸭生长发育良好，体格强壮，性器官发育健全，精液品质优良。在育成期公母鸭最好分群饲养，公鸭采用放牧为主的饲养方式，让其多活动，多锻炼。在配种前 20 天放入母鸭群中，为了提高种蛋的受精率。

（2）产蛋母鸭的挑选。根据外貌和行动来选择产蛋母鸭，高产蛋鸭羽毛紧密，头秀气、颈长、身长、眼大而突、腹部深广，但不拖地，臀部大而方，两脚间距宽，如高产绍鸭腹部软下垂，泄殖腔湿润松弛，两趾骨间可容纳 3 指以上，龙骨与趾骨之间可按一只手掌。

2. 产蛋种鸭的饲养管理要点

（1）增加营养。种用蛋鸭饲料中的蛋白质要比商品蛋鸭高，同时要保证蛋氨酸、赖氨酸和色氨酸等必需氨基酸的供给，保持饲料中氨基酸的平衡。色氨酸对提高受精率、孵化率有帮助，日粮中的含量应占 0.25%～0.30%。鱼粉和饼粕类饲料中的氨基酸含量高，而且平衡，是种用蛋鸭较好的饲料原料。此外，要补充维生素，特别是维生素 E，因为维生素 E 对提高产蛋率、受精率有较大作用，日粮中维生素 E 的含量为每千克饲料含 25 mg，不得低于 20 mg，可用复合维生素来补充。

（2）饲养好种公鸭。公鸭的好坏对提高受精率的作用比较大。公鸭必须体质健壮，性器官发育健全，性欲旺盛，精子活力好。公鸭到 150 天左右才能达到性成熟。因此，选留公鸭要比母鸭早 1～2 个月龄，到母鸭开产时公鸭正好达到性成熟。

在采食过程中公鸭争食凶，十分好斗，导致公母鸭采食不均匀，体重不齐。所以公母鸭在育成阶段要分开饲养，但要注意防止公鸭间相互争斗，形成恶癖。

（3）做好种鸭群的疫病净化。对一些可以通过蛋垂直传染的疫病，按规范防疫后，应定期进行抗体测定，以保证鸭群的健康。同时，应注意重大疫病的定期检疫，对阳性个体及时淘汰。

（4）加强种用蛋鸭的日常管理。种用蛋鸭的管理重点是房舍内的垫草应经常翻晒、更换，提供保持干燥、清洁，运动场要保持下水通畅，不得有污水积存；保持鸭舍环境的安静，严防惊群；保持鸭舍内良好的通风，特别在外界温度高时，要加强通风换气；保证种鸭一定的运动量，特别是增加种鸭的在室外活动的时间，并适当延长种鸭的下水时间。

3. 配　种

（1）种公鸭的选择与饲养。种公鸭选留一般有 3 次，即育雏期的首选、育成期的再选和性成熟初期的定群。选择时应首先选择体质强壮、性器官发育健全、健康的个体，一般定群时可增选 5%～10%的种公鸭以备用。

（2）种鸭群的公母配比。以绍鸭为例，在早春和冬季气温较低时，公母鸭的合理配比可在 1∶20；夏秋气温较高时，公母的合理配比可提高到 1∶25～30。这样的公母配比可保持鸭群的平均受精率在 90%以上。

（3）种鸭的利用年限。一般种鸭场都采取一年一淘汰，年年留种蛋。一年龄鸭群产蛋整齐，好控制，受精率高，便于计划生产。种公鸭习惯利用 1 年后淘汰；育种鸭群的利用年限，可根据育种需要适当延长，不受限制。

4. 人工强制换羽

鸭在每年春末或秋末会自然换羽，为了缩短休产时间，提高种蛋量和蛋的品质，当母鸭群产蛋率降低到 20%~30%、蛋重减轻、部分鸭的主翼羽开始脱落时，即可施行人工强制换羽。

【评估单】

一、简答题（期望值 50 分）

1. 鸭有哪些生活习性?
2. 怎样提高雏鸭成活率?

二、思考题（期望值 50 分）

1. 根据产蛋鸭的特点及产蛋规律，如何加强饲养管理?
2. 如何提高种鸭生产的经济效益?

项目二 鹅的饲养管理

鹅是草食动物，凡是有草的地方均可饲养，鹅是水禽业中饲养量仅次于鸭的重要水禽。养鹅生产在我国家禽养殖中占有独特的位置，已成为我国发展节粮型畜牧业中的重要组成部分。

任务一 鹅的品种选择

【学习目标】

1. 了解鹅的品种类型及我国著名鹅品种的产地、外貌特征和生产性能。
2. 认识著名的和当地饲养的一些主要鹅品种。

【资料单】

一、我国地方鹅品种

我国鹅的地方品种资源十分丰富，在各个历史阶段，因对产品要求的不同，形成了各自的生产性能特点。了解和掌握不同品种的特点及其生产性能，对饲养者选择合适的品种具有极强的参考价值，对品种的选择不可盲目。

我国鹅的品种类型按体型大小可分为大、中、小型三种。中国鹅除伊犁鹅在新疆外，其余主要分布在东部农业发达地区，长江、珠海、淮河中下游和华东、华南沿海地区饲养较多。

1. 大型鹅

体型大，以狮头鹅（广东）著称于世。具有长势快，填饲操作方便，肥肝性能好等优点。但成熟晚，产蛋少，就巢性强。分布数量少。

2. 中型鹅

体型介于大型鹅和小型鹅之间。觅食性强，肥肝性能较好，但有就巢性，产蛋量不及小型鹅高。有皖西白鹅（安徽、河南）、溆浦鹅（湖南）、雁鹅（安徽）、合浦鹅（广西）、马岗鹅（广东）、浙东白鹅（浙江）、四川白鹅（四川、重庆）。

3. 小型鹅

体型较小，肥肝效果差。具有成熟早，产蛋多，觅食性强、耗料少、就巢性很弱等优点。但长势慢，肥肝效果差。在我国分布最广，数量较多。如太湖鹅（江苏、浙江）、豁眼鹅（山东、辽宁、黑龙江）、乌鬃鹅（广东）和籽鹅（东北三省）。

四川白鹅和豁眼鹅的繁殖性能较高，近年来全国各地都引进饲养。

我国鹅的优良品种见表 4.6。

表 4.6 鹅品种一览表

类型	品种	外貌特征	生产性能
小型鹅	太湖鹅	体型较小，全身羽毛洁白，体质细致紧凑。体态高昂，肉瘤姜黄色、发达、圆而光滑，颈长、呈弓形，无肉垂，眼睑淡黄色，虹彩灰蓝色，喙、跖、蹼呈橘红色，爪白色。公鹅喙较短，约 6.5 cm，性情温顺，叫声低，肉瘤小	成年公鹅体重 4 330 g，母鹅 3 230 g。成年公鹅的半净膛率和全净膛率分别为 84.9%和 75.6%；母鹅则分别为 79.2%和 68.8%。太湖鹅经填饲，平均肝重为 251～313 g，最大达 638 g。母鹅性成熟较早，160 日龄即可开产，一个产蛋期每只母鹅平均产蛋 60 枚，高产鹅个体达 123 枚

续表 4.6

类型	品种	外貌特征	生产性能
小型鹅	豁眼鹅	体型轻小紧凑，全身羽毛洁白。喙、胫、蹼均为橘黄色，成年鹅有橘黄色肉瘤。两眼上眼睑处均有明显的豁口，此为该品种独有的特征。虹彩蓝灰色。头较小，颈细稍长。山东的豁眼鹅有咽袋，腹褶者少数，有者也较小，东北三省的豁眼鹅多有咽袋和较深的腹褶	成年公鹅平均体重 3 720～4 440 g，母鹅 3 120～3 820 g；屠宰活重 3 250～4 510 g 的公鹅，仔鹅填饲后，肥肝平均重 324.6 g，最大 515 g，料肝比 41.3：1。母鹅一般在 210～240 日龄开始产蛋，年平均产蛋 80 枚，在半放牧条件下，年平均产蛋 100 枚以上；饲养条件较好时，年产蛋 120～130 枚
	乌鬃鹅	体型紧凑，头小、颈细、腿短。公鹅体型较大，呈榄核型；母鹅呈楔形。羽毛大部分呈乌棕色，从头顶部到最后颈椎有一条鬃状黑褐色羽毛带。颈部两侧的羽毛为白色，翼羽、肩羽、背羽和尾羽为黑色，羽毛末端有明显的棕褐色银边。在背部两边，有一条起自肩部直至尾根的 2 cm 宽的白色羽毛带，在尾翼间未被覆盖部分呈现白色圈带	公鹅半净膛率和全净膛率分别为 87.4%和 77.4%，母鹅则分别为 87.5%和 78.1%。母鹅开产日龄为 140 天左右，一年分 4～5 个产蛋期，平均年产蛋 30 枚左右，平均蛋重 144.5 g。蛋壳浅褐色
	伊犁鹅	体型中等与灰雁非常相似，颈较短，胸宽广而突出，体躯呈水平状态，扁椭圆形，腿粗短。头部平顶，无肉瘤突起。颌下无咽袋。羽毛可分为灰、花、白 3 种颜色，翼尾较长。灰鹅头、颈、背、腰等部位羽毛灰褐色，羽端白色。最外侧两对尾羽白色。花鹅羽毛灰白相间，头、背、翼等部位灰褐色，其他部位白色，常见在颈肩部出现白色羽环。白鹅全身羽毛白色	放牧饲养条件下，公母鹅 30 日龄体重分别为 1 380 g 和 1 230 g，半净膛率和全净膛率分别为 83.6%和 75.5%。平均每只鹅可产羽绒 240 g。母鹅一般每年只有一个产蛋期，全年可产蛋 5～24 枚，平均年产蛋量为 10.1 枚，平均蛋重 156.9 g，蛋壳乳白色，公母鹅配种比例 1：2～4

续表 4.6

类型	品种	外貌特征	生产性能
中型鹅	皖西白鹅	体型中等，体态高昂，气质英武，颈长呈弓形，胸深广，背宽平。全身羽毛洁白，头顶肉瘤呈橘黄色，圆而光滑无皱褶，喙橘黄色，喙端色较淡，虹彩灰蓝色，胫、蹼橘红色，爪白色，约 6%的鹅颌下带有咽袋。少数个体头颈后部有球形羽束。公鹅肉瘤大而突出，颈粗长有力，母鹅颈较细短，腹部轻微下垂	成年公鹅体重 6 120 g，母鹅 5 560 g。8 月龄放牧饲养且不催肥的鹅，其半净膛率和全净膛率分别为 79.0%和72.8%。皖西白鹅羽绒质量好，尤其以绒毛的绒朵大而著称。平均每只鹅产羽毛 349 g，其中羽绒量 40～50 g。一般母鹅年产两期蛋，年产蛋量 25 枚左右，平均蛋重 142 g，蛋壳白色。公母鹅配种比例 1∶4～，母鹅就巢性强。公鹅利用年限 3～4 年或更长，母鹅 4～5 年，优良者可利用 7～8 年
	四川白鹅	体型稍细长，头中等大小，躯干呈圆筒形，全身羽毛洁白，喙、胫、蹼橘红色，虹彩蓝灰色。公鹅体型稍大，头颈较粗，额部有一呈半圆形的橘红色肉瘤；母鹅头清秀，颈细长，肉瘤不明显	经填肥，肥肝平均重 344 g，最大 520 g，料肝比 42∶1。母鹅开产日龄 200～240 天，年平均产蛋量 60～80 枚，平均蛋重 146 g，蛋壳白色。公鹅性成熟期为 180 天左右，公母鹅配种比例 1∶3～4，无就巢性
	浙东白鹅	体型中等，体躯长方形，全身羽毛洁白。额上方肉瘤高突，随年龄增长，突起变得更加明显。成年公鹅体型高大雄伟，肉瘤高突，好斗逐人；成年母鹅腹宽而下垂，肉瘤较低，性情温驯	经填肥后，肥肝平均重 392 g，最大肥肝 600 g，料肝比为 44∶1。母鹅开产日龄一般在 150 天，一般一年可产 40 枚左右。平均蛋重 149 g。蛋壳白色。公母鹅配种比例 1∶10，多的达 1∶15，公鹅利用年限 3～5 年，以第 2、3 年为最佳时期。绝大多数母鹅都有较强的就巢性
	雁鹅	体型中等，体质结实，全身羽毛紧贴。头部圆形略方，头上有黑色肉瘤。眼睑为黑色或灰黑色，颈细长，胸深广，背宽平，腹下有皱褶。成年鹅羽毛呈灰褐色和深褐色，颈的背侧有一条明显的灰褐色羽带，体躯的羽毛从上往下由深渐浅，至腹部为灰白色或白色。肉瘤的边缘和喙的基部大部分有半圈白羽	成年公鹅体重 6 020 g，母鹅 4 775 g。成年公鹅半净膛率、全净膛率分别为 86.1%和 72.6%，母鹅半净膛率、全净膛率分别为 83.8%和 65.3%。一般母鹅开产在 8～9 月龄，一般母鹅年产蛋为 25～35 枚，平均蛋重 150 g。蛋壳白色，公母鹅配种比例 1∶5。就巢性强，公鹅利用年限 2 年，母鹅则为 3 年

续表 4.6

类型	品种	外貌特征	生产性能
大型鹅	狮头鹅	体型硕大，体躯呈方形。头部前额肉瘤发达，覆盖于喙上，颌下有发达的咽袋一直延伸到颈部，呈三角形。喙短，质坚实，黑色，眼皮突出，多呈黄色，虹彩褐色，胫粗蹼宽为橙红色，有黑斑，皮肤米色或乳白色，体内侧有皮肤皱褶。全身背面羽毛、前胸羽毛及翼羽为棕褐色，由头顶至颈部的背面形成如鬃状的深褐色羽毛带，全身腹部的羽毛白色或灰色	成年公鹅体重 8 850 g，母鹅为 7 860 g。公鹅半净膛率 81.9%和全净膛率 71.9%，母鹅为 84.2%和 72.4%。狮头鹅平均肝重 600 g，最大肥肝可达 1 400 g，母鹅开产日龄为 160～180 天，第一个产蛋年产蛋量为 24 枚，平均蛋重 176 g，蛋壳乳白色，公母鹅配种比例 1∶5～6。母鹅就巢性强，母鹅可连续使用 5～6 年

二、国外引进鹅品种

我国从 20 世纪 80 年代开始，相继从国外引进产肉性能较好的朗德鹅和莱茵鹅等，为我国鹅产肉性能的提高起到了有益的作用。

朗德鹅和莱茵鹅品种性能见表 4.7。

表 4.7　国外引进鹅品种一览表

品种	产地与分布	外貌特征	生产性能
莱茵鹅	原产于德国莱茵州，是欧洲产蛋量最高的鹅种，现广泛分布于欧洲各国。我国江苏省南京市畜牧兽医站种鹅场于 1989 年从法国引进莱茵鹅，在江苏兴化、高邮、金湖、洪泽、丹徒、建湖、六合、江浦、江宁、金坛、丹阳等县市均有分布	体型中等偏小。初生雏背面羽毛为灰褐色，从 2 周龄到 6 周龄，逐渐转变为白色，成年时全身羽毛洁白。喙、胫、蹼呈橘黄色。头上无肉瘤，颈粗短	成年公鹅体重 5 000～6 000 g，母鹅 4 500～5 000 g。仔鹅 8 周龄活重可达 4 200～4 300 g，料肉比为 2.5～3.0∶1，莱茵鹅能适应大群舍饲，是理想的肉用鹅种。但产肝性能较差，平均肝重为 276 g。母鹅开产日龄为 210～240 天，年产蛋量为 50～60 枚，平均蛋重 150～190 g。公母鹅配种比例 1∶3～4，种蛋平均受精率 74.9%，受精蛋孵化率 80～85%

续表 4.7

品种	产地与分布	外貌特征	生产性能
朗德鹅	原产于法国西南部靠比斯开湾的朗德省，是世界著名的肥肝专用品种	毛色灰褐，在颈、背都接近黑色，在胸部毛色较浅，呈银灰色，到腹下部则呈白色。也有部分白羽个体或灰白杂色个体。通常情况下，灰羽的羽毛较松，白羽的羽毛紧贴，喙橘黄色，胫、蹼为肉色。灰羽在喙尖部有一浅色部分	成年公鹅体重 7 000～8 000 g，成年母鹅体重 6 000～7 000 g。8 周龄仔鹅活重司达 4 500 g 左右。肉用仔鹅经填肥后，活重达到 10 000～11 000 g，肥肝重量达 700～800 g。朗德鹅对人工拔毛耐受性强，羽绒产量在每年拔毛 2 次的情况下，可达 350～450 g。朗德鹅性成熟期约 180 天，母鹅一般在 2～6 月龄产蛋，年平均产蛋 35～40 枚，平均蛋重 180～200 g。种蛋受精率不高，仅 65%左右，母鹅有较强的就巢性

【评估单】

一、选择题（期望值 50 分）

1. 四川白鹅年产蛋量为（　　）。

   A. 20～40　　B. 40～60　　C. 60～80　　D. 80～100

2. （　　）属于中型鹅种，（　　）属于大型鹅种。

   A. 溆浦鹅　　B. 狮头鹅　　C. 四川白鹅　　D. 太湖鹅

二、简答题（期望值 50 分）

1. 中国的大型鹅、中型鹅、小型鹅各有哪些特征和特点？
2. 详述四川白鹅的外貌特征和生产性能。

任务二　鹅的饲养管理

【学习目标】

1. 了解鹅的生活习性。
2. 掌握雏鹅的选择和饲喂技术。

3. 掌握肉用仔鹅的育肥方法。
4. 掌握后备种鹅的选留和限制饲养技术。
5. 了解种鹅的特点和产蛋规律，掌握鹅不同产蛋期的饲养管理要领。

【资料单】

一、鹅的生活习性

（1）喜水性。鹅是水禽，自然喜爱在水中浮游，觅食和求偶交配，放牧鹅群最好选择在宽阔水域，水质良好的地带放牧，舍饲养鹅，特别是养种鹅时，要设置水池或水上运动场，供鹅群洗浴，交配之用。

（2）合群性。天性喜群居生活，鹅群在放牧时前呼后应，互相联络。出牧、归牧有序不乱，这种合群性有利于群鹅的管理。

（3）警觉性。鹅的听觉敏锐，反应迅速叫声响亮，性情勇敢、好斗。鹅遇到陌生人则高声呼叫，展翅啄人。长期以来，农家喜养鹅守夜看门。

（4）耐寒性。鹅的羽绒厚密贴等，具有很强的隔热保温作用。鹅的皮下脂肪较厚，耐寒性强，羽毛上涂擦有尾脂腺分泌的油脂，可以防止水的浸湿。

（5）节律性。鹅具有良好的条件反射能力，每日的生活表现出较明显的节奏性。放牧鹅群的出牧—游水—交配—采食—休息—收牧，相对稳定地循环出现。舍饲鹅群对一日的饲养程序一经习惯之后很难改变。所以一经实施的饲养管理日程不要随意改变，特别在种母鹅的产蛋中更要注意。

（6）杂食性。家禽属于杂食性动物，但水禽比陆禽（鸡、火鸡、鹌鹑等）的食性更广。更耐粗饲，鹅则更喜食植物性食物。

二、雏鹅的饲养管理

（一）雏鹅的生理特点

雏鹅是指4周龄以内的苗鹅，体温调节能力不完善对外界温度变化的适应性也很弱。新陈代谢旺盛，生长发育快，消化能力弱雏鹅消化道短，容积小，为保证雏鹅快速生长发育的营养需要，要为雏鹅提供营养丰富、易于消化的饲料。抗病力差，容易感染各种疾病，因此，要做好疾病的预防工作。当饲料中某种营养素缺乏或营养不平衡、饲料毒素或抗营养成分偏高等情况出现时，雏鹅容易表现出病态反应。

（二）雏鹅的培育

1. 育雏前的准备

（1）制定育雏计划。育雏时间要根据当地的气候状况与饲料条件，市场的需要等因素综合确定，其中市场需要尤为重要。育雏数量的多少，应根据鹅场的具体情况而定，主要考虑鹅舍的多少、资金条件和生产技术与管理水平等。

（2）育雏舍与设备的准备。首先根据进雏数量计算育雏舍面积，准备育雏舍，并对舍内照明、通风、保温和加温设备进行检修。进雏前要对育雏舍彻底清扫、清洗与消毒。

（3）饲料、垫料、药品及育雏用品的准备。育雏前要准备好开食饲料，还要事先种一些鹅喜爱吃的青绿饲料，刈割切碎后供雏鹅食用。地面平养育雏时要准备好卫生、干燥、松软的垫料。育雏期间应准备的药品包括消毒药物、抗菌药物、疫苗和维生素、微量元素添加剂等。

（4）预温。为了使雏鹅接入育雏舍后有一个良好的生活环境，在接雏前1～2天启用加热设备，使舍温达到28～30 °C。地面平养育雏，在进雏前3～5天在育雏区铺上一层厚约5 cm的垫料，厚薄要均匀。

2. 育雏期的饲养管理

（1）雏鹅的选择。雏鹅质量的好坏，直接影响雏鹅的生长发育和成活率。因此，生产上必须选择出壳时间正常、健壮的雏鹅饲养。健康的雏鹅体重大小符合品种要求，群体整齐，脐部收缩良好，绒毛洁净而富有光泽，腹部柔软，抓在手中挣扎有力、有弹性。

（2）雏鹅的饲养。雏鹅经选择后应尽快运送到目的地，并在育雏室稍作休息后进行“潮口”与“开食”。潮口的水要清洁卫生，首次饮水时间不能太长，以3～5分钟为宜，潮口后即可喂料，开食的料可使用浸泡过的小米或破碎的颗粒饲料和切成丝状的幼嫩青饲料，随着雏鹅日龄的增长，逐步使用配合饲料，逐步增加青饲料的比例，满足供应清洁的饮水。

（3）雏鹅的管理。雏鹅体质娇嫩，各种生理机能尚不健全，对外界环境的适应能力较差。因此，在育雏期必须加强管理，满足雏鹅生长发育所需的各种环境条件。

雏鹅的保温期一般为2～3周，第一周的温度控制在30～28 °C，而后每周下降 2～3 °C。小规模育雏可采用传统的自温育雏方法，即将雏鹅置于有垫料的育雏器内，加盖麻袋、棉毯等物进行保温，并视气候的变化适当增减保温物，温度的控制全靠饲养人员的经验。自温育雏时，一定要掌握好适宜的密度，根据雏鹅动态，准确地控制保温物，注意调整好保温和通风的关系。大群饲养采用人工给温育雏，热源可采用红外灯、电热板、保温伞、热风炉等。给温育雏时，雏鹅生长快，饲料利用率高。适合批量生产，而且劳动效率较高

雏鹅最怕潮湿和寒冷，低温潮湿时，雏鹅体热散发加快，容易引起感冒、下痢等疾病。因此，室内喂水时切勿外溢，及时清除潮湿垫料，保持育雏舍的清洁和干燥。

为了防止集堆，要根据出雏时间的迟早和雏鹅的强弱分群饲养，每群100～150只。掌握合理的饲养密度，一般第一周12～20只/m^2，第二周8～15只/m^2，第三周5～10只/m^2，第四周4～6只/m^2，饲养员要加强观察，及时赶堆分散，尤其在天气寒冷的夜晚更应注意。

适时放牧和放水，既可使雏鹅清洁羽毛，减少互啄癖，又可促进雏鹅体内新陈代谢，加快骨骼、肌肉和羽毛生长，并能提高雏鹅的适应性，增强抗病能力。但雏鹅的放牧和放水都不宜过早，放牧时间不宜过长。放牧前舍饲期长短应根据雏鹅体质、气候等因素而定。春末夏初，雏鹅养到10日龄左右，如天气晴朗、气候温和，可在中午进行放牧。夏季温度高，气候温暖，雏鹅养到5～7日龄就可在育雏室的附近草地上活动，让其自由采食青草。放水可以结合放牧进行。刚开始放牧的时间要短，约1小时即可，以后逐渐延长。

搞好育雏舍内外的环境卫生，可提高雏鹅的抗病力，保证鹅群的健康。育雏舍要制定严格的卫生防疫制度，切实做好雏鹅常见病的防治工作。

三、肉用仔鹅的育肥

（一）肉用仔鹅的特点

肉用仔鹅是指雏鹅不论公、母，一般养到10～12周龄上市作肉用的仔鹅。雏鹅经过1月左右的舍饲育雏和放牧锻炼后，消化道容积增大，对饲料的消化吸收力和对外界环境的适应性及抵抗力都有所增强。这一阶段是骨骼、肌肉和羽毛生长最快的时期。此期在饲养特点是，以放牧为主，补饲为辅，充分利用放牧条件，尽可能满足仔鹅生长发育所需要的各种营养物质，促进肉用仔鹅的快速生长，适时达到上市体重。

（二）肉用仔鹅的育肥

肉鹅饲养到60～70日龄，圈养膘度好的即可上市出售，放牧饲养的仔鹅

骨架大，胸肌不够丰满，屠宰率较低，尚需短期育肥后才能上市出售。按照饲养管理方式的不同，育肥期可分为放牧育肥、舍饲育肥和填饲育肥三种方式。

1. 放牧育肥是传统的育肥方法

适用于放牧条件较好的地方，主要利用收割后茬地残留的麦粒或稻田中散落谷粒进行肥育。放牧育肥必须充分掌握当地农作物的收割季节，事先联系好放牧的茬地，预先育雏，制定好放牧育雏的计划。一般可在 3 月下旬或 4 月上旬开始饲养雏鹅，这样可以在麦类茬地放牧一结束，仔鹅即育肥上市。

2. 舍饲育肥生产效率较高

育肥的均匀度比较好，适用于放牧条件较差的地区或季节，最适于集约化批量饲养。舍饲育肥需饲喂配合饲料，也可喂给高能量的日粮，适当补充一部分蛋白质饲料。供给充足的饮水。在光线较暗的房舍内进行，减少外界环境因素对鹅的干扰，限制鹅的光照和运动，让鹅尽量多休息。

3. 填饲育肥可缩短肥育期

此法可缩短育肥期，肥育效果好，但比较麻烦。将配合日粮或以玉米为主的混合料加水拌湿，搓捏成 1 ~ 1.5 cm 粗、6 cm 长的条状食团，待阴干后填饲。填饲是一种强制性的饲喂方法，分手工填饲和机器填饲两种。具体操作与肥肝生产方法相同。填饲育肥经过 10 天左右，鹅体脂肪迅速增多，肉嫩味美。

四、后备种鹅的饲养管理

1. 后备种鹅的选择与淘汰

后备种鹅也称育成鹅，一般是指从 60 ~ 70 日龄到母鹅开始产蛋或公鹅开始配种之前准备种用的仔鹅。选好后备种鹅，是提高种鹅质量的重要环节。后备种鹅应经过 3 次选择，把生长发育良好、符合本品种特征的鹅留作种用。

（1）第一次选择。在育雏期结束时进行。重点选留体重大的公鹅，中等体重的母鹅，淘汰体重较小的、有伤残的、有杂色羽毛的个体。经选择后，大型鹅种的公母比例为 1∶2；中型鹅种为 1∶3 ~ 4；小型鹅种为 1∶4 ~ 5。

（2）第二次选择。在 70 ~ 80 日龄进行。根据生长发育规律、羽毛生长情况以及体型外貌等特征进行选择。淘汰生长速度较慢、体型较小、腿部有伤残的个体。

（3）第三次选择。在 150 ~ 180 日龄进行。此时鹅全身羽毛已长齐，应选择具有品种特征、生长发育良好、体重符合品种要求、体型结构和健康状况良好的个体留作种用。公鹅要求体型大，体质健壮，躯体各部分发育匀称，肥瘦和头的大小适中，雄性特征明显，两眼灵活有神，胸部宽而深，腿粗壮有力。母鹅要求体重中等，颈细长而清秀，体型长而圆，臀部宽广而丰满，两腿结实，间距宽。经选择后，大型鹅种的公母比例为 1∶3 ~ 4；中型鹅种为 1∶4 ~ 5；小型鹅种为 1∶6 ~ 7。

2. 后备种鹅的饲养管理

根据种鹅育成期的生理特点，一般将育成期种鹅分为生长阶段、控制饲养阶段和恢复饲养阶段。

（1）生长阶段。指 80 ~ 120 日龄这一时期。此阶段的鹅仍处在生长发育和换羽时期，需要较多的营养物质，不宜过早进行粗放饲养，应根据放牧场地草质的好坏，做好补饲工作，并逐渐降低补饲日粮的营养水平，使机体得到充分发育，以便顺利进入控制饲养阶段。

（2）控制饲养阶段。一般从 120 日龄开始至开产前 50 ~ 60 天结束。育成鹅经第二次换羽后，如供给足够的饲料，50 ~ 60 天便可开始产蛋。但此时由于种鹅的生长发育尚不完全，个体间生长发育不整齐，开产时间参差不齐，导致饲养管理十分不便。加上过早开产的蛋较小，种蛋的受精率低。因此，这一阶段应对种鹅采取控制饲养，使种鹅适时开产，比较整齐一致地进入产蛋期。

控制饲养的方法主要有两种：一种是减少补饲日粮的喂料量，实行定量饲喂；另一种是控制饲料的质量，降低日粮的营养水平。放牧为主的种鹅一般采用后者，但一定要根据放牧条件、季节以及鹅的体质，灵活掌握饲料配比和喂料量，既要能维持鹅的正常体质，又要能降低鹅的饲养费用。控制饲养阶段，无论给食次数多少，补料时间应在放牧前 2 小时左右。

（3）恢复饲养阶段。经控制饲养的种鹅，应在开产前 60 天左右进入恢复饲养阶段。此时种鹅的体质较弱，应逐步提高补饲日粮的营养水平，并增加喂料量和饲喂次数。经 20 天左右的饲养，种鹅的体重可恢复到控制饲养前期的水平；种鹅开始陆续换羽，为了使种鹅换羽整齐和缩短换羽的时间，节约饲料，可在种鹅体重恢复后进行人工强制换羽。

五、种鹅产蛋期的饲养管理

1. 产蛋期的划分

产蛋鹅是指 31 周龄以后的鹅。根据产蛋鹅饲养管理要求的不同，常将种鹅的产蛋期划分为产蛋前期、产蛋期和休产期三个阶段。

2. 产蛋期的饲养管理要点

（1）产蛋期的饲养要点。后备种鹅进入产蛋前期时，放牧鹅群既要加强放牧，又要及时换用种鹅产蛋期日粮进行适当补饲，并逐渐增加补饲量；舍饲的鹅群应注意日粮中营养物质的平衡，使种鹅的体质得以迅速恢复，为产蛋积累营养物质。进入产蛋期后，应以舍饲为主，放牧补饲为辅。在日粮配合上，采用配合饲料，其粗蛋白质含量应提高到 15%～16%，待日产蛋率到 30%左右时，粗蛋白质含量增加到 17%～18%。注意维生素和矿物质的补充，可在鹅舍内补饲矿物质的饲槽，经常放些矿物质饲料任其采食。

（2）产蛋期的管理要点。

光照管理：种鹅临近开产期，用 6 周左右的时间逐渐增加每日的人工光照时间，使种鹅的总光照时间达 15 小时左右，并维持到产蛋结束。许多研究证实，每平方米 25 lx 的光照强度对产蛋期的种鹅是适宜的。

配种管理：按不同品种的要求，合理安排公母比例。在自然交配条件下，我国小型鹅种公母比例为 1∶6～7，中型鹅种 1∶5～6，大型鹅种 1∶4～5。冬季的配比应低些，春季可高些。鹅的自然交配在水面上完成，陆地上交配很难成功。为了保证高的受精率，要充分放水。要提供良好的水上运动场，其水源应没有污染，水深应在 1 m 左右，保证每 100 只鹅有 45～60 m^2 水面面积。种鹅在早晨和傍晚性欲旺盛，要利用好这两个时期。早上放水要等大多数鹅产蛋结束后进行，晚上放水前要有一定的休息时间。采取多次放水，能使母鹅获得复配的机会。必要时可进行人工辅助配种。

放牧管理：产蛋期的母鹅，腹部饱满下沉，行动迟缓，放牧时应选择路近而平坦的草地，路上应慢慢驱赶，上下坡时不可让鹅争先拥挤，以免跌伤。不能让鹅群在污染的沟、塘、河内饮水、洗浴和交配。

产蛋管理：母鹅的产蛋时间多在凌晨至上午 9 时以前。因此种鹅应在上午产蛋基本结束时才开始出牧。对在窝内待产的母鹅，不要强行驱赶出牧。对出牧途中折返的母鹅，应任其自便。舍饲鹅群应在圈内靠墙处设置足够的产蛋箱（一般每 4～5 只鹅共用 1 只）。在每日产蛋时间内应注意保持环境的安静，饲养人员不要频繁进出圈舍，视鹅群大小每日集中拣蛋 2～3 次。

就巢性控制：我国许多鹅种在产蛋期间都表现出不同程度的就巢性（抱性），对产蛋性能造成较大影响。如果发现母鹅有恋巢表现时，应及时隔离，关在光线充足、通风凉爽的地方，只给饮水不喂料，2～3天后喂一些干草粉、糠麸等粗饲料和少量精料，使其体重不过于下降，待醒抱后能迅速恢复产蛋。使用一些醒抱药物治疗也有较明显的效果。

六、种鹅休产期的饲养管理

（一）休产期的饲养管理

种鹅的产蛋期一般只有5～6个月。产蛋末期产蛋量明显减少，畸形蛋增多，公鹅的配种能力下降，种蛋受精率降低，在这种情况下，种鹅进入持续时间较长的休产期。此时的日粮由精改粗，即转入以放牧为主的粗饲期。目的是促使母鹅消耗体内脂肪，促使羽毛干枯，容易脱落，此期的喂料次数渐渐减少到每天1次或隔天1次，然后改为3～4天喂1次。在停止喂料期间，不应对鹅群停水，大约经过12～13天，鹅体重减轻，主翼羽和主尾羽出现干枯现象时，则可恢复喂料。经恢复2～3周的喂料，鹅的体重又逐渐回升，这时就可以人工拔羽。人工拔羽有手提法和按地法等方法，前者适合小型鹅种，后者适合大中型鹅种。拔羽的顺序为主翼羽、副翼羽、尾羽。公鹅比母鹅早20～30天拔羽。人工拔羽的目的是缩短鹅的换羽时间，使种鹅换羽与产蛋协调起来，并控制母鹅在公鹅精力最充沛的时候大量产蛋，提高种蛋受精率。母鹅经人工拔羽处理后，要比自然换羽提早20～30天产蛋。

（二）活拔羽绒技术

活拔羽绒是根据鹅羽绒具有自然脱落和再生的生物学特性，利用休产期的种鹅或后备种鹅，在不影响其生产性能的情况下，采用人工强制的方法，从活鹅身上直接拔取羽绒的技术。

1. 活拔羽绒前的准备

在开始拔羽的前几天，应对鹅群进行抽样检查，如果绝大部分的羽毛毛根已经干枯，用手试拔羽毛容易脱落，说明已经成熟，正是拔羽时期。否则就要再养一段时间。拔羽前一天晚上要停止喂料，以便排空粪便，防止拔羽时鹅粪的污染。如果鹅群羽毛很脏，拔羽当天清晨放鹅下水游泳，随即赶上岸让鹅沥干羽毛后再行拔羽。拔羽前准备好围栏及放鹅毛的容器。还要准备一些凳子、秤及消毒药棉、药水等。拔羽场地要避风向阳，选择天气晴朗、温度适中的天气拔羽。

2. 鹅体的保定

鹅体的保定有双腿保定、卧地式保定、半站立式保定、专人保定等方法。易掌握且较为常用的方法是拔羽者坐在矮凳上，使鹅胸腹部朝上，头朝后，将鹅胸部朝上平放在拔羽者的大腿部，再用两腿将鹅的头颈和翅夹住。

3. 拔羽的操作

拔羽的顺序是先从胸上部开始拔，由胸到腹，从左到右。胸腹部拔完后，再拔体侧、腿侧、尾根和颈背部的羽绒。拔羽的方法有毛绒齐拔法和毛绒分拔法两种。毛绒齐拔法简单易行，但分级困难，影响售价；毛绒分拔法即先拔毛片，再拔绒朵，分级出售，按质计价，这种方法较受欢迎。操作时，用左手按压住鹅的皮肤，右手的拇指和食指、中指拉着羽毛的根部，每次适量，顺着羽毛的尖端方向，用巧力迅速拔下，将片羽和绒羽分别装入袋中。在拔羽过程中，如出现小块破皮. 可用红药水、紫药水、碘酊、等涂抹消毒，并注意改进手法。

4. 活拔羽绒后鹅的饲养管理

活拔羽绒对鹅来说是一个比较大的外界刺激，鹅的精神状态和生理机能均会发生一定的变化，如鹅精神委顿、活动减少、行走摇晃、胆小怕人、翅膀下垂、食欲减退等。个别鹅还会出现体温升高、脱肛等。一般情况下，上述反应在第二天可见好转，第三天恢复正常，通常不会引起生病或造成死亡。为确保鹅群的健康，使其尽早恢复羽毛生长，必须加强饲养管理。拔羽后鹅体裸露，3 天内不在强烈阳光下放养，7 天内不要让鹅下水和淋雨。活拔羽绒后的公母鹅应分开饲养，以防交配时公鹅踩伤母鹅，皮肤有伤的鹅也应单独分群饲养：舍内应保持清洁、干燥，最好铺以柔软干净的垫料，夏季要防止蚊虫叮咬，冬季要注意保暖防寒。活拔羽绒后，鹅机体新陈代谢加强，维持需要增加，羽绒再生需要较多的营养物质。因此，活拔羽绒后的最初一段时间内，饲料中应增加含硫氨基酸的蛋白质含量，补充微量元素，适当补充精饲料。

【技能单】

活拔绒羽技术。

【评估单】

一、填空题（期望值 30 分）

1. 鹅的存活年龄可达________年以上。

2. 肉鹅按照饲养管理方式的不同，育肥期可分为______、______、______三种方式。

3. 根据鹅育成期的生理特点，一般将育成期种鹅分为________、_______、_______阶段。

4. 拔羽后鹅体裸露，____天内不在强烈阳光下放养，____天内不要让鹅下水和淋雨。

5. 鹅每隔____天拔一次羽绒，种鹅育成期和种鹅休产期以拔羽绒______次为宜。

6. 种鹅配种时间一般在_________和________，而且多在________进行。

7. 鹅产蛋期的饲养管理以________为主，以______为辅。

二、判断题（期望值 20 分）

1. 种鹅自然交配公母比例为 1∶3～5。 （ ）

2. 后备种鹅从 80～150 日龄开始限制饲养。 （ ）

3. 雏鹅日粮中一般混合精料占 30%～40%，青料占 60%～70%。（ ）

三、问答题（期望值 50 分）

1. 鹅的生活习性有哪些？

2. 种鹅有何产蛋规律？

3. 种鹅产蛋期的饲养管理要点。

4. 怎样对休产期的鹅进行人工强制换羽？

5. 提高鹅育雏期成活率的综合措施。

任务三 鹅肥肝生产

【学习目标】

1. 掌握肥肝鹅的选择。

2. 了解鹅肥肝的填饲技术。

【资料单】

鹅肥肝是指青年鹅在身体生长基本完成以后，经短期人工强制填饲高能饲料后所生产的特大脂肪肝。通过快速育肥，在鹅肝脏内大量积贮脂肪等营养物质，肝脏体重和体积比原来增加 5 ~ 10 倍，甚至几十倍。一般鹅肝重约 60 ~ 100 g，鹅肥肝可重达 500 ~ 900 g，大者可达 1 800 g，是一种高档的营养食品。

一、填饲鹅品种、周龄、体重和季节的选择

1. 品　种

品种对肥肝的大小影响较大。通常体型较大的品种，生产的肥肝较大。如我国的狮头鹅、法国的朗德鹅是比较理想的品种。

2. 填饲周龄和体重

要求是鹅生长发育已基本结束开始填饲为好。一般大型鹅在 15 ~ 16 周龄，体重 4.5 ~ 5.0 kg；中型鹅在 12 ~ 13 周龄，体重 3.5 kg 左右开始填饲为宜。

二、填饲饲料

能量饲料如玉米、大麦、小麦等作为填饲饲料，且黄玉米最好。填饲饲料可采用浸泡法，即将玉米放冷水浸泡 8 ~ 12 小时，沥干，加入 0.5% ~ 1% 食盐、1% ~ 2%动（植）物油，每 100 kg 玉米加 100 ~ 200 mg 复合维生素，充分拌匀，即可趁温热填喂。大型鹅填饲量为 850 ~ 1 000 g，中型鹅 700 ~ 940 g，小型鹅 550 ~ 650 g。填饲量由少增多，日填饲次数 3 ~ 4 次。填饲期一般为 3 ~ 4 周。

三、填喂操作

由助手将鹅固定，操作者先取数滴食油润滑填喂管外面，然后，用左手抓住鹅头，食指和拇指扣压在喙的基部，迫鹅开口，右手食指帮将口打开，并伸入口腔内将鹅舌头压向下方，然后两只手协作并与助手配合将鹅口移向填喂管，颈部拉直，小心将填喂管插入食道，直至膨大部。操作者右手轻轻握住鹅嘴，左手隔着鹅的皮肉握住位于膨大部的填喂管出口处，然后踏动搅龙式填鹅机的开关，饲料由管道进入食道，当左手感觉到有饲料进入时，很

快地将饲料往下捋，同时使鹅头慢慢沿填喂管退出，直到饲料喂到比喉头低 1 ~ 2 cm 时即可关机。其后，右手握住鹅颈部饲料的上方和喉头，很快将填喂管从鹅嘴取出。

四、填喂期的管理

1. 填喂次数与时间间隔

在安排时间间隔时，也可将白天的填喂间隔缩短些（如缩短 0.5 ~ 1.0 小时），而晚上的间隔放长些，这样符合工作人员的作息习惯，方便劳动工作安排。填喂次数和时间间隔还需依鹅的大小、食道的粗细、消化能力等而定。

2. 栏舍安排

整个填喂期鹅均在舍内饲养，栏舍要求清洁干燥、通风良好、安静舒适，不要放牧放水，有时鹅可在舍边小运动场活动、休息。

3. 观察与检查

每次填喂前要检查食道膨大部，看上次填喂的饲料是否已消化，从而灵活掌握填喂量。平时还要注意观察群体的精神状态、活动状态以及体重、耗料、睡眠等方面情况。饲料基本不见消化的要停填，滞食 3 天以上的要屠宰。

五、肥肝摘取

1. 屠　宰

屠宰前停食 12 小时，但需供应足够的水；对于滞食的，可不需停食。屠宰前的赶、捉、关以及整个屠宰过程的所有动作都要敏捷轻谨，以免鹅体和肥肝受损。屠宰时，切断鹅的颈静脉，并将鹅头向下拉，以助血液从体躯各处向下流出；放血时间要足够，以使肝脏的血液排尽。血放净后，将鹅在 70 °C 左右的热水中浸烫，然后拔毛；拔毛后屠体先冷却，温度为 0 ~ 2 °C，几小时后屠体坚实，便可开膛。

2. 取　肝

将屠体开膛，用刀从泄殖腔沿腹中线剖开，右手伸进腔内将内脏器官（肝、心、肌胃、肠道等）与腹腔和胸腔的壁分离；摘取全部内脏，再连同胆囊一起将肝脏分离出来；肝脏除去胆囊后，放在清洁的盘上，盘底部铺有油纸，连盘带肝一起移到 0 ~ 2 °C 的冷藏室，但不能再降温至冰冻，以免肝组织改变；肝冷却 2 ~ 4 小时后，依照技术等级进行个体分级，最后包装。

【技能单】

肉用仔鹅人工填饲技术

【评估单】

一、选择题（期望值 50 分）

1. 肥肝鹅填饲的是（　）饲料。
   A. 高蛋白质　B. 高能量　C. 粗　D. 青饲料
2. （　）是生产肥肝的优良品种。
   A. 朗得鹅　B. 莱茵鹅　C. 狮头鹅　D. 意大利鹅
3. 肥肝鹅填饲期一般为（　）周。
   A. 1 ~ 2　B. 3 ~ 4　C. 5 ~ 6　D. 6 ~ 7

三、问答题（期望值 50 分）

1. 怎样选择肥肝鹅？
2. 肥肝鹅在填饲期应如何管理？

情境五 家禽疾病防治技术

项目一 禽病综合防治技术

养禽场在疾病防疫过程中，必须高度重视生物安全，真正做到“预防为主”“防重于治”。生物安全是指将引起禽病或人畜共患传染病的病原微生物、寄生虫和害虫排除或拒绝在场区外的安全管理措施。生物安全体系是一种以切断传播途径为主要内容的预防疾病发生的生产体系，该体系集饲养管理和疫病预防为一体，通过阻止各种致病因子的侵入，防止家禽受到疾病的危害，不仅对家禽疾病的综合性防制具有重要意义，而且对提高家禽的生产性能，保证其处于最佳生长状态也是必不可少的。因此，严格按照生物安全体系饲养管理是禽病综合防治的重要保证。

任务一 场址选择及建筑布局

【学习目标】

1. 了解禽舍的建筑要求。
2. 理解禽场的布局。
3. 掌握禽场的场址选择。

【资料单】

禽场建设是养禽场重要的基础设施，也是减少和避免疾病发生的基础。特别是在规模化、集约化的饲养条件下，禽场建设显得更为重要。

一、场址的选择

场址不仅影响到养禽场和禽舍的小气候，也直接影响家禽的健康和生产。

选择的场址地势要高燥、向阳背风、排水良好。如果场地地势低洼，排水不畅，容易积水，有利于寄生虫和昆虫的孳生繁殖，养禽场容易污染；场区地面应开阔、平坦，并有适度坡度，以利于禽场布局、光照、通风和污水排放，维持场区良好的空气环境。

养禽场宜设在城市远郊区，远离居民区、集贸市场、交通要道，附近无任何化工企业及养殖场，以防止有害化学物质污染、病原感染与噪音干扰等。保证水、电力供应，交通方便。

养殖场周围设立围栏或隔离墙，防止其他动物和人员的进入，减少传染病传入的机会，可使家禽充分发挥其自身的生产潜能。

二、禽场的布局

养禽场合理科学布局，不仅有利于隔离卫生，减少或避免疫病的发生，而且有利于有效利用土地面积，减少建场投资，保持良好的环境条件，经济有效地发挥各类建筑物的作用。

养禽场应根据生产功能分为相互隔离的三个功能区，即生活区、生产区和隔离区。生活区是养殖场进行经营管理与社会联系的场所，易传播疾病，应靠近大门，并与生产区分开，外来人员和车辆不得进入生产区。生产区是禽群生活生产的场所，应位于全场中心地带，应坐落在主风向的上方。生产区内不同年龄段的家禽要分小区规划，有利于消毒和疫病控制，从上风向起，依次顺序为：育雏舍、中雏和成禽舍，减少成禽对雏禽的影响。禽场大门、生产区入口、各禽舍入口处，均应设有消毒池，生产区内设清洁道和脏道，互不交叉，以免相互污染。隔离区应在生产区的下风向，并在地势低洼处，远离生产区，尽量与外界隔绝。

禽舍间距影响通风、卫生。间距较小，通风时，上风向禽舍的污浊空气容易进入下风向禽舍内，引起病原在禽舍间传播；间距过小，禽舍的空气环境容易恶化，微粒、有害气体和微生物含量过高，容易引起家禽发病。各种禽舍间距是两舍平均檐高的 3 ~ 5 倍。

新建的养禽场应尽可能按照“全进全出”制的要求进行整体规划和设计。经由当地兽医部门审查合格后，方能进行生产。

【评估单】

一、填空题（期望值 20 分）

1. 厂址选择要考虑的因素有：________、________、________、________、________、________。

2. 种禽场应设置在禽场的________，商品禽场设置在靠近______。育雏舍、育成舍居于________和________之间。

二、简答题（期望值40分）

1. 养禽场场址的选择与布局应注意哪些问题？
2. 养殖场规划布局的基本要求。

三、思考题（期望值40分）

1. 禽舍的建筑有何要求？
2. 鸡场建筑物的最佳位置与联系。

任务二　防疫制度

【学习目标】

1. 了解禽场防疫制度的基本内容。
2. 掌握禽场防疫制度和措施。

【资料单】

为了保证家禽健康和安全生产，禽场必须制定严格的防疫措施和卫生防疫制度，规定对场内外人员及车辆、场内环境及设备、禽舍空栏后进行定期的冲洗和消毒，对各类禽群进行免疫和对种鸡群进行检疫等。养禽场防疫制度要明文张贴，并由主管兽医负责监督执行。当某种疫病在本地区或本场流行时，要采取相应的防疫措施，并要按规定上报主管部门，及时采取隔离、封锁措施。

一、生活区卫生防疫制度

（1）未经场长允许，非本场员工不能进入禽场。

（2）大门关闭，办事者必须到传达室登记、检查，经同意后，车辆必须经过消毒池消毒后方可入内，自行车和行人从小门经过脚踏消毒池消毒后方准进入。

（3）大门口消毒池内投放2%～3%的火碱水，每3天更换1次，保持有效。

（4）任何人不准带进畜禽及畜禽产品进场。

（5）生活公共区域每天清扫，保持整洁、整齐、无杂物，定期灭蚊、蝇。

（6）进入场内的车辆和人员必须按门卫指示地点停放，按指示路线行走。

（7）做好大门内外卫生和传达室卫生工作，做到整洁、整齐，无杂物。

二、生产区卫生防疫制度

（1）非本场工作人员未经允许不得进入生产区。

（2）生产区谢绝参观。必须进入生产区的人员，经领导同意后，在消毒室更换工作衣、帽、鞋，经消毒后方可进入。消毒池投放 3%的火碱，每 3 天更换 1 次，保持有效。

（3）饲养员和技术人员工作时间必须身着卫生清洁的工作衣、鞋、帽，每周洗涤 1 次或 2 次（夏季），并消毒一次，工作衣、鞋、帽不准穿出生产区。

（4）非生产需要，饲养人员不要随便出入生产区和串舍。

（5）生产区内绝不允许有闲杂人员的出现。

（6）生产区设有净道、污道，净道为送料、人行专道，每周 2%火碱溶液消毒 1 次；污道为清粪专道，每周消毒 2 次。

三、禽舍卫生防疫制度

（1）未经技术人员和领导同意，任何非生产人员不准进入禽舍。必须进入禽舍的人员经同意后应身着消毒过的工作衣、鞋、帽，经消毒后方可进入，消毒池内的消毒液每 2 天更换 1 次，保持有效。

（2）保持禽舍整洁干净，工具、饲料等堆放整齐。

（3）每天清洗禽舍水箱、过滤杯，保持水箱清洁干净，每隔 3 月彻底清洗贮水池 1 次，并加入次氯酸钠消毒。

（4）工作用具每周消毒至少 2 次，并要固定禽舍使用，不得串用。

（5）禽舍门口消毒池内的消毒液每 2 天更换 1 次，人员进出必须脚踏消毒池。

（6）每周带禽消毒 2 次，要按规定稀释和使用消毒剂，确保消毒效果。

（7）每周对禽舍内外大扫除，并对禽舍周围环境用 2%的火碱溶液喷洒消毒 1 次。

（8）每天清粪 1 次，清粪后要对粪铲、扫帚进行冲刷清洗。禽粪要按规定堆放，定期撒生石灰进行粪池消毒。

（9）按规定的免疫程序和用药方案进行免疫和用药，并加强饲养管理，增强禽群的抵抗力。

（10）饲养人员每天按规定的工作程序进行工作。

（11）饲养员每天要观察禽群，发现异常，及时汇报并采取相应的措施。

（12）饲养员每天要保持好舍内外卫生清洁，每周消毒 1 次，并保持好个人卫生。

（13）饲养员定期对饮水消毒。

（14）兽医技术人员每天要对禽群进行巡视，发现问题及时处理。对新引进的禽群应在隔离观察舍内饲养观察 1 个月以上，方可进入正常禽舍饲养。

四、禽舍空栏后的卫生防疫制度

（1）禽舍空栏后，应马上对禽舍进行彻底清除、冲刷，不留死角。将舍内的粪尿、蜘蛛网、灰尘等彻底清扫干净。

（2）禽舍消毒程序：清扫禽舍→高压水枪冲洗禽舍→用具浸泡清洗→干燥→消毒液（3%的火碱水）喷洒鸡舍→福尔马林熏蒸消毒→空舍半月以上→进禽前两天舍内外消毒。

（3）化学药品消毒最彻底，最好使用两种消毒液交替进行，如百毒杀、威岛、1210、过氧乙酸等，对杀死病原微生物较有效。

五、禽群免疫接种

（1）各批次禽群要严格按照制订的免疫程序及时进行免疫接种，必须由专职技术人员稀释疫苗和监督免疫过程，并做好免疫接种登记。

（2）各批次禽群要按计划进行免疫抗体检测，抗体检测不合格的禽群要及时补救。

（3）发现疫情后的紧急措施。

① 发现疫情后立即报告场领导及兽医技术人员，尽早查明病因，明确诊断。

② 严格隔离封锁，防止疫情扩散。严禁出售病禽和病死禽，不准在生产区内解剖病死禽，死禽尸体要作无害化处理。控制人员流动，限制外人进入禽场，禽场环境、饲养设备、用具、工作服等严格消毒。

③ 对健康禽群及假定健康禽群紧急免疫接种。

④ 淘汰或治疗病禽，合理处理尸体。对重症家禽彻底淘汰，对一般细菌

性传染病用抗菌素治疗，对某些病毒性传染病可采取特异性免疫抗体治疗。死亡的家禽和屠宰后废弃的羽毛、血、内脏等要做无害化处理，可焚烧、深埋或集中处理。

六、淘汰禽销售卫生防疫要求

（1）淘汰禽由场内车辆运至大门外销售，外来车辆禁止进场。

（2）销售完毕，所有运载工具（禽笼、车辆）、卖禽场地要及时进行清洗和消毒。

【评估单】

一、填空题（期望值 25 分）

1. 鸡场的消毒池长和宽的要求是：长__________，宽__________。

2. 空鸡舍消毒的六步骤是_________、_________、_________、__________、__________、_________。

3. 鸡紧急免疫接种的顺序是：_________、_________、________。

二、名词解释（期望值 25 分）

检疫　空舍消毒　紧急预防接种　隔离

三、问答题（期望值 25 分）

1. 你认为在家禽的卫生防疫过程中有哪些重要环节，有哪些关键技术？

2. 预防接种和紧急免疫接种时应注意哪些问题？

四、思考题（期望值 25 分）

隔离和封锁在实际扑灭传染病措施中有何作用？

任务三　消毒技术

【学习目标】

1. 熟悉消毒方法和消毒药物。
2. 熟悉常用消毒剂的种类及特点。
3. 掌握禽舍消毒和带禽消毒的关键技术。
4. 了解影响消毒效果的因素。

【资料单】

一、消毒方法

消毒方法可概括为机械性消毒、物理消毒、化学消毒和生物热消毒。

1. 机械性消毒

机械性消毒是单纯用机械的方法（如清扫、洗刷、通风等）清除病原微生物，这是一种最普通、最常用的方法，可结合日常卫生清扫工作进行。机械性消毒只能使病原微生物减少，不能达到彻底消毒的目的，必须配合其他消毒方法进行。

采用清扫、洗刷等方法，可以清除禽舍地面、墙壁、设施以及家禽体表的粪便、垫草、饲料等污物，大量的病原微生物也随之被清除，从而创造了化学消毒的有利条件。清扫时可先喷洒清水或消毒药。清除后的污物不能随意堆放，应堆积发酵、掩埋、焚烧或用药物消毒处理，彻底杀灭其中的病原微生物。

通风换气虽然不能直接杀灭空气中的病原微生物，但可在短期内使舍内空气交换，具有明显降低空气中病原微生物数量的作用。同时，通风换气加快舍内水分蒸发，使物体干燥，缺乏水分，使许多微生物不能存活。通风换气的方法有横向通风、纵向通风、正压过滤通风以及正压坑道式通风等。通风的时间长短根据舍内外温差的大小灵活掌握，一般不少于 30 分钟。冬季饲养时应严格掌握通风和保温之间的协调，防止家禽冷应激的发生。

2. 物理消毒法

物理消毒法是指通过高温、阳光、紫外线等物理方法杀灭或清除病原微生物及其他有害微生物的方法。物理消毒法的特点是作用迅速，消毒物品上不遗留有害物质。

高温是最实用和有效的消毒方法，可分为干热灭菌法和湿热灭菌法。干热法包括干燥、灼烧、焚烧，湿热法包括煮沸法、蒸汽法。禽场常采用火焰灼烧灭菌法，这是一种简单有效的消毒方法，即用专用的火焰喷射器对金属的笼具、水泥地面、砖墙进行烧灼灭菌，或将动物的尸体以及传染源污染的饲料、垫草、垃圾等进行焚烧处理。烘箱内干热消毒、高压蒸汽湿热消毒、煮沸消毒等，主要用于衣物、注射器等的消毒。

阳光是天然的消毒剂，其光谱中的紫外线有较强的杀菌能力。日光暴晒能够直接杀灭多种病原微生物（如细菌、病毒、真菌、芽孢、衣原体等）。阳光的灼热和蒸发水分引起的干燥也有杀菌作用。

紫外线具有较强的杀菌能力，但空气中的尘埃及物体表面的污物对消毒效果有很大的影响。紫外线消毒只能杀灭大多数病原微生物，同时由于紫外线穿透力不强，不能穿透普通玻璃，尘埃、水蒸气均能阻挡紫外线穿透，因此，生产中只能用于消毒空气和物体表面。人工紫外线灯主要用于实验室消毒，特点是表面性消毒，消毒有效区域是灯管周围 2 m，消毒时间为 1～2 小时。应注意人员勿直视紫外线，尽量不要在紫外线照射下工作。

3. 化学消毒法

化学消毒法是指应用化学药物杀灭病原体的方法。化学消毒药物对人体组织有害，只能外用或用于环境消毒。

（1）消毒方法。

浸洗或清洗法：如接种或打针时，对注射部位用酒精棉球或碘酊擦拭。

浸泡法：就是将被消毒物品浸泡在消毒液中。此法常用于医疗解剖器械、饮水器及料桶的消毒。当家禽体表感染寄生虫时，可采用杀虫剂进行药浴。

喷洒法：熏蒸消毒是消毒中较常用的有效消毒方法。消毒时将配好的消毒药装入喷雾器内，对禽舍地面、墙壁、用具、车辆等进行喷雾消毒。喷雾消毒药液要喷洒均匀，可用于发生传染病时的消毒或平时的定期消毒。

熏蒸消毒：熏蒸消毒是利用某些化学消毒剂易于挥发或是两种化学制剂反应时产生的气体对空气及物体进行消毒的方法。如过氧乙酸气体消毒法、甲醛熏蒸消毒法等。

（2）消毒剂的种类及应用。

醛类消毒剂。常用的有甲醛、戊二醛等。甲醛溶液为含 36%甲醛的水溶液（称为福尔马林），是一种应用广泛、效果较好的消毒剂。2%的溶液可用于器具的浸泡消毒；2%～4%的溶液喷洒墙壁、地面、饲槽等；养禽场常用福尔马林熏蒸消毒，20%的溶液可直接加热熏蒸消毒禽舍、蛋库、孵化器等，也可以按 7～21 g/m^3 高锰酸钾，加入 14～42 mL 福尔马林进行熏蒸消毒。戊二醛是一种广谱、高效的消毒剂，具有作用迅速、刺激性小、低毒安全等特点。但由于其价格昂贵，在兽医领域中并未广泛使用。

碱类消毒剂。主要有氢氧化钠、生石灰等，对细菌和病毒均有强大的杀灭作用。氢氧化钠又名苛性钠、烧碱、火碱，常用 1%～2%的溶液消毒地面、器具，2%～5%的溶液用于环境消毒。此溶液具有腐蚀性，消毒后 6～10 小时，用清水冲洗干净，再让家禽进舍。生石灰又称氧化钙，生石灰 1 份加水 1 份制成熟石灰，再用水配成 10%～20%的浓度即为石灰乳，粉刷禽舍墙壁、地面，要注意现用现配。也可将生石灰撒于潮湿地面、门口及过道处消毒。

含氯消毒剂。常用的有漂白粉、次氯酸钠、二氯异氰尿酸钠（优氯净）、氯胺-T、二氯二甲基海因等。漂白粉是一种应用广泛的消毒剂，有效氯含量在 25%～36%之间。5%的溶液喷洒消毒，可杀死一般的病原微生物；10%～20%乳剂用于鸡舍、粪池、车辆等的消毒；饮水消毒时每立方米河水或井水加 6～10 g 漂白粉，30 分钟后即可饮用。次氯酸钠溶液有强大的杀菌消毒作用，0.3%的溶液，每立方米 50 mL 带禽消毒。

氧化物类消毒剂。常用的有过氧乙酸、高锰酸钾、过氧化氢、二氧化氯、臭氧等。过氧乙酸对各种病原体都有高效的杀灭作用，消毒效果好，市售成品为 20%～40%水溶液，0.05%～0.2%溶液常用于浸泡消毒各种耐腐蚀的用具，0.5%的溶液多用于喷洒禽舍地面、墙壁、水槽等。稀释后的过氧乙酸溶液稳定性较差，应现配现用。由于具有强腐蚀性和刺激性，配制时谨防溅伤人的眼睛、皮肤和衣服。10%以上浓度加热至 70 °C 以上能引起爆炸。高锰酸钾为强氧化剂，常利用其氧化性来加速甲醛蒸发速度，提高空气消毒效果，0.02%～1%的水溶液用于皮肤、黏膜消毒及饮水消毒，2%～5%溶液用于浸泡、清洗食槽和饮水器。

酚类消毒剂。常用的有来苏儿、复合酚等。来苏儿对皮肤无刺激性，对一般病原微生物有良好的杀灭效果。常用 1%～2%溶液进行皮肤消毒，0.1%～0.2%溶液用于冲洗创口和黏膜，5%～10%溶液用于排泄物的消毒。复合酚又名消毒灵，可杀灭各种致病菌、霉菌、病毒，还可抑制蚊、蝇等昆虫和鼠害的滋生，0.5～1%溶液用于禽舍、笼具、排泄物的消毒，不得与碱性药物或其他消毒液混用。

表面活性剂类。常用的有新洁尔灭、度米芬（消毒宁）、百毒杀，具有毒性低、无腐蚀性、稳定性好的特点。新洁尔灭为季铵盐类消毒剂，兼有杀菌和去污作用，0.05%～0.1%浓度常用于洗手消毒、淋浴消毒、用具消毒，0.15%～2%溶液可用于禽舍空间喷雾消毒。使用时应避免与肥皂接触，因肥皂属阴离子清洁剂，能减弱其抗菌效果。新洁尔灭不适用于饮水消毒。百毒杀对各种细菌、真菌、病毒、藻类等微生物都有较强的杀灭作用，0.01%溶液用于饮水消毒，0.03%溶液用于带禽消毒，0.1%～0.3%溶液用于禽舍、用具和孵化室的环境消毒。

碘制剂。常用的有碘伏、碘酊、碘甘油等，可杀死细菌、芽孢、真菌、病毒及原虫等。碘酊是最常用和最有效的皮肤消毒药。碘甘油（含 1%碘的甘油制剂）常用于口炎、咽炎和病变皮肤等局部的涂搽。

醇类消毒剂。常用的有乙醇、异丙醇等。乙醇俗称酒精，对细菌繁殖体、真菌孢子、病毒均有杀灭作用，75%酒精溶液具有较好的杀菌作用，用于注射针头、注射部位、擦拭皮肤局部、医疗器械等的消毒。

由于化学消毒法使用方便，不需要复杂的设备，生产中被广泛使用。近年来，由于科学技术的不断发展，新的消毒药不断被投入市场，在使用这些消毒剂时，可按说明书的要求进行。

4. 生物热消毒法

生物热消毒法是指通过堆积、沉淀池、沼气池等发酵方法，以杀灭粪便、污水、垃圾及垫草等内部病原体的方法。在发酵过程中，由于粪便污物等内部微生物产生的热量可使温度上升达 70 °C 以上，经过一段时间后便可杀灭病原菌、寄生虫卵、病毒等，从而达到消毒目的。此法主要用于大规模废物和污染粪便的无害化处理。

二、消毒措施

（一）空禽舍消毒

每栋禽舍全群移出后，在下一批家禽进舍之前，必须对空禽舍及用具进行全面彻底的严格消毒，然后至少空闲两周。为了获得确实的消毒效果，禽舍全面消毒应按一定的顺序进行，即清扫—冲洗—干燥—喷洒消毒剂—干燥—熏蒸消毒。

1. 清除粪污

首先用 2%～3%的氢氧化钠或常规消毒液对整个禽舍轻轻喷雾（防止禽舍尘土飞扬），将所有能移动的饲养设备（料槽、饮水器、底网等），全部搬到禽舍外面的专用消毒池，彻底清洗消毒，将笼具、天花板、墙壁、排风扇、通风口等部位的尘土清扫干净（顺序为由上到下、由里向外），清除所有垫料、粪便。

2. 高压冲洗

使用高压水枪由上到下、由里向外用清水冲洗禽舍的地面、墙壁、门窗、屋角等，直到清洗干净为止，做到不留死角。对较脏的地方，可先进行人工刮除。

3. 喷洒消毒剂

地面、墙壁干燥后，对禽舍和器具进行整修，即可进行喷洒消毒。为了提高消毒效果，禽舍最好使用两种以上不同类型的消毒药进行至少 2 次消毒，即 24 小时后用高压水枪冲洗，干燥后再喷雾消毒 1 次。消毒剂可使用氢氧化钠、来苏儿、百毒杀或过氧乙酸等。

在喷洒消毒药之前，还可使用火焰喷射器灼烧墙壁、金属笼具等。

4. 熏蒸消毒

待消毒液稍干燥后，把所有用具搬人禽舍，门窗关闭，提高室内湿度（60%～80%）和温度（25～27 ℃），熏蒸消毒。

最常用的消毒剂是 38%～40%的甲醛溶液（也称福尔马林），通过热作用使甲醛以气体形式挥发，扩散于空气中和物体表面，对物体表面消毒。甲醛能使蛋白质变性凝固和溶解类脂，对细菌、芽孢、真菌和病毒等微生物均有良好的杀灭作用。高锰酸钾与甲醛配合比例是每立方米空间用福尔马林 28 mL、高锰酸钾 14 g。先将高锰酸钾倒入耐腐蚀的陶瓷容器内，再加入福尔马林，人即迅速离开，门窗密闭。消毒 12～24 小时后，打开门窗，通风换气 2 天以上，散尽余气后，方可使用。盛放药液的容器要耐腐蚀，且要深大，比消毒液容量至少大 4 倍，以免药液沸腾时溢出。

经上述消毒程序后，有条件的禽场应进行舍内空气采样，做细菌培养，若没有达到要求须重复消毒。

（二）带禽消毒

带禽消毒是指禽入舍后至出栏前整个饲养期内，定期使用有效的消毒剂对禽舍环境及禽体表面进行喷雾，以杀死空气中悬浮和附着在禽体表面的病原微生物，达到预防性消毒的目的。

1. 带禽消毒的作用

带禽消毒是集约化养禽综合防疫的重要措施之一，是防止禽舍环境和疫病传播的主要手段，尤其是对那些隔离条件差、不同日龄的禽群在同一禽场饲养的禽场及经常发生各种疫病的老禽场更为有效。

实践证明，家禽通过吸入和皮肤接触消毒药液，可有效地防止多种疾病的发生与流行。带禽消毒能沉降禽舍内漂浮的尘埃，抑制氨气的产生和吸附氨气，在夏季有降温防暑的作用。

2. 带禽消毒的消毒剂

带禽消毒须慎重选择消毒剂，要求广谱、高效、强力，无毒、无害、无残留，对人和禽刺激性小、腐蚀性小。

常用的消毒剂有 0.015%百毒杀、0.1%新洁尔灭、0.2% ~ 0.3%过氧乙酸、0.2%次氯酸钠等。消毒剂配成消毒液后稳定性较差，不宜久存，应一次用完。最好用温的自来水配制，消毒液的浓度要均匀。各类消毒药交替使用，每月换 1 次，单一消毒剂长期使用，杀灭效率有所下降。

3. 带禽消毒的程序和方法

（1）清扫禽舍。首先要彻底打扫圈舍，清除禽粪、羽毛、垫料、屋顶蜘蛛网及墙壁、地面、物品上的尘土，从而降低环境中的有机物含量，保证消毒效果。

（2）清水冲洗。用清水将污物冲出禽舍，提高消毒效果。冲洗后的污水应由下水道排到离禽舍较远的地方，不能排到禽舍周围，以防污水干后病原体重新污染鸡舍。

（3）正确喷雾。首先关闭门窗，使用高压喷雾器或背负式手摇喷雾器，将消毒药液均匀喷到墙壁、屋顶和地面，一般喷雾量以每立方米空间约 15 mL 计算。

喷雾时不要直接对着禽体喷，应高于禽体 60 cm 左右，使喷雾颗粒落下，以禽体表微湿为宜。雾粒大小应为 80 ~ 120 μm，不要小于 50 μm。雾粒过大，易造成喷雾不均匀和禽舍太潮湿，且在空中下降速度太快，与空气中的病原微生物、尘埃接触不充分，起不到消毒空气的作用。雾粒太小，则易被家禽吸入肺泡，诱发呼吸道疾病。

消毒时宜在傍晚或暗光下进行，且喷雾的动作要缓慢，防止惊吓禽群。消毒后要进行通风换气。

（4）注意事项。

首次带禽消毒的日龄：鸡、鸭不得低于 8 天，鹅不得低于 10 天，以后根据家禽的健康状况而定。

带禽消毒的次数：一般雏禽每周 1 次，育成禽 10 天 1 次，成禽 15 天 1 次，禽场发生疫病时每天 1 次，在清除粪便后进行 1 次。

适宜的消毒时间：禽群接种疫苗前后 3 天内停止喷雾消毒。消毒时间最好安排在禽群休息或安静时进行，特别是平养的禽群，以免在消毒时，造成禽群惊吓，引起飞扑、骚乱而使舍内的灰尘增加、出现拥挤等现象，严重者会造成生产力下降，甚至死亡。炎热夏季，消毒时间可选在一天中最热的时间，以便消毒的同时也起到防暑降温的作用。

合理的消毒方法：应先内后外喷雾，雾滴要细，喷头向上，不可直接喷向禽体，距离禽体 60 ~ 80 cm，动作要轻，声音要小，避免引起禽群大的骚动不安。喷雾量以禽体和笼具潮湿为宜，不要喷得太湿。

注意配伍禁忌：不同的消毒剂联合使用时可能出现相互干扰的现象。酸性和碱性消毒剂不能同时应用，以免发生中和，也不能错误配伍消毒剂，药物失效，有的甚至引起禽群中毒，而造成较大损失。

（三）设备用具消毒

设备用具消毒时，先搬出禽舍彻底冲刷干净，再用 4%来苏儿溶液或0.1%新洁尔灭溶液浸泡或喷洒消毒，并在熏蒸禽舍前送回禽舍内进行熏蒸。免疫用的注射器、针头及相关器材每次使用前、后都须煮沸消毒。化验用的器具和物品等用具每次使用后都应消毒。水槽、食槽应每天清洗、消毒。有些设备如蛋箱、运输用禽笼等因传染病源的危险发生大，应在运回饲养场前进行消毒，或在场外严格消毒。

（四）场区环境消毒

在生产区出入口设置喷雾装置，喷雾消毒药可采用0.1%新洁尔灭或0.2%过氧乙酸。生产区大门口和禽舍的门前设有消毒池，消毒液要定期更换，亦可用草席及麻袋等浸湿药液后置于禽舍进出口处。禽舍周围、生产区道路可用 3%～5%的氢氧化钠喷洒消毒，每周 1～2 次。禽场周围及场内的污水池、排粪坑和下水道出口等，每月用漂白粉撒布消毒 1～2 次。定期清除杂草、垃圾，做好灭鼠和杀虫工作，保持良好环境卫生。当禽群周转、禽群淘汰和禽场周围有疫情时，要加强对场区环境的消毒。有条件的禽场最好每年将环境中的表层土壤翻新一次，减少环境中的有机物，以利于环境消毒。

（五）人员、车辆消毒

养禽场一般谢绝外人参观，外人必须进入时，需经批准后进行严格的消毒。所有人员进入禽场生产区或禽舍，须按以下程序消毒进场：脱衣—洗澡—更衣换鞋—进场工作。场内技术人员很容易成为传播疾病的媒介，应特别注意自身的消毒，每免疫完一批禽群用消毒药水洗手，工作服用消毒药水泡洗10 分钟后在阳光下暴晒消毒。

养禽场大门设车辆消毒池和脚踏消毒池，并经常保持有新鲜的消毒液。车轮胎必须从消毒液中驶过，消毒池应宽 2 m、长 4 m 以上，消毒液深度在5 cm 以上，消毒池内常用 3%～5%来苏儿、10%～20%石灰乳或 3%火碱溶液等，定期更换，多种消毒药交替使用，不定期地更换最新类型的消毒药，防止因长期使用一种消毒药而使细菌产生耐药性。消毒车体及其所载物品，选用不损伤车体涂漆和金属的消毒剂喷洒消毒，如 0.1%新洁尔灭。

（六）饮水消毒

饮水消毒的目的主要是控制大肠杆菌等条件性致病菌，同时对控制饮水管中的细菌也非常重要。实践证明，饮水消毒对控制病毒和细菌性疾病极为有利，尤其是呼吸道疾病。

常用的饮水消毒法有两种，即物理消毒法和化学消毒法。物理消毒法是用煮沸的方法来杀灭水中的病原微生物，即饮用温开水。这种方法适用于用水量少的育雏阶段。化学消毒法就是在水中加入化学消毒剂消毒。目前市售的很多消毒剂都可作饮水消毒之用，可按外包装上的使用说明进行配制。需要注意的是，家禽免疫接种的前后 2 天内禁止使用饮水消毒，以免影响消毒效果。

家禽饮用水每 100 mL 样品中含有大肠杆菌数不应超过 5 000 个。

（七）粪便和尸体的消毒

1. 粪便消毒

禽粪中往往含有各种病原体，特别是在患传染病期间，含有大量的病原体和寄生虫卵，如不进行消毒处理，直接作为农田肥料，往往成为传染源，因此，对禽粪必须进行严格消毒处理。常用的消毒方法有生物热消毒法和化学消毒法。

（1）生物热消毒法。此法是粪便消毒最常用的消毒方法，禽粪中有好热性细菌，经堆积封闭后，可产生热量，使内部温度达到 80 °C 左右，从而杀死病原微生物和寄生虫卵，达到无害化处理的目的。

常用堆粪法。在距离禽舍约 100 ~ 200 m 的地方，挖一个宽 1.5 ~ 2.5 m，深约 20 cm 的坑，从坑底两侧至中央有缓慢的斜度，长度视粪便量的多少而定。在坑底垫上少量干草，其上堆放欲消毒的禽粪，高度约为 1 ~ 1.5 m，然后再在粪堆外围堆上 10 cm 厚的干草或干土，最后抹上 10 cm 厚的泥土，如此密封发酵 2 ~ 4 月，即可用作肥料。

（2）化学消毒法。此法是对恶性或对人有危害的某些传染病的禽粪处理法，即将粪填人坑内，再加水和适量化学药品，如 2%来苏儿（煤酚皂溶液）、漂白粉或 3%甲醛（福尔马林）、20%石灰乳等，使消毒剂浸透均匀后，填土长期封存。

2. 尸体消毒

家禽尸体能很快地分解、腐败、散发恶臭，不但污染环境，还可能传播疾病，如果处理不当，会成为传染病的污染源，威胁家禽健康。合理而安全地处理病死禽，对于防止禽场传染病发生和维护公共卫生都有重大意义。

（1）堆肥法。该法是目前小型养禽场处理病死禽的最佳途径，经济实用，若设计合理，管理得当，不会对地下水及空气造成污染。此方法可与鸡粪、垫料一起进行堆肥处理。

建造堆肥设施：按 1 000 只种鸡的规模，建造高 2.5 m、宽 3.7 m 的堆肥池，至少分隔为两个隔间，每个隔间不得超过 3.4 m^2。地面为混凝土结构，屋顶要防雨，边墙用 5 m × 20 m 的厚木板制作，既可以承受肥料的重量压力，又可使空气进入肥料之中使需氧微生物产生发酵作用。

堆肥的操作方法：在堆肥设施的底部铺放一层 15 cm 厚的鸡舍地面垫料，再铺上一层 15 cm 厚的棚架垫料，在垫料中挖出 13 cm 深的槽沟，再放入 8 cm 厚的干净垫料，将死鸡顺着槽沟排放，但四周要离墙板边缘 15 cm，将水喷洒在鸡体上，再覆盖上 13 cm 部分地面垫料和部分未使用过的垫料。堆肥过程在 30 天内将全部完成，可有效地将昆虫、细菌和病原体杀灭。堆肥后的物质可用作改良土壤的材料或作肥料。

（2）掩埋法。该法是利用土壤的自净作用使其达到无害化。此法简便易行，但不是彻底处理的方法，某些病原微生物能长期生存，从而污染土壤和地下水，并会造成二次污染，主要用于小规模的禽场，对于患了烈性传染病的尸体不宜用此法。在掩埋病死禽尸体时，应注意选择远离住宅、水源及道路的僻静地方，土质干燥、地下水位低，并避开水流、山洪的冲刷。掩埋坑的深度不得小于 1.5 ~ 2 m。掩埋前，在坑底铺上 2 ~ 5 cm 的石灰，病死禽投入后再撒上一层石灰，填土夯实。

（3）焚烧法。该法是一种传统的处理方法，是杀灭病原菌最彻底的方法，避免了地下水的污染，但要消耗大量燃料，成本较高，而且在焚烧时易造成对空气的污染，烈性传染病死亡禽只最好用此法。操作方法是挖一个长 2.5 m、宽 1.5 m、深 0.7 m 的焚尸坑，坑底放上木柴，在木柴上倒上煤油，病死禽尸体放上后再倒煤油，放木柴，最后点火，一直到禽尸体烧成黑炭样为止，焚烧后就地埋入坑内。还可用专用的焚尸炉或锅炉进行焚烧。

【技能单】

禽舍消毒技术。

【评估单】

一、填空题（期望值20分）

1. 鸡场的消毒方法有_______、______、______、______。

2. 常用消毒剂的浓度为：氢氧化钠_______、石灰乳_______、新洁尔灭_______、甲醛_______。

3. 鸡场粪便消毒常用_______法处理。

二、简答题（期望值40分）

1. 用福尔马林熏蒸消毒时应注意哪些问题？

2. 常用的消毒方法有哪些，各有哪些特点？

三、思考题（期望值40分）

1. 禽场消毒有何生产意义？

2. 禽场消毒常用哪些消毒剂，生产中如何使用消毒剂？

任务四　免疫接种

【学习目标】

1. 熟悉家禽免疫程序。
2. 了解常用疫苗的种类、特点及保存方法。
3. 掌握疫苗免疫方法和途径。
4. 了解影响免疫效果的因素。

【资料单】

免疫接种是指用人工方法把疫苗或菌苗等引入禽体内，从而激发家禽产生对某种病原微生物的特异性抵抗力，防止发生传染病，使易感动物转化为不易感动物的一种手段。在常发生疫病的地区，或有某些传染病潜在危险的地区，有计划地对健康家禽进行免疫接种，是预防和控制家禽传染病发生的重要措施之一。特别是对禽流感、鸡新城疫等重点疾病的防治措施中，免疫接种起着关键性的作用。

一、免疫程序

免疫程序是指在家禽的生产周期中，为了预防某种传染病而制定免疫接种的次数、间隔时间、疫苗种类、用量、用法等。免疫程序的制定受多种因素的影响，如母源抗体水平、本地区疫病的流行情况、本场以往的发病情况、鸡的品种和用途、疫苗的种类、鸡的日龄等。因此，各养禽场不可能制定一个统一的免疫程序，应根据鸡的品种、来源以及本场以往的病例档案酌情而定。即使已制定好的免疫程序，在有些情况下也可以适当调整。

家禽的参考免疫程序见表 5.1、5.2、5.3。

表 5.1　蛋用种鸡免疫程序（仅供参考）

日龄	疫苗	用量	免疫方法
1	鸡马立克氏病	0.2 mL	颈部皮下注射
5～7	鸡新城疫 Colon-30+传染性支气管炎 H_{120}+肾型传染性支气管炎	1.5 倍量	滴鼻或点眼
12～14	法氏囊中等毒力冻干苗	1.5 倍量	滴口或饮水
21	法氏囊中等毒力冻干苗	1.5 倍量	饮水
25	鸡新城疫 Colon-30+传染性支气管炎+肾型传染性支气管炎 同时鸡新城疫+传染性支气管炎油苗	2 倍量 0.2～0.3 mL	滴鼻或点眼 胸肌注射
33	鸡痘苗	2 倍量	翼膜刺种
40	鸡传染性喉气管炎弱毒疫苗	1 倍量	点眼
45	传染性鼻炎油苗	0.5 mL	胸肌注射
60	鸡新城疫Ⅳ系+传染性支气管炎 H_{52}	2 倍量	饮水
70	鸡痘苗	2 倍量	刺种
80	传染性鼻炎油苗	0.5 mL	胸肌注射
85	鸡传染性喉气管炎弱毒疫苗	1 倍量	点眼
110	法氏囊油苗	0.5 mL	肌内注射
120	鸡新城疫Ⅳ系 同时新支减三联油苗	2 倍量 0.5～1 mL	饮水 肌内注射

表 5.2 肉用仔鸡免疫程序（仅供参考）

日龄	疫苗	用量	免疫方法
5～7	鸡支肾二联三价苗	1.5 倍量	滴鼻或点眼
12～14	传染性法氏囊冻干苗	1.5 倍量	饮水
18	新支二联苗	1.5 倍量	饮水
21	传染性法氏囊中等毒力冻干苗二免	1.5 倍量	饮水
33～35	鸡新城疫克隆苗	1.5 倍量	饮水

表 5.3 蛋鸡免疫程序（仅供参考）

日龄	疫苗	用量	免疫方法
1	鸡马立克氏病	0.2 mL	颈部皮下
5～7	鸡新城疫 Colon-30+传染性支气管炎 H_{120}+肾型传染性支气管炎	1.5 倍量	滴鼻或点眼
12～14	法氏囊中等毒力冻干苗	1.5 倍量	滴口
21	法氏囊中等毒力冻干苗	1.5 倍量	滴口
25	鸡新城疫 Colon-30+传染性支气管炎 H_{120}+肾型传染性支气管炎 同时鸡新城疫+传染性支气管炎油苗	2 倍量 0.2～0.3 mL	滴鼻或点眼 注射
33	鸡痘	2 倍量	刺种
60	鸡新城疫Ⅳ系+传染性支气管炎 H_{52}	2 倍量	饮水
70	鸡痘	2 倍量	刺种
110	法氏囊油苗	0.5 mL	肌内注射
120	鸡新城疫Ⅳ系 同时新支减三联油苗	2 倍量 0.5～1 mL	饮水 肌内注射

二、免疫接种的途径及方法

家禽疫苗的免疫方法可分为群体免疫法和个体免疫法。前者包括饮水、气雾等方法，省时省力，但效果有时不够理想，特别是幼雏；后者包括点眼、滴鼻、滴口、刺种、涂搽等，免疫效果确实，但费时费力，劳动强度大，且产生的应激也大。采用哪一种方法，应根据实际情况和使用说明为准。

（一）点眼、滴鼻法

用滴管将稀释好的疫苗逐只滴入眼内或鼻腔内，刺激上呼吸道、眼角膜产生局部抗体，使机体产生免疫力，适用于弱毒苗，如新城疫 Lasota 疫苗、传支 H_{120} 疫苗等。这是雏鸡免疫经常使用的一种方法，能保证每只雏鸡都能得到免疫，且剂量基本相同，产生的抗体也较一致，会取得较好的免疫效果。

1. 疫苗稀释

分别开启疫苗、稀释液的瓶盖露出中心胶塞，用无菌注射器抽 5 mL 稀释液注入疫苗瓶中，反复摇匀溶液，使疫苗完全溶解，再吸出注入稀释液中，摇匀备用。1 瓶 1 000 羽份疫苗配 1 瓶专用稀释液，或使用 30 mL 灭菌生理盐水或蒸馏水，不要随便加入抗生素。稀释液的用量要准确，最好根据自己所用的滴管事先试滴，确定每毫升多少滴，然后计算疫苗稀释液的实际用量。

2. 免疫操作

一手握住一只雏鸡，应把鸡的头颈摆成水平的位置（一侧眼鼻朝天，另一侧眼鼻朝地），并用食指堵住下侧鼻孔，另一只手用滴管吸取疫苗液垂直滴进雏鸡的眼或上侧鼻孔（1 滴），稍停片刻，待滴入眼结膜和鼻孔的疫苗吸入后，方可放鸡。应注意稀释的疫苗要在 1 ~ 2 小时内用完，已接种和未接种的鸡只要分开，防止漏免。为减少应激，最好在晚上弱光环境下接种，也可在白天适当关闭门窗后，在稍暗的光线下接种。

（二）饮水法

饮水法是根据家禽的数量，将疫苗混合到一定量的蒸馏水或凉白开水中，在短时间内饮用完的一种免疫方法。饮水时通过吞咽，病毒粒子经腭裂、鼻腔、肠道产生局部免疫及全身免疫。

此法的优点是不会骚扰禽群，省时省力，但受较多因素影响，易造成免疫剂量不均，免疫效果参差不齐，从而使禽群不能抵御较强毒株的疾病传染。常用于弱毒和某些中等毒力的疫苗，如传染性法氏囊疫苗、新城疫疫苗、传染性支气管炎疫苗、传染性喉气管炎疫苗等。对于大鸡群和已开产的蛋鸡，为省时省力和减少因注射疫苗而带来的应激反应，常采用饮水免疫法。

1. 免疫前准备

根据鸡只数量确定疫苗用量；根据鸡只年龄大小确定疫苗稀释的用水量，并备好稀释用的自来水或凉开水；准备好干净清洁、足够的饮水器和脱脂奶粉；免疫前 2 ~ 4 小时，停止饮水，正常喂料。

2. 免疫操作

当鸡群出现“抢水”现象时，即可开始免疫。开启疫苗瓶盖，露出中心胶塞，用无菌注射器抽取 5 mL 稀释液注入疫苗瓶中，反复摇匀溶解，吸出注入 100 ~ 150 mL 稀释水中，摇匀备用。按免疫鸡只数计算好饮水量，加入 0.2%脱脂奶粉，将稀释好的疫苗倒入，用清洁的棒搅拌均匀，然后将疫苗水装入饮水器，迅速放入鸡群中，让鸡群饮水免疫。稀释后的疫苗应在 2 小时内饮完。免疫过程中要注意观察鸡只饮水情况，确保每只鸡均能饮到疫苗水。

3. 影响饮水免疫成效的因素

（1）停止饮水时间。为了使鸡群中大部分鸡能尽快而一致地饮用完疫苗，都得到有效的疫苗接种，必须使鸡产生适当程度的渴感。根据经验，大多数鸡群要经过 2 小时才能产生渴感，然后再给予疫苗。在生产中，要根据环境因素，特别是舍温进行调整。如果舍温高（29 ~ 32.2 °C），停止饮水 1 小时就可使鸡产生适度的渴感，如果舍温低（21.1 °C 以下），则需 4 小时或 4 小时以上。所以饮水免疫前应停止供水 2 ~ 4 小时，一般夏季可停水 2 小时左右，冬季停水 4 小时左右。此外，停止饮水时间直接影响鸡饮用疫苗的速度，这对疫苗接种效果可能产生明显影响。

（2）饮水器和水管状况。要准备充足的饮水器，确保绝大多数鸡能够同时饮上水。饮水器不宜用金属制品，饮水器具必须清洁，无消毒剂和铁锈残留，以免降低疫苗效价。在接种疫苗前，要用不含消毒剂的水清洗饮水器。

（3）饮水质量。饮水质量可以直接影响疫苗病毒的稳定性和活力，间接地影响接种疫苗的鸡群所达到的保护水平。饮水中的消毒剂残留可以使大量的病毒粒子灭活并可能使接种失败，饮水免疫前 24 小时内不得饮用任何消毒药，免疫后 2 ~ 3 天内暂停使用抗菌或抗病毒药物。应使用清洁的不含有氯和铁及其他金属离子的凉开水稀释疫苗。加入 0.2%脱脂奶粉，可减少饮水中异物对疫苗的影响，延长疫苗的活性，提高免疫效果。

（4）接种疫苗的持续时间。从理论上讲，应当在清晨给鸡接种疫苗，并且应当在 2 小时内使鸡将疫苗全部饮完。不足 1 小时，会使部分鸡只未能饮到足够剂量的疫苗；如超过 2 小时，则可能损害疫苗病毒的活力。

（5）疫苗剂量。饮水接种疫苗是一种群体接种方法，很难使每只鸡都得到充分的保护剂量的疫苗，特别是影响个体鸡摄入量的因素很多，且疫苗经肠道吸收时会损失 40%，因此，疫苗必须是高效价的，疫苗剂量应比规定量加倍使用。

（6）稀释疫苗的用水量。疫苗水要求在 2 小时之内饮完，一般按全天饮水量的 1/5～1/4 计算，如蛋鸡疫苗饮水量：1 周 4 mL/只，2 周 8 mL/只，3 周 12 mL/只，4 周 17 mL/只，5 周 23 mL/只，6 周 28 mL/只，7 周 40 mL/只。

（7）疫苗管理和保存。用于饮水接种的活病毒疫苗，必须始终做到冷冻运输和保存，以防因温热使疫苗滴度受到损失。所以疫苗运输、接收和使用的日期等都要准确进行记录。疫苗要始终用冰盒或冰瓶等冷藏密闭容器运送，防止日光直接照射疫苗。疫苗一旦配制就应尽快泵入饮水系统，要始终保证配制饮水疫苗所用的水中含有疫苗稳定剂、脱脂奶粉，并且是冷水。疫苗应在水中开瓶倒出，疫苗溶液不得暴露在阳光下。

（8）鸡群的健康状态。在一般情况下，只给健康禽接种疫苗。因为家禽在患病时已经受到应激，由活疫苗病毒另外造成的应激只能使病情加重。最好在接种疫苗后，要对禽群进行细心严密观察几天，以检查接种后有无不良反应。此外，不能给处于应激状态的禽群接种疫苗，因为应激本身是一种免疫抑制并且可以干扰主动免疫，此时接种很可能使疫苗反应加大。

（三）刺种法

此法主要用于鸡痘疫苗的接种，通过穿刺部位的皮肤增殖产生免疫。

1. 操作方法

将 1 000 羽份的鸡痘疫苗用 25 mL 灭菌生理盐水或蒸馏水稀释，充分摇匀，将刺种针或钢笔尖浸入疫苗溶液，同时展开鸡的翅膀内侧，暴露三角区皮肤，避开血管，把蘸满溶液的针刺入翅膀内侧，直到溶液被完全吸收为止。小鸡刺种 1 针，成鸡刺种 2 针。

2. 注意事项

接种后一周左右检查刺种部位，若见刺种部位的皮肤上产生绿豆大小的小疱，以后干燥结痂，说明接种成功，否则需要重新刺种。做刺种免疫时，一定要确定接种针已蘸取了疫苗稀释液，使每只鸡接种到足量的疫苗。注意不能在翅膀外侧刺种，以防羽毛擦掉疫苗溶液或刺伤骨头和血管。

（四）注射法

注射免疫法是把疫苗注射到肌内或皮下组织中，刺激禽体产生抗体。这种免疫方法作用迅速，剂量准确，效果确实，但应激较大。适合于鸡马立克氏疫苗、新城疫Ⅰ系、鸭病毒性肝炎及各种油乳剂灭活苗的接种。

1. 操作方法

颈部皮下注射：该法用于鸡马立克氏病疫苗。用该疫苗的专用稀释液

200 mL 稀释 1 000 羽份的疫苗，每只鸡注射 0.2 mL。注射时一手握鸡，用食指和拇指将颈背部皮肤轻轻提起呈三角形，用针头从颈部中断以下沿鸡身体方向 30°角刺入，将疫苗注入皮肤与肌肉之间。

胸部肌内注射：用针头呈 30°～45°角，于胸部 1/3 处朝背部方向刺入胸肌。切忌垂直刺入胸肌，以免刺破胸腔。

腿部肌内注射：用针头朝身体方向刺入外侧腿部肌肉，操作要小心，避免刺伤腿部血管、神经和骨头。

2. 注意事项

一般使用连续注射器，配 7～9 号针头，使用前要调整好剂量再进行注射免疫，以每只 0.2～1 mL 为宜。

疫苗稀释液应经消毒而无菌的，不要随便加入抗菌药物。

应先接种健康群，再接种假定健康群，最后接种有病的禽群。在给病禽注射时，最好每注射一只换一个针头。

注射器及针头用前均应消毒，以防止因免疫注射而引起传染病的扩散或引起接种部位的局部感染。

皮下注射的部位一般选在颈部背侧，肌肉注射部位一般选在胸肌或肩关节附近的肌肉丰满处；针头插入的方向和深度应适当，颈部皮下注射时针头方向为后下方，与颈部纵轴基本平行，雏鸡进针深度为 0.5～1 cm，胸部肌肉注射时，针头方向应与胸骨大致平行，进针深度雏鸡为 0.5～1 cm，大鸡 1～2 cm。

在注射过程中，应边注射边摇动疫苗瓶，力求疫苗的均匀，在将疫苗液推入后，针头应慢慢拔出，以防疫苗液漏出。

（五）气雾法

气雾免疫法是通过气雾发生器压缩空气，使稀释疫苗形成一定大小的雾化粒子，均匀地浮游于空气中，随呼吸进入鸡体内，以达到免疫接种的目的。适用于 60 日龄以上、密集饲养的鸡群免疫。

这种免疫方法省工省时，简便有效，对于呼吸道有亲嗜性的疫苗效果更佳，如鸡新城疫Ⅳ系弱毒疫苗、传染性支气管炎弱毒苗等。但喷雾也容易引起鸡群的应激，尤其容易激发慢性呼吸道病，且易造成散毒现象。

1. 操作方法

免疫时将 1 000 羽份的疫苗溶解于 250 mL 蒸馏水或者去离子水中，最好再加 0.1%脱脂奶粉，用清洁的棒搅拌均匀，装入疫苗免疫专用喷雾器械或农用背负式喷雾器，喷雾枪距离鸡头上方约 50 cm，使鸡周围形成一个局部雾化区。进行喷雾免疫前，应关闭门窗和通风设备，最好将鸡只圈于灯光较暗处给予免疫。

2. 注意事项

（1）必须确保喷雾器械内无沉淀物、消毒剂等。

（2）雾粒大小应合适，太大易被鼻黏膜所阻不能进入呼吸道深部；太小，则吸收的雾粒又易随呼吸排出体外。建议育成鸡和成年鸡雾粒直径为 10 ~ 20 μm，雏禽用大雾滴，雾粒直径为 100 μm。

（3）必须计划和控制疫苗的用量，使整个鸡舍的雾滴均匀分布。

（4）喷雾期间要关闭鸡舍所有门窗和通风设备，减少空气流动，并避免阳光直射舍内。在停止喷雾后 20 ~ 30 分钟，才可开启门窗和启动风扇。

（5）为了达到最佳的免疫效果，宜将鸡群围圈在灯光幽暗的鸡舍某一部分，或在夜间进行免疫。

（6）为了避免因喷雾免疫而加重鸡由霉形体病和大肠杆菌病引起的气囊炎，最好在免疫前后在饲料和饮水中加入抗菌药物。

（7）实施喷雾时，喷雾器喷头与鸡保持 1 m 左右，在鸡群上空 50 ~ 80 cm 处，对准鸡头来回移动，均匀地喷雾，使气雾全面覆盖鸡群。至鸡群头、背部羽毛略有潮湿感觉为宜。

（8）喷雾时要求温度为 15 ~ 20 °C，湿度 70%以上，以避免雾滴迅速被蒸发。

（六）滴肛、搽肛法

此法只用于强毒型传染性喉气管炎疫苗。方法是将 1 000 羽份的疫苗稀释于 25 ~ 30 mL 生理盐水中，提起鸡的双脚，使鸡头向下肛门向上，将肛门黏膜翻出，滴上 1 ~ 2 滴疫苗，或用接种刷（小毛笔或棉试子）蘸取疫苗在肛门黏膜上刷动 3 ~ 4 次。

接种时应注意只能将疫苗稀释液搽在肛门上，不能让疫苗稀释液碰到鸡的皮肤、羽毛或落到地上，造成环境污染和疾病的扩散。

（七）胚胎内免疫接种

预防鸡马立克氏病的火鸡疱疹病毒疫苗必须在雏鸡接触野毒之前进行免疫接种，而且越早越好，目前普遍采用的方法是在孵化室内免疫接种 1 日龄雏鸡。如果孵化室内有马立克氏病野毒存在，雏鸡一出壳就可能被感染，再免疫接种其效果也不好。为了防止这种情况的发生，1980 年 Shama 首创了给 18 日龄的鸡胚胎免疫接种，而且获得了成功。现在发达国家已普遍采用这种方法。此法现在也用于新城疫、传染性支气管炎、传染性法氏囊病疫苗的接种。

三、免疫失败原因

近年来随着养禽业的不断发展，饲养管理水平、免疫防治技术有了较大的提高，特别是对于一些严重的病毒性传染病的防治取得了较好的效果。但是，各种非典型病例也经常发生。免疫失败的原因是复杂的，归纳起来主要有以下几个方面：

（一）禽体以外的原因

1. 家禽的饲养环境差

禽舍尘土飞扬、污水四溢、消毒不严、通风不良、持续噪音、严寒酷暑等，都可能影响免疫效果。

2. 疫苗方面的原因

（1）疫苗失效。疫苗通常有一定的有效期，过期的疫苗不能使用，使用过期疫苗不能产生理想的免疫力。

（2）疫苗质量差。疫苗本身质量差，如病毒或细菌的含量不足、冻干或密封不佳、油乳剂疫苗油水分层；疫苗在存放和运输过程中长时间处于 4 °C 以上的温度，或疫苗取出后在免疫接种前受到日光的直接照射，或取出时间过长，或疫苗稀释液未经消毒、受污染，或疫苗稀释后未在规定时间内用完，氢氧化铝佐剂颗粒过粗，均可影响疫苗的效价，甚至无效。

（3）疫苗选择不当。疾病诊断不准确，使用的疫苗与所发生的疫情或血清型不对应，如鸡患了新城疫，却使用传染性喉气管炎疫苗；或弱毒活疫苗、灭活苗、血清型、病毒株或菌株选择不当。例如，在传染性法氏囊病流行的地区仅选用低毒力或单一血清型的疫苗；对已接种传支 H_{52} 疫苗之后，又再使用 H_{120} 株疫苗；使用与本地区、本场血清型不对应的禽出败菌苗、大肠杆菌苗等。生产中应根据当地传染病流行的严重程度和禽的种类选择不同的疫苗。

（4）疫苗稀释的差错。如马立克氏病疫苗没有使用指定的特殊稀释液；饮水免疫时仅用自来水稀释而没有加脱脂乳，或用一般井水稀释疫苗时，其酸碱度及离子均会对疫苗有较大影响；稀释液量的计算或称量差错，使稀释液的量偏大；在直射阳光下或风沙较大的环境下稀释疫苗；对于一些用液氮罐低温保存的疫苗，不按规定程序操作，使疫苗的质量受到严重的破坏；从稀释后到免疫接种的间隔时间太长；在稀释液中加入过量的抗生素或其他化学药品，如庆大霉素、链霉素、恩若沙星等，这些药物对疫苗病毒并无直接杀灭作用，但当浓度较高时，随着 pH 值、离子浓度的改变，对疫苗中的病毒会产生不良的影响。

（5）多种疫苗之间的干扰作用。不同的疫苗接种时间相差过短，或多种疫苗间随意混合使用，会产生免疫干扰。如传染性喉气管炎疫苗病毒对鸡新城疫疫苗病毒的干扰作用，使鸡新城疫疫苗的免疫效果受到影响，导致新城疫免疫失败。

（6）疫苗接种时操作失误。采用饮水免疫时，饮水的质量、数量、饮水器的分布、饮水器卫生不符合标准；喷雾免疫时气雾的雾滴大小、喷雾的高度或速度不恰当，以及环境、气流不符合标准等；滴鼻点眼时，疫苗尚未进入眼内或鼻内就将鸡放回原地，没有足够的疫苗进入眼内或鼻内；注射的部位不当或针头太粗，当针头拔出后疫苗液即倒流出来；针头刺在皮肤之外疫苗喷射出体外；连续注射器的定量控制失灵，使注射量不准；将疫苗液注入胸腔、腹腔内；工作人员态度不认真等，都会影响免疫效果。

（7）接种途径选择不当。每一种疫苗均有其最佳的接种途径，如随意改变则会影响免疫效果。如当鸡新城疫 I 系苗用饮水免疫、传染性喉气管炎疫苗用饮水或肌注免疫时，效果都较差。所有的油乳剂灭活苗一般不采用腿部肌肉注射，因为腿部肌肉容纳疫苗的体积小，不易吸收，而且影响禽只活动和采食，不利于禽群的正常生产活动。

3. 免疫程序的原因

制定免疫程序时，如果对某段日龄敏感性、疫病流行季节、当地的疫病威胁、家禽品种差异、母源抗体的影响等因素考虑不够周到，就会达不到满意的免疫效果。因此，制定一个科学合理免疫程序时，必须综合考虑，还要结合母源抗体监测，不能完全照搬别人的免疫程序；注意首免与加强免疫的间隔时间不能过长或过短；既要重视全身体液免疫，又要重视局部的细胞免疫。如鸡马立克氏病疫苗必须在 1 日龄的雏鸡上接种，若错过了这一免疫时机，免疫效果会更差。鸡接种了传染性法氏囊苗后，其免疫机能在随后几天内受到一定的影响，所以在接种该疫苗后 1 周内不宜接种其他疫苗。

4. 霉菌毒素和化学物质的影响

饲料中若含有黄曲霉毒素，农药，重金属如铅、汞、镉、砷等都会造成严重的免疫抑制，进而引起免疫失败。某些抗生素类药物可使活菌苗中的细菌灭活或改变苗菌的抗原成分，而使菌苗接种时免疫失败。

（二）家禽自身的原因

主要是指家禽自身免疫系统的功能缺损。影响免疫系统功能的因素很多，概括起来主要包括以下几点：

1. 雏禽母源抗体干扰

母源抗体是指雏禽从卵黄中吸收的抗体，它在雏禽的被动免疫中发挥着重要作用，可保护雏禽在出壳后 1 ~ 2 周内免受相应病原微生物的感染。但它也给疫苗的免疫造成不利影响，可中和部分疫苗病毒，限制疫苗病毒在体内的增殖过程，使疫苗病毒不能有效地刺激禽体产生抗体，影响免疫效果。生产中，如果所有雏禽固定同一日龄进行接种，若母源抗体过高会抑制疫苗的免疫反应，不产生应有的免疫应答，使雏禽首免失败。

2. 家禽的营养状况

饲料营养不全面，如氨基酸、微量元素、维生素的缺乏或不足，导致禽体营养不良，从而引起禽体免疫抑制，导致免疫失败。

3. 各种应激因素

家禽在饲养过程中，会因转群、换料、接种、限制饮水、使用药物等因素而发生应激反应；饲养密度过高和饲养环境不良也会引起机体的特异性应激反应，导致抗病力降低；大的噪声会影响家禽体内生理变化，使采食量、饲料转化率、生产性能下降。在免疫接种期，各种不良因素的刺激或应激作用，均可减弱疫苗的免疫应答，甚至导致免疫失败。生产中应重视消除各种应激因素。

4. 某些传染病的影响

感染马立克氏病病毒、传染性法氏囊病病毒、传染性贫血病病毒、呼肠孤病毒、霉菌毒素后会导致组织器官发生严重的病理性损伤，损害家禽的免疫器官，如法氏囊、胸腺、脾腺、盲肠、扁桃体等，从而导致免疫抑制。如果鸡早期感染了马立克氏病或法氏囊病，会损害免疫器官的发育和成熟，引起终身免疫抑制，所以对鸡马立克氏病和法氏囊病的预防和控制尤其重要。

5. 免疫麻痹

在一定限度内，抗体的产生随抗原的用量增加而增加，但抗原量过多，超过一定的限度时，抗体的形成则反而受到抑制，这种现象称为“免疫麻痹”。有些养禽场超剂量多次注射免疫，这样可能引起家禽机体的免疫麻痹，往往达不到预期的效果。

6. 免疫缺陷

禽群内某些个体体内的γ-球蛋白、免疫球蛋白 A 缺乏等，则对抗原的刺激不能产生正常的免疫应答，影响免疫效果。

7. 免疫抑制

很多原因如机体营养不良，缺乏维生素 E、维生素 C，缺锌、氯、钠等；各种应激因素发生仍进行免疫接种；鸡贫血因子病毒、传染性法氏囊病病毒和马立克氏病病毒感染等，尤其是当多种因素共同引起的免疫抑制作用更为明显，使机体在接种疫苗后，不能产生预期的免疫效果。

8. 病原微生物的抗原发生变异

病原本身时刻都在变异，但疫苗在制作、推广、使用上不可能完全跟上它的变异。实际生产中，进行疫苗免疫接种后，往往免疫达不到理想的保护能力，造成部分或者全部的免疫失败。如一些超强毒株或新血清型的出现，使得仍用常规弱毒疫苗的禽群难以抵御强毒的侵袭而发病。

【技能单】

家禽免疫接种技术。

【评估单】

一、填空题（期望值 30 分）

1. 免疫接种的途径及方法有＿＿＿＿＿＿、＿＿＿＿＿＿、＿＿＿＿＿＿、＿＿＿＿＿＿、＿＿＿＿＿＿、＿＿＿＿＿＿、＿＿＿＿＿＿。

2. 新城疫疫苗有＿＿＿＿＿＿、＿＿＿＿＿＿、＿＿＿＿＿＿、＿＿＿＿＿＿、＿＿＿＿＿＿。

3. 鸡马立克氏病疫苗接种时间为＿＿＿日龄，疫苗最好选用＿＿＿＿＿。

二、问答题（期望值40分）

1. 常用疫苗有哪些种类？

2. 疫苗有哪些接种方法，免疫接种时应注意哪些问题？

三、思考题（期望值30分）

1. 哪些因素会影响到新城疫的免疫效果？

2. 如何给家禽制定免疫程序？结合你所学的知识和当地的实际情况，为你家乡的蛋鸡养殖户制定一个供参考的免疫程序。

项目二　家禽传染病防治技术

近年来，随着动物及其产品贸易的全球化和我国养禽业的快速发展，家禽传染病有其新的流行特点，首先是旧病未除，又添新病，影响较大的是禽流感、新城疫、鸭病毒性肝炎等。其次，如禽流感、传染性法氏囊、传染性支气管炎等病发生抗原漂移、抗原变异、导致临床症状和病理变化非典型化。再次，细菌性传染病明显增多，不少病的病原菌已成为养禽场的常在菌，由于滥用抗菌药物，使一些常见的细菌极易产生强的耐药性，一旦发病，诸多药物都难以奏效。最后，家禽传染病混合感染、免疫抑制性传染病、隐性感染、持续感染增多。因此，家禽传染病要坚持“预防为主，防治结合”的方针，依靠科学，依法防治，群防群控，及时处理，切断家禽传染源、宿主和环境三个环节的传播途径，健全和完善禽病防疫体系，制定并落实疫病的净化和扑灭措施及实施方案。

任务一　常见病毒性传染病的防治

【学习目标】

1. 了解主要病毒性传染病的病原、流行病学特点，以及禽流感、新城疫等人畜共患疾病的公共卫生意义。

2. 重点掌握常见、多发病毒性传染病的发生、症状和病变及防治对策。

3. 掌握家禽常见病毒性传染病类似症状和病变的鉴别诊断。

【资料单】

一、禽流感

禽流行性感冒（Avian Influenza，AI）简称禽流感，是由 A 型流感病毒（Avian Influenza Virus，AIV）引起禽以及人和多种动物共患的高度接触性传染病，国际动物卫生组织将其定为 A 类传染病，我国将其列为一类传染病。其主要特征为病禽从呼吸系统到严重的全身败血性症状，又称真性鸡瘟、欧洲鸡瘟。

1. 病　原

流感的病原为禽流感病毒，属于正粘病毒科流感病毒属的 A 型流感病毒。病毒粒子直径 80 nm ~ 120 nm，平均为 100 nm，呈球形、杆状或长丝状。核衣壳呈螺旋状对称，外有囊膜，其上有两种纤突，一种是血凝素（HA），另一种是神经氨酸酶（NA）。A 型流感病毒的 HA 和 NA 容易变异，已知 HA 有 16 个亚型（H1-H16），NA 有 10 个亚型（N1-N10），它们之间的不同组成，使 A 型流感病毒有许多亚型，各亚型之间无交叉免疫力。

根据 A 型流感各亚型毒株对禽类的致病力的不同，将禽流感病毒分为高致病性病毒株、低致病性病毒株和不致病病毒株。历史上的高致病性的禽流感病毒都是由 H5 和 H7 引起的。

禽流感病毒具有血凝性，在 4 ~ 20 °C 可凝集人、猴、豚鼠、犬、貂、大鼠、蛙、鸡和禽类的红细胞，这是病毒的 HA 蛋白与红细胞表面的糖蛋白受体相结合的结果，但这种凝集可由病毒的 NA 蛋白对红细胞受体的破坏而解除。

病毒不耐热，60 °C 下 20 分钟可灭活，对低温和干燥的抵抗力强，不耐酸和乙醚，对紫外线、甲醛很敏感，一般消毒剂均可杀灭。

2. 流行病学

禽流感在家禽中以鸡和火鸡的易感性最高，其次是珍珠鸡、野鸡和孔雀。鸭、鹅、鸽、鹧鸪也能感染。自然界的鸟类带毒最为常见，水禽带毒最为普遍，从鸭（包括野鸭）分离到的流感病毒比其他任何禽类都多，国内外发生禽流感流行病学调查时发现，候鸟迁徙带毒引发禽流感最为常见。

禽流感的病毒主要通过水平传播，即通过易感禽与病禽的直接接触或病毒污染物的间接接触，如被污染的饮水、飞沫、饲料、设备、物资、笼具、衣物和运输车辆等，从国内外发生高致病性禽流感看，粪 – 口传播是主要的传播途径，车辆污染粪便带毒可造成大面积传播。在自然传播中，通过呼吸道、消化道、眼结膜及损伤皮肤等途径都有可能受到感染。目前尚不能完全排除垂直传播的可能性，所以污染鸡群的蛋不能用作种蛋。

本病一年四季均能发生，但冬春季节多发，夏秋季节零星发生。

3. 临床症状

急性型多见于高致病性禽流感引起的病例，潜伏期几小时到数天，发病急剧，发病率和死亡率均高，传播范围一般较小，常突然暴发，患者无明显症状而迅速死亡。死亡率可达 90%～100%。急性型为目前世界上常见的一种病型。病禽表现为突然发病，体温升高，可达 42 °C 以上。精神沉郁，采食量急剧下降，食欲废绝，肿头，眼睑周围浮肿，肉冠和肉垂肿胀、出血甚至坏死，鸡冠发紫。眼分泌物增多，眼结膜潮红、水肿，羽毛蓬松无光泽，体温升高；下痢，粪便黄绿色并带多量的黏液或血液；病禽呼吸困难、咳嗽、打喷嚏，张口呼吸；产蛋率急剧下降或几乎完全停止，蛋壳变薄、褪色、无壳蛋、畸形蛋增多，受精率和受精蛋的孵化率明显下降；鸡脚鳞片下呈紫红色或紫黑色，小腿肿胀；有的鸡有神经症状。在发病后的 5～7 天内死亡率几乎达到 100%。

亚急性或低毒力型的病例潜伏期稍长，发病较缓和，发病率和死亡率较低疫情范围逐渐扩大，持续时间长。主要侵害产蛋鸡，一旦发病，疫情难以控制，疫区难以根除。病鸡采食量减少，饮水量增加；从鼻腔流出分泌物，鼻窦肿胀，眼结膜发炎，流出分泌物；头部肿胀，鸡冠、肉髯淤血，变厚，触之有热痛，腿部鳞片出血；呼吸道症状明显，但程度不一；产蛋量下降 20%～30%。

慢性型病势缓和，病程长，一般症状不明显，仅表现轻微的呼吸道症状，产蛋量下降 10%左右。

4. 病理变化

禽流感带来的病变因感染病毒株毒力的强弱、病程长短和鸡的品种不同而变化不一。

高致病性毒株引起的病变主要是肌肉、组织器官黏膜和浆膜以及脂肪的广泛出血。冠状脂肪、心外膜有出血点，心肌坏死，坏死的白色心肌纤维与正常的粉红色心肌纤维红白相间；腹部脂肪有出血点；胰腺有黄白色坏死斑点或周边出血；腺胃乳头出血，腺胃与肌胃交界处、腺胃与食道交界处、肌胃角质膜下、十二指肠黏膜出血；喉气管黏膜充血、出血。肺脏出血、淤血、水肿；盲肠扁桃体肿大及出血。

低致病力引起的病例往往看不到明显的病变，表现为轻微的窦炎，窦中可见卡他性、纤维素性、黏液脓性或干酪性炎症；喉气管充血、出血，气管下段和支气管内有黄白色纤维素栓子堵塞；气囊炎，表现气囊壁增厚，并有纤维素性或干酪样渗出物附着；有时可见纤维素性心包炎、纤维素性腹膜炎或卵黄性腹膜炎；肠黏膜充血或轻度出血，胰腺有斑状灰黄色坏死点；产蛋鸡常见卵巢退化、出血和卵泡畸形、萎缩和破裂；输卵管黏膜充血水肿，内有白色黏稠纤维素渗出物，似蛋清样。

5. 诊　断

（1）根据发病特点、典型症状和剖检特征可作出初步诊断，但确诊必须进行实验室检查，因为确定亚型在防制上有着重要的现实意义。

（2）实验室诊断。一般应在感染初期或发病急性期从死禽或活禽采取病料。死禽采取气管和支气管、心、肝、脾、胰、脑，以及直肠、泄殖腔和喉气管棉拭子等作为分离病毒的病料用。用病料的离心上清液，接种于 9～11 日龄 SPF 鸡胚尿囊腔进行病毒分离培养。用已知抗血清做琼脂扩散实验和 ELISA，鉴定 A 型禽流感病毒的型特异性抗原，血凝（HA）和血凝抑制试验用于禽流感病毒的血凝素亚型的鉴定。

（3）鉴别诊断。应与鸡新城疫鉴别。

6. 治　疗

目前尚无特效药物。

7. 防制措施

（1）做好常规的卫生防疫和免疫接种工作。

加强平时的兽医卫生管理工作，建立严格的消毒制度；引进禽类和产品时，要从无禽流感的养殖场引进；加强禽流感的监测，做好集市、屠宰场等检疫；对种禽场定期进行血清学监测；在受威胁地区的禽施用疫苗预防接种。目前，禽流感疫苗的主要有基因工程疫苗和灭活疫苗。由于禽流感病毒的高度变异性，所以一般都限制弱毒疫苗的使用，以免弱毒在使用中变异而使毒力返强，形成新的高致病力毒株。现阶段广泛使用的是禽流感 H5 和 H9 油乳剂灭活疫苗，一般能收到较好的免疫效果。

（2）发病时的处理措施。

一旦发现高致病力禽流感（H5）可疑病例，应立即向当地兽医部门报告，同时对病鸡群（场）进行封锁和隔离；一旦确诊，立即在有关兽医部门指导下，划定疫点、疫区和受威胁区。严禁疫点内的禽类以及相关产品、人员、车辆以及其他物品运出，因特殊原因需要进出的必须经过严格的消毒；同时扑杀疫点内的一切禽类，扑杀的禽类以及相关产品，包括种苗、种蛋、菜蛋、动物粪便、饲料、垫料等，必须经深埋或焚烧等方法进行无害化处理；对疫点内的禽舍、养禽工具、运输工具、场地及周围环境实施严格的消毒和无害化处理。禁止疫区内的家禽及其产品的贸易和流动，设立临时消毒关卡对进出运输工具等进行严格消毒，对疫区内易感禽群进行监控，同时加强对受威胁区内禽类的监察。在对疫点内的禽类及相关产品进行无害化处理后，还要对疫点反复进行彻底消毒，彻底消毒后21天，如受威胁区内的禽类未发现有新的病例出现，即可解除封锁令。

8. 公共卫生

高致病性禽流感病毒H5N1亚型有感染人的报道，人感染后有体温升高、咽喉疼痛、肌肉酸痛、咳嗽和肺炎等症状。此外，2013年3月，在我国上海、安徽首次发现H7N9禽流感病毒感染人事件，其人感染后发热，咳嗽，少痰，可伴有头痛、肌肉酸痛和全身不适。重症患者病情发展迅速，表现为重症肺炎，体温大多持续在39 °C以上，出现呼吸困难，可伴有咳血痰；可快速进展出现急性呼吸窘迫综合征、纵隔气肿、脓毒症、休克、意识障碍及急性肾损伤等；至2013年5月6日前已致36人死亡。目前没有发现人传人的报道。禁止乱宰乱屠病禽，病死禽不能食用。在接触病禽或尸体剖检时要做好个人防护，注意穿隔离服和带乳胶手套，并严格消毒。

二、新城疫

新城疫（Newcastle disease，ND），又称亚洲鸡瘟，伪鸡瘟等，是由新城疫病毒引起的一种急性、高度接触性传染病，主要侵害鸡和火鸡，其他禽类和野禽也能感染，也能感染人。其典型特征为呼吸困难，下痢、神经紊乱、腺胃乳头出血和小肠中后段局灶性出血和坏死。虽然已经广泛接种疫苗预防，但该病目前仍是最主要和最危险的禽病之一，被国家列为动物一类传染病。

1. 病　原

新城疫病毒（Newcastle Disease Virus，NDV），属RNA病毒中的单股负链病毒目、副黏病毒科、副黏病毒亚科、腮腺炎病毒属的禽副黏病毒。它只有一个血清型，但不同毒株的毒力差异很大，根据对鸡的致病性，可将病毒株分为三型：速发型（强毒力型）、中发型（中等毒力型）和缓发型（低毒力型）。

病毒不耐热，在 60 °C 时 30 分钟即被杀死。对 pH 较稳定，pH 值 3 ~ 10 时不被破坏，对低温有很强的抵抗力，在 – 10 °C 可存活一年以上。对消毒药的抵抗力较弱，常用的消毒药如 2%氢氧化钠、5%漂白粉、70%酒精 20 分钟即可将病毒杀死。

2. 流行病学

本病的主要传染源是病鸡和带毒鸡，其次是其他鸟类（如鹦鹉、鸽、麻雀等）。

鸡、火鸡、珠鸡和野鸡对本病都有易感性，其中以鸡最易感，其次是野鸡。鸽、鹌鹑及观赏鸟有发病流行的报道。野禽和笼养鸟（鹦鹉）多为隐性感染。鸭和鹅也可感染，但很少或不表现症状，1990 年后起鹅也可感染发病。

本病的传播途径主要是呼吸道，其次是消化道，但不能经卵发生垂直传播。非易感的野禽、外寄生虫、人畜均可机械地传播病原。

人类感染新城疫病毒后，偶尔发生眼结膜炎、发热、头痛等不适症状。

新城疫不分鸡的品种、年龄，一年四季均可发生，在易感鸡群中迅速传播，呈毁灭性流行，在非免疫鸡群发病率和病死率可高达 90%以上。

非典型新城疫多发生于免疫鸡群，以 30 ~ 40 日龄左右的雏鸡和产蛋高峰期的鸡发病较多，雏鸡或成鸡的发病率与病死率均不高。

3. 临床症状

（1）最急性型。多见于新城疫的暴发初期，鸡群无明显异常而突然出现急性死亡病例。

（2）急性型。最为常见，在突然死亡病例出现后几天，鸡群内病鸡明显增加。

病鸡眼半闭或全闭，呈昏睡状，头颈卷缩、尾翼下垂，废食，病初期体温升高（可达 43 ~ 44 °C），饮水增加；但随着病情加重而废饮，冠和肉髯紫蓝色或紫黑色，嗉囊内充满硬结未消化的饲料或充满酸臭的液体，口角常有分泌物流出。呼吸困难，有啰音，张口伸颈，年龄愈小愈明显，同时发出怪叫声。下痢，粪便呈黄绿色，混有多量黏液，泄殖腔充血、出血。产蛋鸡产蛋量下降，蛋壳褪色或变成白色，软壳蛋、畸形蛋增多，种蛋受精率和孵化率明显下降。病鸡出现神经症状，以雏鸡多见，表现全身抽搐、扭颈，呈间歇性，有的瘫腿和翅麻痹。病程 2 ~ 5 天，1 月龄以内的鸡病程短，症状不明显，病死率高。

（3）亚急性或慢性型。在经过急性期后仍存活的鸡，陆续出现神经症状，盲目前冲、后退、转圈，啄食不准确，头颈后仰望天或扭曲在背上方等，其中一部分鸡因采食不到饲料而逐渐衰竭死亡，但也有少数神经症状的鸡能存活并基本正常生长和增重。此型多见于流行后期的成年鸡，病死率较低。

非典型新城疫多见于免疫鸡群，特别是二免前后的鸡发病最多，但发病率和死亡率低于典型新城疫，仅表现为呼吸道症状和神经症状。

4. 病理变化

（1）典型新城疫。本病的主要病理变化是全身黏膜和浆膜出血，以消化道最为严重。典型病变是腺胃乳头明显出血；小肠黏膜有紫红色的枣核状出血和坏死，病灶表面有黄色和灰绿色纤维素性假膜覆盖，假膜脱落后即成溃疡；喉、气管黏膜充血，出血，肺有时可见瘀血、水肿；盲肠扁桃体常见肿大、出血和坏死；直肠黏膜常呈条纹状出血；脑膜充血或出血；肝和脾无明显变化。产蛋鸡卵泡和输卵管显著充血，卵泡膜极易破裂以致卵黄流入腹腔引起卵黄性腹膜炎。肝、脾、肾无明显的病变。

（2）非典型新城疫。大多可见到喉气管黏膜不同程度的充血、出血；输卵管充血、水肿；直肠黏膜、泄殖腔和盲肠、扁桃体多见出血，且回肠黏膜表面常有枣核样肿大突起。

5. 诊　断

根据发病流行的特点、典型的症状（神经症状）和剖检变化可初步诊断为新城疫，但确诊要进行病毒分离培养，用已知抗血清做血凝和血凝抑制试验鉴定。

6. 防治措施

新城疫是危害严重的禽病，必须严格按国家有关法令和规定，对疫情进行严格处理，必须认真地执行预防传染病的总体卫生防疫措施，以便减少暴发的危险，尤其是在每年的冬季，养鸡场均应采取严格的防范措施。

（1）预防措施。

① 做好鸡场的卫生管理。卫生管理主要是控制病原体侵入鸡群，鸡场要严格执行卫生防疫制度和措施；防止带毒鸡（包括鸟类）和污染物品进入鸡群；饲料来源要安全；不从疫区引进种蛋和雏鸡；新购进的鸡须接种新城疫疫苗，并隔离饲养 2 周以上，确实证明无病时，才能与健康鸡合群。

② 严格执行消毒措施。鸡场应有完善的消毒设施，鸡场进出口应设消毒池。所有人员进入饲养区必须消毒，更换工作服和鞋帽。进入场区的车辆和用具也要消毒。鸡场可实行全进全出制度，进鸡前及全群鸡出栏后进行彻底

消毒，平时鸡舍周围环境也应定期进行消毒和带毒鸡消毒。

③ 加强饲养管理，预防其他疾病。供给全价饲料，减少各种应激，做好其他疾病的预防。

④ 合理做好免疫。新城疫的预防除在做好鸡场的卫生管理和严格执行消毒措施基础上，科学有效的免疫接种是预防本病的关键。根据鸡场规模、饲养水平及新城疫在本地区的流行特点，制定出一个合理的免疫程序。有条件的鸡场应进行鸡群免疫状态与抗体效价的检测，做到万无一失。

新城疫疫苗有活疫苗和灭活苗两类。

活疫苗有Ⅰ系、Ⅱ系、Ⅳ系（Lasota 株）及克隆 30（Clone30）等。Ⅰ系苗是一种中等毒力的活苗，用于经过弱毒力的疫苗免疫后的鸡或 2 月龄以上的鸡。多采用肌肉注射和刺种的方法接种。幼龄鸡使用后会引起较重的接种反应，甚至发病和排毒，国外有的国家禁止使用，所以最好不用。Ⅱ系（B1 株）、Ⅳ系（Lasota 株）、克隆 30 均为弱毒力的活苗，大小鸡均可使用。多采用点眼、滴鼻和饮水及气雾等方法接种。克隆 30 疫苗是 LaSota 毒株（Ⅳ系）经克隆化而制成的，毒力比 LaSota 毒株低，接种后的反应小，免疫原性高，最适用于 1 日龄以上雏鸡的新城疫基础免疫。

灭活苗是采用 Lasota 毒株灭活后加入油佐剂制成的，经肌肉或皮下注射接种，成本较高，必须逐只注射。优点是安全可靠，容易保存，尤其是产生的保护性抗体水平很高，维持较长时间。灭活苗和活苗同时分别接种，活苗能促进对灭活苗的免疫反应。

⑤ 建立免疫监测制度。定期对鸡群抽样采血，用血凝抑制试验测定免疫鸡群中 HI 抗体效价。根据 HI 抗体水平确定首免和再次免疫时间，是最科学的方法。一般认为，HI 抗体滴度在 1∶16 以上可保护鸡群免于发病死亡，低于 1∶8 要马上接种。但是规模化鸡场，应确保 HI 抗体滴度大于 1∶64。应注意的是有的地区出现产蛋期的鸡在高抗体（8log2 以上）发生新城疫引起产蛋下降，因而抗体监测也不是绝对安全的，因为 HI 抗体与病毒的中和抗体只能说相关，特别是病毒在抗原性上的变异已引起研究者的关注，在高抗体发病的地区，用当地流行株制成灭活苗进行接种已被人们所接受。

（2）发病后的控制措施。

① 按规定，怀疑为新城疫时，应及时报告当地兽医部门，确诊后立即由当地政府部门划定疫区，进行扑杀、封锁、隔离和消毒等严格的防疫措施。

② 首先，采取隔离封锁饲养，禁止人员、工具向健康鸡舍流动，用火碱水进行病鸡舍路面及周围的消毒，立即对病鸡进行无害化处理，防止继续散毒。

③ 其次，及时应用新城疫疫苗进行紧急接种，1 月龄以内的雏鸡用Ⅳ系苗，按常规剂量 2 ~ 4 倍滴鼻、点眼，同时注射油乳剂苗 1 羽份，对 2 月龄以上鸡用 2 倍量Ⅰ系苗肌肉注射，接种顺序为：假定健康群→可疑群→病鸡群。每只鸡用一支针头，出现症状按病鸡处理，一般 5 天左右即可使疫情平息。对于早期病鸡和可疑病鸡，用新城疫高免血清或卵黄抗体进行注射也能控制本病发展，待病情稳定后再用疫苗接种。在最后一只病鸡死亡或扑杀后 2 周，全场经大消毒后，方可解除封锁。

7. 公共卫生

新城疫病毒也会感染人，多是在剖检病禽时不注意个人防护而被感染，主要表现严重的眼结膜炎，全身症状可有发冷、头痛、不适，偶有发热，但一般不会引起死亡。所以，兽医人员在剖检病鸡时要做好个人防护和消毒工作。

三、传染性支气管炎

传染性支气管炎（Infectious Bronchitis，IB）是鸡的一种急性、高度接触传染的病毒性呼吸道和泌尿生殖道疾病。其特征是咳嗽、喷嚏、气管啰音和呼吸道黏膜呈浆液性卡他性炎症，传播极其迅速。

1. 病　原

本病是传染性支气管炎病毒（Infectious Bronchitis Virus，IBV），属于冠状病毒科冠状病毒属。IBV 多数呈圆形或椭圆形，直径约 120 nm，病毒粒子有囊膜，表面有长约 20 nm 的杆状纤突。

大多数病毒株在 56 °C 15 分钟失去活力，在低温下能长期保存，冻干保存最少可活 24 年，病毒不能抵抗一般的消毒剂，如 1%的来苏儿、0.01%高锰酸钾、1%福尔马林等能在 3 分钟内杀死病毒。

2. 流行病学

病鸡和带毒鸡是主要传染源，各种龄期的鸡均易感，但以雏鸡和产蛋鸡发病较多，尤其 40 日龄以内的雏鸡发病最为严重，死亡率也高。

传染性支气管炎属于高度接触性传染病，在鸡群中传播速度快（2 天内可波及全场），潜伏期短（36 小时），病鸡带毒时间长（康复后 49 天仍可排毒）。发病率高，但死亡率根据病的类型和鸡的年龄差别大，呼吸型的 1 周龄内的雏鸡可达 90%以上，而成鸡则表现为产蛋率下降，很少死亡。

本病的主要传播方式是病鸡从呼吸道排毒，经空气中的飞沫和尘埃传给易感鸡。此外，也可从泄殖腔排毒，通过饲料、饮水等媒介，经消化道传染。

本病一年四季流行，但以冬春寒冷季节最为严重。过热、拥挤、温度过低、通风不良、饲料中的营养成分配比失当、缺乏维生素和矿物质及其他不良应激因素都会促进本病的发生。

3. 临床症状

（1）呼吸型。幼雏主要病变表现为鼻腔、喉头、气管、支气管内有浆液性、卡他性和干酪样（后期）分泌物。病鸡表现为伸颈、张口呼吸、咳嗽，有“咕噜”音，精神萎靡，食欲废绝、羽毛松乱、翅下垂、昏睡、怕冷，常拥挤在一起。产蛋鸡感染后产蛋量下降 25%～50%，同时产软壳蛋、畸形蛋或砂壳蛋，蛋白稀薄如水样。

（2）肾型。主要发生于 2～4 周龄的肉鸡。最初表现短期（约 1～4 天）的轻微呼吸道症状，包括啰音、喷嚏、咳嗽等，但只有在夜间才较明显，因此常被忽视。中期病鸡表面康复，呼吸道症状消失，鸡群没有可见的异常表现。后期是受感染鸡群突然发病。病鸡挤堆、厌食，脱水、饮水增加，排白色稀便，粪便中几乎全是尿酸盐。病鸡因脱水而体重减轻、胸肌发绀，重者鸡冠、面部及全身皮肤颜色发暗。发病 10～12 天达到死亡高峰，21 天后死亡停止，死亡率约 30%。6 周龄以上的鸡死亡率降低。

4. 病理变化

（1）呼吸型。主要病变见于气管、支气管、鼻腔、肺等呼吸器官。表现为气管环出血，管腔中有黄色或黑黄色栓塞物。幼雏鼻腔、鼻窦黏膜充血，鼻腔中有黏稠分泌物，肺脏水肿或出血。产蛋鸡则多表现为卵泡充血、出血、变形、破裂，甚至发生卵黄性腹膜炎。

患鸡输卵管发育受阻，变细、变短或成囊状。产蛋鸡的卵泡变形，甚至破裂。若在雏鸡阶段感染过 IB，则成年后鸡的输卵管发育不全，管腔狭小或出现节段状。

（2）肾型。主要病变为肾脏苍白、肿大、小叶突出。肾小管和输尿管扩张，沉积大量尿酸盐，使整个肾脏外观呈斑驳的白色网线状，俗称“花斑肾”。在严重病例中，病鸡挤堆、厌食，脱水、饮水增加，排白色稀便，粪便中几乎全是尿酸盐。白色尿酸盐不但弥散分布于肾表面，而且会沉积在其他组织器官表面，即出现所谓的内脏型“痛风”。有时还可见法氏囊黏膜充血、出血，囊腔内积有黄色胶冻状物；肠黏膜呈卡他性炎变化，全身皮肤和肌肉发绀，肌肉失水。

5. 诊　断

根据典型症状和剖检变化可作出初步诊断，进一步确诊则有赖于病毒分离与鉴定及其他实验室诊断方法。

6. 防制措施

（1）加强饲养管理。降低饲养密度，避免鸡群拥挤，注意温度、湿度变化，避免过冷、过热。加强通风，防止有害气体刺激呼吸道。合理配比饲料，防止维生素，尤其是维生素 A 的缺乏，以增强机体的抵抗力。

（2）适时接种疫苗。在免疫方面，目前国内外普遍采用 Massachusetts 血清型的 H120 和 H52 弱毒疫苗来控制 IB，这与该型毒株流行最广泛有关。H120 的毒力较弱，主要用于免疫 4 周龄以内的雏鸡，H52 毒力较强，只能用于 1 月龄以上的鸡。首免可在 7 ~ 10 日龄用传染性支气管炎 H120 弱毒疫苗点眼或滴鼻；二免可于 30 日龄用传染性支气管炎 H52 弱毒疫苗点眼或滴鼻；对蛋鸡和种鸡群还应于开产前接种一次 IB 油乳剂灭活疫苗。对于饲养周期长的鸡群最好每隔 60 ~ 90 天用 H52 苗喷雾或饮水免疫。

（3）治疗。本病目前尚无特异性治疗方法，改善饲养管理条件，降低鸡群密度，饲料或饮水中添加抗菌药物，控制大肠杆菌、支原体等病原的继发感染或混合感染具有一定的作用。对肾型传染性气管炎，发病后应降低饲料中蛋白的含量，并注意补充 K+和 Na+，具有一定的治疗作用。

四、传染性喉气管炎

传染性喉气管炎（Infectious Laryngotracheitis，ILT）是由传染性喉气管炎病毒（ILTV）引起鸡的一种急性接触性呼吸道传染病。其特征是呼吸困难、气喘、咳嗽，并咳出血样的分泌物，喉部气管黏膜肿胀、出血和糜烂、坏死及大面积出血。本病对养鸡业危害较大，传播快，已遍及世界许多养鸡国家和地区。

1. 病　原

传染性喉气管炎病毒（ILTV）属于疱疹病毒科、α 型疱疹病毒亚科的禽疱疹病毒 1 型。该病毒虽只有一个血清型，但不同毒株的致病力不同，给本病的控制带来一定困难。病鸡的气管组织及其渗出物中含病毒最多，用病料接种 9 ~ 12 日龄鸡胚绒尿膜，经 4 ~ 5 天后可引起鸡胚死亡，在绒尿膜上可形成斑块状病灶。

本病毒对外界环境的抵抗力较弱，加热 55 °C 存活 10 ~ 15 分钟，37 °C

存活 22～24 小时，在生理盐水中的病毒，在室温下 90 分钟可灭活，煮沸立即死亡。兽医上常用的消毒药如 3%来苏儿，1%氢氧化钠溶液，3%过氧乙酸等在较短时间内可将其杀死。甲醛等消毒药也有效果。

2. 流行病学

本病主要侵害鸡，各种年龄的鸡均可感染，但以育成鸡和成年鸡多发，症状也最为典型。病鸡和康复后带毒鸡是主要传染源，康复鸡可带毒两年。病鸡通过呼吸道排出病毒，健康鸡经上呼吸道及眼结膜感染。病毒感染后可长期存在于喉头、气管黏膜上皮细胞中，并成为新流行的传染源。目前还未有 ILTV 能垂直传播的证据。

本病在易感鸡群中传播速度较快，短期内可波及全群。感染率高达 90%～100%。该病的死亡率一般急性型可达 5%～10%，慢性或温和型死亡率一般低于 5%。产蛋鸡群感染后，其产蛋下降可达 35%或更高。本病一年四季均可发生，尤以秋后冬初季节多见，饲养管理不好可诱发本病。

3. 临床症状

本病潜伏期的长短与 ILTV 毒株的毒力有关，自然感染的潜伏期为 6～12 天，人工气管内接种时为 2～4 天。突然发病和迅速传播是本病发生的特点。

发病初期，常有数只鸡突然死亡。病初有鼻液，呈半透明状，伴有结膜炎。其后表现为特征的呼吸道症状，即呼吸时发生湿性啰音、咳嗽、有喘鸣音。严重病例，张口呼吸、高度呼吸困难，头颈部突然上伸，并咳出带血的分泌物。若分泌物不能咳出而堵住气管时，可引起窒息死亡。病鸡体温升高 43 °C 左右，精神高度沉郁，食欲减退或废绝，鸡冠发紫，有时还排除绿色粪便，最后衰竭死亡。产蛋鸡的产蛋量迅速减少（可达 35%），康复后 1～2 个月才能恢复。

有些毒力较弱的毒株流行较缓和，症状较轻，有结膜炎，眶下窦炎。病程较长，长的可达 1 个月。死亡率一般较低，大部分病鸡可以耐过。

4. 病理变化

主要病变在喉部和气管。轻者喉头和器官呈卡他性炎症，黏膜充血肿胀，有黏液，进而黏膜发生出血、变性和坏死，气管中含有带血黏液或血凝块，气管管腔变窄，环状出血，病程稍长者，有黄白色纤维素性假膜或黄色干酪样物，并在该处形成栓塞，易于剥离。重者炎症可扩散到支气管、肺、气囊或眶下窦。内脏器官无特征性病变。

5. 诊　断

根据流行病学、症状和病理变化，可作出初步诊断。在症状，病变不典型时，与传染性支气管炎、鸡支原体感染、禽流感等病不易区别，进一步确诊则有赖于病毒分离与鉴定及其他实验室诊断方法。

6. 防治措施

由于本病大多由带毒鸡所传染，因此易感鸡不能与康复鸡或接种疫苗的鸡养在一起。平时要注意环境卫生、消毒，鸡舍内氨气过浓时，易诱发本病，要改善鸡舍通风条件，降低鸡舍内有害气体的含量，执行全进全出的饲养制度，严防病鸡和带毒鸡的引入。常发生本病的鸡场，应用鸡传染性喉气管炎弱毒疫苗进行预防接种，这是预防本病的有效方法。首免在 28 日龄左右，二免在 70 日龄左右。免疫接种方法可采用点眼法。接种后 3 ~ 4 天可发生轻度眼结膜反应，个别鸡只出现眼肿，甚至眼盲现象，可用每毫升含 1 000 ~ 2 000IU 的庆大霉素或其他抗菌素滴眼。为防止鸡发生眼结膜炎，稀释疫苗时每羽份加入青霉素、链霉素各 500IU。疫苗的免疫期可达半年至 1 年。

发病鸡群目前尚无特异的治疗方法，但本病多是由于继发葡萄球菌感染而使病情加重，所以采用抗菌素治疗可收到良好效果。对发病鸡群，病初期可用弱毒疫苗点眼，接种后 5 ~ 7 天即可控制病情。耐过的康复鸡在一定时间内可带毒和排毒，因此需严格控制康复鸡与易感鸡群的接触，最好将病愈鸡只做淘汰处理。

五、鸡　痘

本病是由鸡痘病毒引起禽类的接触性传染病。主要特征是在无毛或少毛的皮肤上有痘疹，或在口腔、咽喉部黏膜上形成白色结节，故又称禽白喉。

1. 病　原

鸡痘病毒属痘病毒科、禽痘病毒属，是一种单分子线状双股 DNA 病毒，各种禽类痘病毒与哺乳动物痘病毒之间不能交叉感染和交叉免疫，且各种禽痘病毒之间在抗原性上极近似，均具有血细胞凝集性。

痘病毒存在于鸡患部、皮屑、粪便及咳出的飞沫中，对外界环境的抵抗力很强，特别是对干燥的耐受力更强，在干燥的痂皮中能存活 6 ~ 8 周，但对热、直射阳光、酸、碱较敏感。一般消毒药 1%火碱、1%醋酸 5 ~ 10 分钟内可将其杀死。

2. 流行病学

鸡对本病最易感，以雏鸡和青年鸡最为严重，雏鸡死淘率高。成年鸡感染可引起产蛋率下降。

本病的传染源主要是病鸡。传染媒介是吸血昆虫，主要是蚊子和体表寄生虫。传播途径主要是通过皮肤、黏膜的伤口接触传染或经蚊虫叮咬传染。

本病一年四季均可发生，以秋季和蚊子活跃的季节最易流行。夏、秋季发生皮肤型的较多，冬季发生白喉型的较多。肉用仔鸡夏季也常发生本病。鸡舍通风不良、阴暗、潮湿、维生素缺乏、体表寄生虫等可使病情加重；如继发和并发其他疾病，可使病死率增高；特别是继发葡萄球菌感染时可造成大批死亡。

3. 临床症状

鸡痘的潜伏期约 4 ~ 50 天，根据病鸡的症状和病变，可以分为皮肤型、黏膜型和混合型三种病型，偶有败血症。

（1）皮肤型。病鸡精神不振，产蛋率下降，在身体无或毛稀少的部分，特别是在鸡冠、肉髯、眼睑和喙角，亦可出现于泄殖腔的周围、翅膀内侧发生灰色或黄灰色的疱疹，进而增大，呈干硬结节。一般无全身症状，但有的幼雏和中雏病情较严重，出现不食、体重减轻等症状，个别可发生死亡。蛋鸡可发生产蛋减少或不产蛋。

（2）黏膜型。又称白喉型，幼雏和中雏发生较多，病死率可达 50%左右。病鸡主要在口腔、咽喉和眼等黏膜表面，气管黏膜出现淡黄色斑点状丘疹，随病情发展相互融合成白喉样伪膜，伪膜伸入喉部可引起呼吸困难，最后窒息而死。

（3）混合型。在皮肤上和口腔黏膜上均有痘疹结节或假膜、结痂等病变。病情较严重，死亡率高。

4. 病理变化

与临床相似，口腔黏膜病可延至气管、食道和肠，肠黏膜可出现小点状出血，肝、脾、肾肿大，心肌有时呈实质变性。

5. 诊　断

根据流行病学、临诊症状和病理变化，特别是在少毛或无毛皮肤处或黏膜上发生特殊的丘疹、假膜、结痂可作出诊断。但黏膜型鸡痘需与传染性喉气管炎进行鉴别，一般情况下，黏膜型鸡痘发病的同时多在鸡群中可发现皮肤型鸡痘。要确诊，通过琼脂扩散试验、血凝试验、免疫荧光法、ELISA 及病毒中和试验等实验室诊断。

6. 防治措施

要做好卫生防疫工作，新引进的鸡要隔离，观察 20 d 以上，检验无病时方可合群。应注意消灭鸡舍内蚊子、体外寄生虫等。预防本病的最好方法是免疫接种，用鸡痘鹌鹑化弱毒苗或鸡痘鹌鹑化弱毒细胞苗采用鸡痘刺种针（或无菌钢笔尖）蘸取稀释的疫苗，于鸡翅内侧无血管处皮下刺种。鸡群于接种后 7 ~ 10 天应检查是否种上。种上的鸡在接种后 3 ~ 4 天刺种部位出现红肿，随后产生结节并结痂，2 ~ 3 周痂块脱落。免疫期雏鸡 2 个月，成鸡 5 个月。

发病时立即隔离、彻底消毒。死禽深埋或焚烧，病重者淘汰，轻者抓紧治疗，康复鸡在 2 个月后方可合群。

目前本病无特效治疗药物，主要采取对症治疗。在刚出现病鸡时，可紧急刺种疫苗。皮肤上的痘痂，一般不作治疗，必要时可用清洁镊子小心剥离，伤口涂碘酒、红汞或紫药水。对白喉型鸡痘，应用镊子剥掉口腔黏膜的假膜，用 1%高锰酸钾洗后，再用碘甘油或氯霉素、鱼肝油涂搽。病鸡眼部如果发生肿胀，眼球尚未发生损坏，可将眼部蓄积的干酪样物排出，然后用 2%硼酸溶液或 1%高锰酸钾冲洗干净，再滴入 5%蛋白银溶液。剥下的痂膜、痘痂或干酪样物都应烧掉，严禁乱丢，以防散毒。

六、传染性法氏囊病

传染性法氏囊病（Infectious Bursal Disease，IBD），是由传染性法氏囊炎病毒引起的鸡的一种急性高度接触性免疫抑制性传染病。主要症状为腹泻、寒战、极度虚弱、法氏囊、腿肌和胸肌、腺胃和肌胃交界处出血。

1. 病　原

传染性法氏囊炎病毒（1nfections Bursal Disease Virus，IBDV）属双 RNA 病毒科，禽双 RNA 病毒属。病毒无凝集红细胞特性。

目前已知 IBDV 有两个血清型，即血清 I 型（鸡源性毒株）和血清 Ⅱ 型（火鸡源性毒株），两者在血清学上的相关性低于 10%，相互间的交叉保护力极差。

病毒在外界环境中极为稳定，特别耐热，60 °C 90 分钟或 70 °C 30 分钟病毒才被灭活。耐干燥，在鸡舍中可存活 122 天。耐阳光及紫外线照射。来苏儿和新洁尔灭都不能将其杀灭，但对甲醛、过氧化氢、氯胺、复合碘胺类消毒药敏感。

2. 流行病学

本病一年四季均可发生，但以冬春季节较为严重。易感动物只有鸡，各品种的鸡都感染发病。主要发生于 2～15 周龄的鸡，3～6 周龄的鸡最易感，肉仔鸡比蛋鸡易感。成年鸡对本病有抵抗力。1～2 周龄的雏鸡发病较少。

病鸡和隐性感染鸡是本病的主要传染源，可通过直接接触传播，也可通过被污染的饲料、饮水、垫草、用具等间接接触传播。小粉虫、鼠类、人、车辆等可能成为传播媒介。

本病常突然发生，迅速传播全群，并向邻近鸡舍传播，常造成地方性流行。鸡群通常在感染后第 3 天开始死亡，于 5～7 天达到最高峰，以后逐渐减少。商品肉鸡由于高密度饲养，病情最为严重。遇超强毒株感染，首次爆发时发病率高达 100%，死亡率高达 80%或更高。一般的发病率为 70%～90%，死亡率为 20%～40%。本病发生后，由于出现免疫抑制，诱发多种疫病混合感染，导致多种疫苗免疫失败。

3. 临床症状

本病潜伏期为 2～3 天，易感鸡群感染后发病突然，病程一般为 1 周左右，病鸡精神不振，羽毛松乱，少食或废食，饮水增加，低头发抖，排米汤样乳白色稀便，肛门周围的羽毛常被粪便污染，个别鸡有啄自己肛门的现象，严重者瘫卧在地，虚脱而死。近年来还发现由本病毒的变异株感染引起的亚临床型传染性法氏囊炎，其临床症状表现轻微，死亡率低，几乎见不到法氏囊的肉眼病变；但可产生严重的免疫抑制，常造成抗病能力下降和疫苗免疫失败，危害性较大。

4. 病理变化

病死鸡眼球下陷，脱水，皮下干燥，大腿内外侧和胸部肌肉常见条索状或斑块状出血。腺胃和肌胃交界处常见出血点或出血斑。特征病变为法氏囊肿大、水肿、出血，比正常的肿大 2～3 倍，浆膜下有淡黄色胶冻样渗出液，严重者在法氏囊内有干酪样渗出物。肾脏明显肿大、颜色苍白，肾小管和输尿管中有尿酸盐沉积，使肾脏呈现花斑状。病程稍长的法氏囊萎缩。

5. 诊　断

根据鸡传染性法氏囊病的流行病学、主要症状、特征性的剖检病变可做出初步诊断。确诊需做病毒的分离鉴定或血清学检查。

6. 防制措施

（1）预防措施：

① 加强环境卫生和消毒工作。采用全进全出饲养体制，进前出后彻底清扫，用福尔马林熏蒸消毒，严格控制人员、车辆进出和消毒。定期用 0.2%过氧乙酸带鸡喷雾消毒。要特别注意不要从有本病的地区、鸡场引进鸡苗、种蛋。必须引进的要隔离消毒观察 20 天以上，确认健康者方可合群。

② 免疫接种。用传染性法氏囊病油乳剂灭火苗对 18～20 周龄种鸡进行第一次免疫，于 40～42 周龄时第二次免疫，母源抗体能保护雏鸡至 2～3 周龄，以提高种鸡的母源抗体水平，保护子代雏鸡避免早期感染。对雏鸡进行免疫接种，有弱毒疫苗和灭活疫苗。现常用的弱毒疫苗有 Cu-IM、D78、TAD、B87、BJ836；这些中等毒力的弱毒疫苗接种后对法氏囊有较轻微的损伤，但保护率高，在污染场使用这类疫苗效果较好。灭活疫苗是用鸡胚成纤维细胞毒或鸡胚的油佐剂灭活苗，一般用于弱毒疫苗免疫后的加强免疫。确定雏鸡的首次免疫日龄十分重要，因此，要搞好鸡群的免疫监测工作，根据所测定的母源抗体或鸡群的抗体水平制订合理的免疫程序。

（2）扑灭措施：

一旦发现本病，立即隔离封锁，对污染环境要彻底清除后反复消毒。用 0.2%过氧乙酸喷雾消毒每天一次，连续 7～14 天。冬天适当提高鸡舍温度（1～3 °C）。饮水中加 0.5%白糖、0.1%盐、复合维生素 B、维生素 C、电解多维等。同时降低病鸡饲料中的蛋白质含量（降至 15%为宜）。病雏鸡早期用高免血清或卵黄抗体治疗可获得较好疗效。雏鸡 0.5～1.0 mL/羽，大鸡 1.0～2.0 mL/羽，皮下或肌肉注射，必要时次日再注射一次。同时用采集本地区或本场垂危病鸡和死鸡的法氏囊，制成灭活油乳苗，对其余鸡颈部皮下注射 0.3 mL，进行普遍防疫。

七、马立克氏病

马立克氏病（Marek’s Disease，MD）是由疱疹病毒引起的一种淋巴组织增生性疾病。以外周神经麻痹，虹膜褪色变形，皮肤、性腺、内脏等组织发生淋巴细胞增生、浸润，形成肿瘤为特征。

1. 病　原

病原体是马立克氏病病毒（Marek’s Disease Virus，MDV），疱疹病毒。MDV 在鸡体内有两种形式存在，一种是无囊膜的裸体病毒，主要存在于内脏组织肿瘤细胞内，是严格的细胞结合病毒，与细胞共存亡；对外界的抵抗力很低，当感染细胞破裂死亡时，病毒粒子的毒力显著下降或失去感染力；另一种是有囊膜的完全病毒，主要存在于羽毛囊上皮细胞内，是非细胞结合性病毒，脱离细胞可存活，对外界有很强的抵抗能力，并能随脱落的皮屑和羽毛远距离传播。

MDV 对常用消毒药比较敏感，5%福尔马林、2%NaOH、3%来苏儿等常用消毒剂均可在 10 分钟内使其灭活。对温热较敏感，37 °C 18 小时、56 °C 30 分钟、60 °C 10 分钟可使其灭活。

2. 流行病学

传染源主要是病鸡和带毒鸡。感染鸡的羽毛囊上皮细胞中增殖的病毒具有很强的传染性。随羽毛、皮屑脱落而散布到周围环境中，通过污染的饲料和饮水，鸡舍被污染的灰尘长期保持传染性。经消化道感染。

本病易感动物是鸡，还可感染火鸡、山鸡、鹌鹑、鹧鸪、鸵鸟、鸭等。任何年龄的鸡均可感染，日龄越小易感性越高，刚出壳 1 日龄雏鸡易感性最高。年龄大的鸡感染后大多不发病，但作为带毒者可持续性地排毒。

3. 临床症状

自然感染的潜伏期因毒株的毒力、数量、鸡的年龄、品种等多种因素不同，长短不同，潜伏期短的 3 ~ 4 周，长的几个月。临诊症状可分为神经型（古典型）、内脏型（急性型）、眼型、皮肤型、混合型等五种类型。

（1）神经型。又称古典型。主要侵害外周神经。由于侵害的神经不同，表现的症状也不同。常见坐骨神经受到侵害，表现一侧不全麻痹，另一侧完全麻痹，病鸡一腿向前，一腿向后，呈特征性“劈叉”姿势；臂神经麻痹时，病鸡翅膀下垂、低头触地；颈神经麻痹时，头颈歪斜；植物性神经受侵害时，病鸡失声呼吸困难、嗉囊扩张、拉稀、消瘦，最后衰弱死亡或被淘汰。

（2）内脏型。多见于 2 ~ 3 月龄鸡。常呈急性暴发，病鸡精神沉郁、呆立或蹲坐、下腹部胀大、不食、突然死亡。

（3）眼型。因虹膜受害，虹膜呈同心环状或斑点状，一侧或两侧虹膜由正常的橘红色褪色变成灰白色，俗称“灰眼”“鱼眼”或“珍珠眼”，虹膜变形，边缘不整，瞳孔缩小，严重者如针尖大小，对光反射迟钝或消失。

（4）皮肤型。颈部、腿部或背部毛囊肿大形成结节或瘤状物。

（5）混合型。同时出现上述两种或几种类型的症状。

4. 病理变化

（1）神经型。病变产要发生在坐骨神经、腰荐神经等部位。有病变的神经显著肿大，比正常粗 2 ~ 3 倍，外观呈灰白色或黄白色。病变多发生在一侧。

（2）内脏型。肝、肾、脾明显肿大，其上散布或多或少、大小不等的乳白色肿瘤结节，肿瘤切面呈油脂状。腺胃肿大，壁厚，黏膜乳头多融合成大的结节。卵巢肿大，肉样，失去皱褶，原始卵泡少或消失，大者如核桃，似肉团。

（3）眼型。虹膜或睫状肌有大量淋巴细胞增生、浸润。

（4）皮肤型。毛囊肿大、淋巴细胞性增生形成坚硬结节或瘤状物。

5. 诊　断

病鸡常有典型的肢体麻痹症状，出现外周神经受侵害、法氏囊萎缩、内脏肿瘤等病变。根据以上特征，一般可作现场诊断。本病的内脏肿瘤与鸡淋巴性白血病在眼观变化上很相似，需要作鉴别诊断。确诊需要做病毒分离鉴定与血清学检查。

6. 防治措施

本病目前没有有效的治疗方法，应采取综合性的防治措施。

（1）加强饲养管理和卫生管理。抓好孵化场的严格卫生消毒，种蛋种蛋入孵前和雏鸡出壳后均应用甲醛熏蒸；孵化器、孵化室的严密消毒。抓好科学的饲养管理，预防其他并发病。育雏舍应远离其他鸡舍，入雏前应彻底清扫和消毒。已感染的鸡场，要严格淘汰病、死鸡，鸡舍 3 ~ 5 天消毒一次，可选用过氧乙酸或百毒杀等有效消毒药。空舍需消毒后空两周以上方准进新雏，并要采取“全进全出”制。发病后没有治疗的价值病鸡，应尽早淘汰。因为本病的发生有明显的年龄性，发病愈早死淘愈高，发病年龄晚的鸡群损失就少。

（2）疫苗接种。疫苗接种是防制本病的关键。在进行疫苗接种的同时，鸡群要封闭饲养，尤其是育雏期间应搞好封闭隔离，可减少本病的发病率。雏鸡在出壳 24 小时内接种马立克氏病疫苗，免疫途径为皮下注射。有条件的鸡场可进行胚胎免疫，即在 18 日胚龄时进行鸡胚接种。接种后的两周内必须加强卫生和消毒管理，杜绝疫苗发生作用前感染野毒。

八、鸭　瘟

鸭瘟（Duck Plague，DP）是由鸭瘟病毒引起的鸭和鹅的一种急性、热性、败血性传染病。主要特征为体温升高，两腿麻痹，流泪和眼睑水肿，部分病鸭头颈肿大。食道和泄殖腔黏膜有坏死性假膜和溃疡，肝脏坏死灶和出血点。本病传播迅速，发病率和病死率都很高，是严重威胁养鸭业发展的重要传染病之一。

1. 病　原

鸭瘟病毒（Duck plague virus，DPV）又称鸭疱疹病毒 1 型，属疱疹病毒科，疱疹病毒甲亚科。病毒粒子呈球形，双股 DNA，直径为 120 ~ 180 nm，有囊膜。

鸭瘟病毒对外界的抵抗力不强，80 °C 5 分钟即可死亡；夏季在直接阳光照射下，9 小时毒力消失；在秋季（25 ~ 28 °C）直射阳光下，9 小时毒力仍存活。病毒在 4 ~ 20 °C 污染禽舍内存活 5 天。但对低温抵抗力较强，在 – 5 ~ – 7 °C 经 3 个月毒力不减弱； – 10 ~ – 20 °C 经 1 年对鸭仍有致病力。病毒对乙醚和氯仿敏感。常用的消毒剂对鸭瘟病毒均具有杀灭作用。

2. 流行病学

鸭瘟的传染源主要是病鸭和病鹅，潜伏期带毒鸭及痊愈后的带毒鸭（至少带毒 3 个月）也可成为传染源。被病鸭和带毒鸭排泄物污染的饲料、饮水、用具和运输工具等，都是造成鸭瘟传播的重要因素。某些野生水禽感染病毒后，可成为传播本病的自然疫源和媒介。

鸭瘟的传播途径主要是消化道，也可以通过交配、眼结膜和呼吸道而传染，吸血昆虫也可能成为本病的传播媒介。人工感染时，经滴鼻、点眼、泄殖腔接种、皮肤刺种、肌肉和皮下注射均可使易感鸭发病。

本病一年四季都可发生，但一般以春夏之际和秋季流行最为严重。因为此时是鸭群大量上市，饲养量多，各地鸭群接触频繁，如检疫不严，容易造成鸭瘟的发生和流行。

3. 临床症状

潜伏期一般为 3 ~ 4 天。发病初期出现一般症状，之后两腿麻痹无力，行走困难，全身麻痹时伏卧不起，流泪和眼睑水肿，均是鸭瘟的一个特征症状。病鸭下痢，粪便稀薄，呈绿色或灰白色，肛门周围的羽毛被沾污或结块。大多数病鸭流泪和眼睑水肿，眼分泌物初为浆液性，继而黏稠或脓样，上下眼睑常粘连。部分病鸭头部肿大或下颌水肿，故俗称“大头瘟”或“肿头瘟”。

4. 病理变化

呈败血症病变，体表皮肤有许多散在的出血点，眼睑常粘连一起。其特征性病变食道黏膜有纵行排列的灰黄色假膜覆盖或小出血斑点，假膜易剥离，剥离后食道黏膜留有溃疡；肠黏膜充血、出血，以十二指肠、盲肠和直肠最为严重；泄殖腔黏膜表面覆盖一层灰褐色或黄绿色假膜，黏着很牢固，不易剥离，黏膜上有出血斑点和水肿；肝脏不肿大，肝表面有大小不等的出血点和灰黄色或灰白色坏死点，少数坏死点中间有小出血点或其周围有环形出血带，这种病变具有诊断意义；气管出血，肺脏淤血、水肿、出血。鹅感染鸭瘟病毒后的病变与鸭相似。

5. 诊　断

根据流行病学特点、特征症状和病变可做出初步诊断。确诊需作病毒分离鉴定、中和试验、血清学试验。

6. 防治措施

目前还没有治疗鸭瘟的有效药物，因此主要做好预防工作。

（1）预防措施。加强检疫工作。引进种鸭或鸭苗时必须严格检疫，鸭运回后隔离饲养，至少观察2周。不从疫区引进鸭；加强卫生消毒制度。对鸭舍、运动场和饲养用具等经常消毒；定期接种鸭瘟疫苗。目前使用的疫苗有鸭瘟鸭胚化弱毒苗和鸭瘟鸡胚化弱毒苗。雏鸭20日龄首免，4～5月后加强免疫1次即可。3月龄以上的鸭免疫1次，免疫期可达一年。

（2）发病后的措施。发生鸭瘟时，立即采取隔离和消毒措施，并对可疑感染和受威胁的鸭群进行紧急疫苗接种，可迅速控制疫情，收到很好的效果。

九、鸭病毒性肝炎

鸭病毒性肝炎（Duck Virus Hepatitis，DVH）是由鸭肝炎病毒（Duck Hepatitis Virus DHV）引起雏鸭的一种急性、高度致死性传染病。其特征是发病急，传播快，死亡率高；共济失调、角弓反张；肝脏肿大和出血。本病常给养鸭场造成巨大的经济损失，是严重危害养鸭业的主要传染病之一。

1. 病　原

鸭肝炎病毒（DHV），属小RNA病毒科，肠病毒属，无囊膜。本病毒有三个血清型，即血清Ⅰ、Ⅱ、Ⅲ型。我国及世界多数国家流行的鸭肝炎病毒血清型为Ⅰ型。

病毒对氯仿、乙醚、胰蛋白酶和 pH 3.0 均有抵抗力。对外界环境抵抗力比较强，56 °C 加热 60 分钟仍可存活，但 62 °C 30 分钟即被灭活。37 °C 可存活 21 天以上。在 4 °C 条件下可存活 2 年以上，在 – 20 °C 则可长达 9 年。病毒可在污染的孵化器内至少存活 10 周，在阴凉处的湿粪中可存活 37 天以上。对消毒药也有较强的抵抗力，在 2%漂白粉溶液中 3 小时才能杀死。增加消毒温度可提高消毒效果。

2. 流行病学

传染源是病鸭、带毒鸭和带毒野生水禽。传播途径主要是通过直接接触传播，经呼吸道亦可感染。本病一年四季均可发生，主要发生于 1 ~ 3 周龄雏鸭，特别是 5 ~ 10 日龄雏鸭最多见，成年鸭可呈隐性经过。在自然条件下不感染鸡、火鸡和鹅。

3. 临床症状

本病发病急，传播迅速、病程短。潜伏期 1 ~ 4 天。雏鸭发病初期表现精神委顿、缩颈、行动呆滞或跟不上群，常蹲下，眼半闭，厌食；发病半日到 1 日即出现神经症状，表现运动失调，翅膀下垂，呼吸困难，全身性抽搐，病鸭多侧卧，死前角弓反张，头向后背部扭曲，俗称“背脖病”，两脚痉挛性地反复踢蹬，有时在地上旋转。出现抽搐后，约十几分钟即死亡。喙端和爪尖淤血呈暗紫色，少数病鸭死前排黄白色和绿色稀粪。雏鸭发病率 100%，病死率因日龄而异。成年鸭感染可发生暂时性产蛋下降，但不出现神经症状。

4. 病理变化

主要病变在肝脏和胆囊，肝脏肿大，质地松软，极易撕裂，被膜下有大小不等的出血点或出血斑，胆囊肿胀呈长卵圆形，充满胆汁，胆汁呈褐色，淡茶色或淡绿色。脾脏也有不同程度的肿大，呈斑点状，被膜下有细小的出血点。肾脏肿大充血。心肌质软，呈熟肉样。脑充血、水肿、软化。

5. 诊　断

根据本病的流行病学特征，临床症状、病理变化可初步诊断。一个更敏感可靠的方法是接种 1 ~ 7 日龄的易感雏鸭，复制出该病的典型症状和病变，而接种同一日龄的具有母源抗体的雏鸭，则应有 80% ~ 100%受到保护。确诊需要进行实验室诊断。

6. 防制措施

（1）预防措施。严格的防疫和消毒制度是预防本病的积极措施，对 4 周龄以下的雏鸭进行隔离饲养、定期消毒，可以防止 DHV 感染。疫苗接种是预防本病的关键，尤其是对种母鸭的免疫更为重要。在本病流行严重的地区和鸭场，种鸭开产前 1 个月，先用弱毒苗免疫，一周后再用鸭肝炎油佐剂灭活苗加强免疫，可使雏鸭获得更高滴度的母源抗体。

（2）发病后的措施。目前尚无有效药物治疗本病，最有效办法是发病或受威胁的雏鸭群，皮下注射高免血清或高免卵黄液 1～2 mL，可起到降低死亡率、制止流行和预防发病的作用。

十、小鹅瘟

小鹅瘟（Gosling plague，GP）又称鹅细小病毒感染、雏鹅病毒性肠炎，是由小鹅瘟病毒引起的主要侵害雏鹅和雏番鸭的一种急性或亚急性败血性传染病。主要特征是侵害 4～20 龄以内的雏鸭，传播快、发病率高、死亡率高。急性型表现全身败血症，渗出性肠炎，小肠黏膜表层大片脱落，与凝固的纤维素性渗出物一起形成栓子，堵塞于肠腔。

1. 病 原

小鹅瘟病毒（Gosling Plague Virus，GPV）属于细小病毒科细小病毒属，完整病毒粒子呈球形或六角形，直径 20～22 nm，无囊膜，二十面体对称，病毒基因组为单股线状 DNA。与哺乳动物细小病毒不同，本病毒无血凝活性，与其他细小病毒亦无抗原关系。国内外分离到的毒株抗原性基本相同，均为同一个血清型。小鹅瘟病毒在感染细胞的核内复制，患病雏鹅的肝、脾、脑、血液、肠道都含有病毒。

本病毒对环境的抵抗力强，65 °C 加热 30 分钟、56 °C 3 小时其毒力无明显变化；能抵抗对乙醚、氯仿、乙醚和 pH 值 3.0 的环境等。

2. 流行病学

带毒的种鹅和发病的雏鹅是传染源。发病的雏鹅通过粪便大量排毒，污染了饲料、饮水，经消化道感染同舍内的其他易感雏鹅，从而引起本病在雏鹅群内的流行。

鹅和番鸭的幼雏最易感。不同品种的雏鹅易感性相似。主要发生于 20 日龄以内的小鹅，1 周龄以内的雏鹅死亡率可达 100%，10 日龄以上者死亡率一般不超过 60%，雏鹅的易感性随着日龄的增长而减弱。20 日龄以上的发病率低，而 1 月龄以上的则极少发病。

3. 临床症状

潜伏期为3～5天，根据病程分为最急性、急性和亚急性3型。

（1）最急性型。多发生在1周龄内的雏鹅，往往不显现任何症状而突然死亡。发病率可达100%，死亡率高达95%以上。常见雏鹅精神沉郁后数小时内即表现极度衰弱，倒地后两腿乱划，迅速死亡，死亡的雏鹅喙及爪尖发绀。

（2）急性型。多见于1～2周龄内的雏鹅，表现为症状为精神委顿，食欲减退或废绝，但渴欲增加，有时虽能随群采食，但将啄得之草随即甩去；不愿走动，严重下痢，排灰白色或青绿色稀便，粪便中带有纤维素碎片或未消化的饲料；呼吸困难，鼻流浆性分泌物，喙端色泽变暗；临死前出现两腿麻痹或抽搐，头多触地。病程1～2天。

（3）亚急性型。发生于15日龄以上的雏鹅。以委顿、不愿走动、减食或不食、拉稀和消瘦为主要症状。病程3～7天，少数能自愈，但生长不良。

成年鹅感染GPV后往往不表现明显的临床症状，但可带毒排毒，成为最重要的传染源。

4. 病理变化

最急性型病例除肠道有急性卡他性炎症外，其他器官的病变一般不明显；15日龄左右的急性病例表现全身性败血变化，全身脱水，皮下组织显著充血。心脏有明显急性心力衰竭变化，心脏变圆，心房扩张，心壁松弛，心肌晦暗无光泽，颜色苍白。肝脏肿大。本病的特征性变化是小肠中、下段极度膨大，质地坚实，状如香肠，剖开肠管，可见肠腔中充塞着淡灰色或淡黄色纤维素性栓子；亚急性病例主要表现为肠道内形成纤维素性栓子。

5. 诊　断

本病具有特征的流行病学表现，如果孵出不久的雏鹅群大批发病及死亡，结合症状和特有的病变，即可作出初步诊断。确诊需要进行实验室病毒分离鉴定和血清学诊断。

6. 防治措施

本病目前尚无有效的治疗药物。可用抗小鹅瘟血清或卵黄抗体，能收到一定的防治效果。

（1）预防措施。本病主要通过孵化传播，要搞好孵化室的清洁卫生，彻底清洗和消毒一切孵化用具，种蛋用甲醛熏蒸消毒。已被污染的孵化室孵出的雏鹅，在出壳后用小鹅瘟高免血清预防注射，每只雏鹅注射 0.5～1 mL，有一定的预防效果。刚出壳的雏鹅要注意不要与新进的种蛋和大鹅接触，以防感染。严禁从疫区购进种蛋及种苗；新购进的雏鹅应隔离饲养20天以上，确认无小鹅瘟发生时，才能与其他雏鹅合群；

（2）发病后的措施。本病目前尚无有效的治疗药物。可用抗小鹅瘟血清或卵黄抗体，能收到一定的防治效果。若及早注射小鹅瘟高免血清，能制止80%~90%已被感染的雏鹅发病。由于病程太短，对于症状严重的病雏，小鹅瘟高免血清的治疗效果并不太理想。对于发病初期的病雏鹅，抗血清的治愈率约40%~50%。病死雏鹅应焚烧深埋，对发病鹅舍进行消毒，严禁病鹅出售或外调。

【技能单】

1. 家禽尸体剖检技术。
2. 鸡新城疫的诊断技术。

【评估单】

思考题（期望值100分）

1. 禽流感的主要症状和病变特征是什么？发生高致病性禽流感时如何采取扑灭措施？
2. 新城疫主要症状和病变特征、切实可行的预防措施是什么？
3. 新城疫和高致病性禽流感的区别有哪些？
4. 禽流感、新城疫、传染性支气管炎均能引起产蛋下降，如何鉴别？
5. 鸡传染性支气管炎、鸡传染性喉气管炎的临床症状、病变有何异同？
6. 防治传染性支气管炎病时，根据什么选择疫苗才能达到良好的免疫效果？
7. 如何预防鸡痘？如何判断接种是否有效？
8. 传染性法氏囊病发生的流行特点、病变及防治方法是什么？
9. 试述鸡马立克氏病的主要诊断依据，如何预防该病的发生？
10. 为什么接种过马立克氏病疫苗的鸡还会发生马立克氏病？
11. 简述鸭瘟的临床症状和病变特征。
12. 简述鸭病毒性肝炎的流行病学和病变特征及防治措施。
13. 小鹅瘟的流行病学特点是什么？简述其特征性的病理变化。

任务二　常见细菌性传染病的防治

【学习目标】

1. 了解主要病毒性传染病的病原、流行病学特点，以及沙门氏菌等人畜共患疾病的公共卫生意义。

2. 重点掌握常见、多发细菌性传染病的发生、症状和病变及防治对策。

【资料单】

一、禽沙门氏菌

禽沙门菌病（Avian Salmonellosis）是由肠杆菌科沙门氏菌属中的一种或多种沙门氏菌引起的禽类疾病的总称。沙门氏菌有 2 000 多个血清型，它们广泛存在于人和多种动物的肠道内。在自然界中，家禽是最主要的贮存宿主。禽沙门氏菌病根据细菌抗原结构的不同可分为三类：鸡白痢、禽伤寒和禽副伤寒。其中禽副伤寒沙门氏菌则能广泛感染多种动物和人。目前，受其污染的家禽及其产品已成为人类沙门氏菌感染和食物中毒的主要来源之一。因此，防治禽副伤寒沙门氏菌具有重要的公共卫生意义。

（一）鸡白痢

本病是由鸡白痢沙门氏菌引起的禽类传染病。主要侵害鸡和火鸡。雏鸡以急性败血症和排白色糨糊状粪便为特征，发病率和死亡率较高。

1. 病　原

鸡白痢沙门氏菌又称雏沙门氏菌，属于肠杆菌科沙门氏菌属 D 血清群中的成员。无荚膜，不形成芽孢，无鞭毛，是少数不能运动的沙门氏菌之一。为两端钝圆的小杆菌，大小为 1.0 ~ 2.5 μm × 0.3 ~ 0.5 μm，革兰氏染色阴性。

2. 流行病学

病鸡和带菌鸡是本病的主要传染源。本病既可通过消化道、眼结膜传播水平传播，也可垂直传播，经蛋垂直传播（包括蛋壳污染和内部带菌）是本病最重要的传播方式。

本病最常发生于鸡，其次是火鸡，其他禽类仅偶有发生。在哺乳动物中，兔，特别是乳兔有高度易感性。各种品种、日龄和性别的鸡对本病均有易感性，但以 2～3 周龄以内的雏鸡的发病率和死亡率最高，常呈流行性发生。随着日龄的增加，鸡的抵抗力也随之增强，3 周龄后的鸡发病率和死亡率显著下降。成年鸡感染后常呈局限性、慢性型或隐形感染。饲养管理不当，环境卫生恶劣，鸡群过于密集，育雏温度偏低或波动过大，环境潮湿等都容易诱发本病。

3. 临床症状

（1）雏鸡。蛋内感染者大多在孵化过程中死亡，或孵出病弱雏，但多在出壳后 7 d 内死亡。出壳后感染的雏鸡，在 5～7 日龄开始发病死亡，7～10 日龄发病逐渐增多，通常在第 2～3 周龄时达死亡高峰。病雏鸡怕冷寒战，常成堆拥挤在一起，翅下垂，精神不振，不食，闭眼嗜睡。突出的表现是下痢，排白色、糊状稀粪，肛门周围的绒毛常被粪便所污染，干后结成石灰样硬块，封住肛门，造成排便困难，因此，排便时发出尖叫声。肺有较重病变时，表现呼吸困难及气喘症状。有的出现跛行，可见关节肿大。病程一般为 4～10 天，死亡率 40%～70%或更多。3 周龄以上发病者较少死亡，但耐过鸡大多生长很慢，成为带菌鸡。

（2）中鸡。多发于 40～80 日龄的鸡群。地面平养的鸡较网上和育雏笼养的鸡多发一些。最明显的是腹泻，排出颜色不一的粪便，病程比雏鸡白痢长一些，本病在鸡群中可持续 20～30 天，不断地有鸡只零星死亡。

（3）成年鸡。成年鸡感染后一般不表现症状或呈慢性经过，无任何症状或仅出现轻微的症状。病鸡表现精神不振，冠和眼结膜苍白，食欲下降，部分鸡排白色稀便。产蛋率、受精率和孵化率下降。有的因卵巢或输卵管受到侵害而导致卵黄性腹膜炎，出现“垂腹”现象。

4. 病理变化

（1）雏鸡。急性死亡的雏鸡常无明显可见的肉眼变化，有时可见肝脏肿大、充血，并有条纹状出血。病程稍长的死亡雏鸡可见心肌、肺脏、肝脏、肌胃等出现大小不等的灰白色结节；肝脏肿大、点状出血并有坏死灶，胆囊充盈；有时可见心包积液；脾脏肿大；盲肠内有干酪样物充斥，形成所谓的“盲肠芯”；卵黄吸收不良，内容物呈带黄色的奶油状或干酪样。肝脏是眼观变化出现频率最高的部位，依次是肺脏、心脏、肌胃和盲肠。

（2）中鸡。突出的变化是肝明显肿大，是正常的 2～3 倍，淤血呈暗红色，或略呈土黄色，质脆易破，表面散在或密布灰白、灰黄色坏死点，有时为红色的出血点。有的肝被膜破裂，破裂处有血凝块，腹腔内有血凝块或血水。心肌上有数量不等的坏死灶。

（3）成年鸡。主要变化是发生在生殖系统。成年鸡最常见的病变为卵泡变形、变色和变质。卵泡内容物变成油脂样或干酪样。病变的卵泡常可从卵巢上脱落下来掉入腹腔中，造成卵黄性腹膜炎，并可引起肠管与其他内脏器官粘连。常有心包炎。公鸡的病变仅限于睾丸和输精管，睾丸极度萎缩，输精管扩张，充满黏稠的渗出物。急性死亡的成年鸡病变与鸡伤寒相似，可见肝脏明显肿大，呈黄绿色，胆囊充盈；心包积液；心肌偶见灰白色的小结节；肺淤血、水肿；脾脏、肾脏肿大及点状坏死；胰腺有时出现细小坏死灶。

5. 诊　断

鸡白痢的初步诊断主要依据本病在不同年龄鸡群中发生的特点以及病死鸡的剖检变化。成年鸡及青年鸡常为隐性带菌者，无可见症状，必须对全群进行血清学试验，才能查出感染鸡。目前我国大多数鸡场采用全血平板凝集试验对群体进行检疫。

6. 防　治

目前此病尚无有效疫苗。预防鸡白痢病的关键在于清除种鸡群中的带菌鸡，同时结合卫生消毒和药物防治，才能有效地防治本病。

（1）定期严格检疫，净化种鸡场。鸡白痢主要是通过种蛋垂直传播的，因此，淘汰种鸡群中的带菌鸡是控制本病的最重要措施。一般的做法是挑选和引进健康雏种鸡，到 40 ~ 70 日龄用全血平板凝集试验进行第一次检疫，及时剔除阳性鸡和可疑鸡。以后每隔一个月检疫一次，直到全群无阳性鸡，再隔两周做最后一次检疫，若无阳性鸡，则为阴性鸡群。必要时，可以在产蛋后期进行一次抽检。检出的阳性鸡应坚决淘汰。

（2）加强饲养管理、卫生和消毒工作。采用全进全出的生产模式；每次进雏前都要对鸡舍、用具等进行彻底消毒并至少空置一周；育雏室要做好保温及通风工作；消除发病诱因，保持饲料和饮水的清洁卫生。

（3）做好种蛋、孵化器、孵化室、出雏器的消毒工作。孵化用的种蛋必须来自鸡白痢阴性的鸡场，要求种蛋每天收集 4 次（即 2 小时内收集 1 次），收集的种蛋先用 0.1%新洁尔灭消毒，然后，放入种蛋消毒柜熏蒸消毒（40%甲醛溶液 30 mL/m^3，高锰酸钾 15 g/m^3，30 分钟）然后再送入蛋库中贮存。种蛋放入孵化器后，进行第 2 次熏蒸，排气后按孵化规程进行孵化。出雏约 60% ~ 70%时，用福尔马林（14 mL/m^3）和高锰酸钾（7 g/m^3）在出雏器对雏鸡熏蒸

15 min。鸡舍及一切用具要经常清洗消毒，鸡粪要经常清扫，集中堆积发酵。

（4）药物和微生态制剂预防。对本病易发年龄及一周龄内的雏鸡使用敏感的药物进行预防可收到很好的效果。使用“促菌生”或其他活菌剂来预防雏鸡白痢，也取得了较好的效果。应注意的是，由于“促菌生”制剂等是活菌制剂，因此应避免与抗微生物制剂同时应用。

（5）药物防治。氟喹诺酮类药物、氨苄青霉素、强力霉素、氟苯尼考、庆大霉素、阿米卡星、链霉素、磺胺类药物等对本病具有很好的治疗效果。

（二）禽伤寒

禽伤寒是由鸡伤寒沙门氏菌引起鸡、鸭和火鸡的一种急性或慢性败血性传染病。特征是青成年鸡黄绿色下痢，肝脏肿大。

1. 病　原

鸡伤寒沙门氏菌，又称鸡沙门氏菌，它和鸡白痢沙门氏菌均为肠杆菌科沙门氏菌属 D 血清群的成员，在形态上比鸡白痢沙门氏菌粗短，1.0 ~ 2.0 μm × 1.0 μm，常单独存在，无鞭毛，不能运动，不形成芽孢和荚膜，两端染色略深。

本菌抵抗力不强，60 °C 10 分钟内或直射阳光下很快被杀死。一般常用的消毒剂均可在短时间内杀死本菌。病原体离开机体后也不能存活很长时间。

2. 流行病学

本病主要发生于成年鸡和 3 周龄以上的青年鸡。3 周龄以下鸡偶见发病。本病多呈散发，有时也会表现地方流行。鸡和火鸡对本病最易感。雉、珠鸡、鹌鹑、孔雀、麻雀、斑鸠也有自然感染的报道。鸽子、鸭和鹅则有抵抗力。

病鸡和带菌鸡是主要的传染源，其粪便中含有大量病原菌，可通过污染的垫料、饲料、饮水、用具、车辆等进行水平传播，老鼠也可机械性地传播本病。其传播途径主要是消化道，也可通过眼结膜。经蛋垂直传播是本病的另一种重要的传播途径，它可造成本病在鸡场连续不断地传播。

3. 临床症状

病的潜伏期为 4 ~ 5 天，病程 5 天左右。病初精神不振，呆立，头和翅膀下垂，冠与肉髯苍白并逐渐萎缩，食欲废绝，排淡黄绿色稀粪，玷污肛门周围的羽毛。有的病例出现腹膜炎而导致腹痛，呈现企鹅站立姿势。

4. 病理变化

死于禽伤寒的雏鸡病变与鸡白痢相似，特别是肺脏和心肌中常见到灰白色结节病灶。成年鸡最急性病例无眼观变化，急性病例最有特征的变化是肝、脾、肾充血肿大。亚急性和慢性病例，其特征病变是肿大的肝脏有时呈现淡绿色、棕色或古铜色。肝和心肌上面散布着一种灰白色的小坏死点。胆囊扩张，充满胆汁。有心包炎病变。卵泡发生出血、变形和变色。母禽常因卵泡破裂而引起腹膜炎。肠道有轻重不等的卡他性肠炎，小肠的炎症较重。

5. 诊　断

根据发病年龄、典型症状及病理变化可初步诊断。但确诊必须进行细菌的分离培养和鉴定以及血清学试验，方法同“鸡白痢”。

6. 防　治

可参考鸡白痢来进行。其关键措施有：加强饲养管理，搞好环境卫生，减少病原菌的侵入；定期检疫，净化种鸡场，从根本上切断本病的传播途径；使用敏感的药物进行预防和治疗。

（三）禽副伤寒

禽副伤寒 Fowl ParapHoid 是由鼠伤寒沙门氏菌引起的禽类传染病。其主要危害鸡和火鸡，常引起幼禽严重的死亡，母禽感染后会引起产蛋率、受精率和孵化率下降，往往引起严重的经济损失。由于除家禽外，许多温血动物，包括人类也能感染，所以，广义上又将该病称为副伤寒，并被认为是影响最广泛的人畜共患病之一。

1. 病　原

禽副伤寒的沙门氏菌约有 90 多个血清型,其中最常见的为鼠伤寒沙门氏菌、肠炎沙门氏菌、鸭沙门氏菌、乙型副伤寒沙门氏菌、猪霍乱沙门氏菌、德尔俾沙门氏菌、海德堡沙门氏菌、婴儿沙门氏菌等，其中以鼠伤寒沙门氏菌最为常见。革兰氏阴性杆菌，有鞭毛、能运动，不形成荚膜和芽孢，但在自然条件下，也可遇到无鞭毛或有鞭毛而不能运动的变种。

2. 流行病学

禽副伤寒最常见于鸡、火鸡、鸭、鹅、鸽子等，常在 2 周内感染发病，而以 6～10 日龄雏禽死亡最多，1 月龄以上的家禽有较强的抵抗力，一般不引起死亡，也往往不表现临床症状。在其他禽类及哺乳动物也常见本病。

本病的传染源主要是病禽、带菌禽及其他带菌动物。它们通过粪便向外排出病原菌，通过污染的饲料、饮水经消化道水平传播；也可通过污染的种蛋（蛋壳污染和蛋内感染）垂直传播；野鸟、猫、鼠、蝇、蟑螂、人类也都可成为本病的机械性传播者。本病能引起人的感染和食物中毒。

3. 临床症状

禽副伤寒在幼禽多呈急性或亚急性经过，与鸡白痢相似，而在成年禽一般为隐性感染，呈慢性经过。幼禽感染后症状表现为嗜睡、呆立、羽毛松乱、食欲减少、水样下痢、怕冷，拥挤在一起，病程约1～4天。成年禽一般为慢性带菌者，常不出现症状。

4. 病理变化

最急性死亡的雏鸡无可见病变。急性病例可见肝脏淤血肿大，胆囊扩张，充满胆汁。病程长的病鸡死后可见消瘦、失水。卵黄凝固，肝和脾脏淤血，有出血条纹或针尖状灰白色坏死点。肾脏淤血，常有心包炎，心包液增多，呈黄色，含有纤维性渗出物。小肠有出血性炎症，以十二指肠最严重，盲肠扩张，肠壁中有时有淡黄色的干酪样物质堵塞。

5. 诊 断

根据流行病学、临床症状和病理变化可以做出初步诊断，确诊需做病原的分离与鉴定。但应注意与鸡白痢、大肠杆菌病、鸭病毒性肝炎、鸭瘟等进行鉴别诊断。

6. 防 治

由于禽副伤寒沙门氏菌血清型众多，因此很难用疫苗来预防本病，再加上本病有很多传染源和传播途径，目前尚无理想的血清学检测方法等，所以其防制要比鸡白痢和禽伤寒困难得多。因此，只有加强综合防治。

（1）综合防治措施。平时应严格做好饲养管理、卫生消毒、检疫和隔离工作。感染过沙门氏菌的种鸡群不能作种用。所有更新种鸡群和种蛋均应来自无副伤寒鸡群；种鸡要有足够洁净的产蛋箱，种蛋的收集频率要高，收后熏蒸消毒；孵化室、孵化器、出雏器等要严格消毒；注意饲料的卫生，最好使用颗粒饲料。

（2）治疗。药物治疗可以降低急性禽副伤寒引起的死亡，并有助于控制本病，但不能完全消灭本病。氟喹诺酮类药物、氨苄青霉素、磺胺类药物、强力霉素、氟苯尼考、庆大霉素、阿米卡星、链霉素等对本病具有很好的治疗效果。最好通过药敏试验选择敏感的药物。

7. 公共卫生

人感染沙门氏菌病和食物中毒来源于禽肉和禽蛋。所以，防止家禽及其产品污染沙门氏菌已被列为世界卫生组织（WHO）的主要任务之一，各国食品卫生标准中也都规定食品中不得检出沙门氏菌。为此，必须做好饲养、屠宰、加工、包装、贮藏、消费等各个环节的卫生消毒及检疫工作。

二、禽大肠杆菌病

禽大肠杆菌病（Avian Colibacillosis）是由某些致病性血清型或条件致病性大肠杆菌引起的禽类肠道传染病，其主要特征为急性败血型、输卵管炎型、腹膜炎型、全眼球炎、鸡胚和幼雏早期死亡、大肠杆菌性肉芽肿、脐炎、关节炎型、肿头型、脑炎型等一系列疾病。

1. 病　原

大肠杆菌（E.coli）属于肠杆菌科，埃希氏菌属。为革兰氏阴性，中等大小的杆菌。在普通培养基上即可生长。在营养琼脂平板上 37 °C 培养 24 h 后，形成表面光滑、边缘整齐、直径 1 ~ 3 mm、透明或不透明、隆起的菌落。在肉汤中生长良好，呈均匀混浊生长。在麦康凯琼脂平板上形成红色菌落，可与肠杆菌科的其他细菌做初步诊断。在伊红美蓝琼脂培养基上形成黑色带金属光泽的菌落。

根据大肠杆菌的 O 抗原、K 抗原、H 抗原等表面抗原的不同，可将本菌分为很多血清型。目前已知的 O 抗原有 173 个，K 抗原 103 个，H 抗原 60 个。这三种抗原均用阿拉伯数字表示。目前已知有些血清型是对动物有致病性的，而有些血清型是非致病性的，并且不同动物及不同地区流行的主要血清型不完全一样。世界上许多国家和地区的有关血清型的调查结果表明，与禽病相关的大肠杆菌血清型有 70 余个，我国已发现 50 余种，其中最常见的血清型为 O1、O2、O35 及 O78。

本菌对外界环境的抵抗力属中等，在温暖、潮湿的环境中存活期不超过 1 个月，在寒冷而干燥的环境中能生存较久。一般的消毒药能将其杀死，甲醛和氢氧化钠效力较强。

2. 流行病学

各种禽类对本病都有易感性，过去以鸡、火鸡和鸭最为常见，但近年来鹅群感染率亦大为提高，其他如鸽、鹌鹑、鹧鸪等亦有发生。各种年龄的家禽都能感染，但幼禽更易感，肉鸡比其他品种鸡易感。

本病有五种传播途径：蛋壳穿入、经蛋传播、经呼吸道感染、经消化道感染、交配感染。一年四季均可发生，但以冬春寒冷季节多发。通风不良、卫生条件差、密度过大、疫苗接种、鸡舍内尘土、鸡毛飞扬等都可诱发本病。本病常易成为其他疾病的并发病或继发病。如果鸡群中存在鸡败血支原体感染，常常并发或继发大肠杆菌病最为常见。

3. 症状与病理变化

（1）急性败血型。这是目前危害最严重的一个病型，各种家禽都能感染，但多见于5周龄以内的幼禽，发病率和死亡率也较高。病禽表现羽毛松乱，食欲减退或废绝，排黄白色稀粪，肛门周围羽毛污染。病死鸡消瘦，脱水，鸡冠、肉髯发紫。剖检时最特征的病变是纤维素性气囊炎、纤维素性心包炎、纤维素性肝周炎，有时可见纤维素性腹膜炎。

（2）输卵管炎型。多见于产蛋期母鸡。患病鸡产畸形蛋和内含大肠杆菌的带菌蛋，严重者减蛋或停止产蛋。其剖检特征是输卵管扩张变薄，内积异形蛋样渗出物，表面不光滑，切面呈轮层状，输卵管黏膜充血、增厚。本型可能由于大肠杆菌从泄殖腔侵入引起,也可能是腹气囊感染大肠杆菌而引起。

（3）卵黄性腹膜炎。此型成年母鸡和鹅多见。常通过交配或人工授精时感染。由于卵巢、卵泡和输卵管感染发炎，进一步发展成为广泛的卵黄性腹膜炎，所以大多数病禽往往突然死亡。剖检可见腹腔中充满淡黄色腥臭的液体和破损的卵黄。腹腔脏器的表面覆盖一层淡黄色、凝固的纤维素渗出物；卵巢中的卵泡变形，呈灰色、褐色或酱油色等不正常颜色，有的卵泡皱缩；滞留在腹腔中的卵泡，如果时间较长则凝固成块，切面呈层状；破裂的卵泡则卵黄凝结成大小不等的碎块；输卵管黏膜发炎，管腔内有黄白色的纤维素渗出物。

（4）关节炎型。此型多见于幼、中雏鹅及肉仔鸡，一般呈慢性经过，跛行。跗关节和趾关节肿大，关节腔内有纤维蛋白渗出或有混浊的关节液，滑膜肿胀、增厚。

（5）眼球炎。单侧或双侧眼肿胀，眼内有纤维素渗出物，眼结膜潮红、肿胀，严重者失明。病鸡减食或废食，经7～10天衰竭死亡。

（6）大肠杆菌性肉芽肿。这是一种慢性大肠杆菌病。部分鸡只感染本菌后，常在十二指肠、盲肠、肠系膜、肝脏、心脏等处形成大小不一的肉芽肿

（7）脐炎型。多见于出生后1周内的雏鸡，死亡率高，表现为脐孔周围红肿，腹部膨大，脐孔闭合不全，卵黄吸收不良。

（8）鸡胚和幼雏早期死亡型。由于蛋壳被粪便污染或产蛋母鸡患有大肠

杆菌性卵巢炎或输卵管炎，致使鸡胚卵黄囊被感染，所以，鸡胚在孵出前，尤其是临出壳之前即告死亡。受感染的卵黄囊内容物，从黄绿色黏稠物变为干酪样物或变为黄棕色水样物。被感染的鸡胚若不死亡，则孵出带菌的雏鸡，这部分雏鸡通常在出生后 1 ~ 2 周内发病，成为很重要的传染源。

（9）脑炎型。有些大肠杆菌能突破鸡的血脑屏障进入脑部，引起鸡昏睡和神经症状，可从脑组织分离到大肠杆菌。主要病变脑膜充血、出血、脑脊髓液增加。

（10）肿头综合征型。主要发生于 3 ~ 5 周龄的肉鸡，以头部肿胀为特征。剖检可见头部、眼部、下颌及颈部皮下黄色胶样渗出。

4. 诊 断

根据本病的流行特点，症状及剖检变化可做出初步诊断，但确诊需进行细菌的分离与鉴定。根据病型采取不同病料，如果是急性败血型，则取肝、脾、血液；若是局限性病灶，直接取病变组织。采取病料应尽可能在病禽濒死期或死亡不久。

5. 防 治

禽大肠杆菌病病因错综复杂，必须采取综合防治措施才能加以控制。

（1）预防。对各个饲养环节应严格执行卫生消毒措施，减少环境中大肠杆菌的污染，减少应激因素，提高机体抵抗力，避免密集饲养，改善保温、通风换气条件，可以保护呼吸道器官黏膜不受有害气体的影响。防止粪便污染种蛋，实行种蛋、孵化器及出雏器严格消毒等卫生措施，降低雏鸡的发病率。做好新城疫、传染性支气管炎、传染性法氏囊病等的免疫以及支原体病的净化。加强免疫接种，目前已研制出针对主要致病血清型 O2：K1 和 O78：K80 等的多价大肠杆菌灭活苗，但鉴于大肠杆菌血清型较多，不同血清型抗原性不同，菌株之间缺乏完全保护，不可能对所有养禽场流行的致病血清型具有很好的免疫作用，因此这种疫苗具有一定局限性。当前较为实用的方法是，从常发病的鸡场分离致病性大肠杆菌，选择几个有代表性的菌株制成自家（或称优势菌株）多价灭活苗，对于减少本病的发生具有很好的预防效果。

（2）药物防治。应选择敏感药物在发病日龄前 1 ~ 2 天进行预防性投药，发病后作紧急治。要注意交替用药，给药时间要早，疗程要足。常用于治疗本病的药物有阿米卡星（丁胺卡那霉素）、氟苯尼考、氟喹诺酮类药物（如环丙沙星）、头孢噻呋、强力霉素、磺胺类药物、乙酰甲喹等，治疗时还应注意对症治疗，如补充维生素和电解质等。

三、巴氏杆菌病

禽巴氏杆菌病又称禽霍乱（Fowl Cholera，FC）、禽出血性败血症，是由某些血清型的多杀性巴氏杆菌引起的主要侵害鸡、鸭、鹅、火鸡等禽类的一种接触性传染病。其主要特征急性病例表现为败血症，全身黏膜有小出血点，发病快，传染快，发病率和死亡率都很高。慢性病例的特征是冠髯水肿，关节炎，死亡率较低。

1. 病 原

禽霍乱的病原为多杀性巴氏杆菌禽源株。菌体为两端钝圆，中央微凸的短杆菌，大小为 0.6～2.5 μm×0.2～0.4 μm，革兰氏染色呈阴性，多单个或成对存在。无鞭毛，不形成芽孢，新分离强毒株有荚膜，革兰氏阴性。病料组织或血液涂片用碱性美蓝、姬姆萨氏法或瑞氏法染色，镜检，可见菌体两端着色深，中央部分着色浅，很像并列的两个球菌，所以又称两极杆菌。

多杀性巴氏杆菌的抗原结构比较复杂，分型方法有多种。可用特异的荚膜（K）抗原和菌体（O）抗原作荚膜血清型和菌体血清型鉴定。根据 K 抗原红细胞被动凝集试验，可将多杀性巴氏杆菌分为 A、B、D、E、F 5 个型。利用 O 抗原作凝集试验，将本菌分为 12 个血清型，用阿拉伯数字表示。我国学者对禽源多杀性巴氏杆菌的分型研究表明：引起我国鸡霍乱的多杀性巴氏杆菌大部分均为 A 型，常见的血清型有 5：A、8：A、9：A，其中 5：A 最多。目前引起鸭霍乱的 O 抗原血清型有 1、2、3、7、10 等。不同血清型之间无交叉免疫作用。

本菌对各种理化因素的抵抗力不强。直射阳光和干燥条件下很快死亡。对热敏感，56 °C 15 分钟、60 °C 10 分钟可被杀死。常用消毒药均可短时间内将其杀死，3%的石炭酸、5%的石灰乳、1%的漂白粉作用 1 分钟即可杀死本菌。病原菌在死禽体内可存活 1～3 个月，在冬季寒冷季节可存活 2～4 个月。

2. 流行病学

本病主要是通过呼吸道、消化道传播，也可通过损伤的皮肤、黏膜传播。病禽、带菌禽是主要的传染源。病禽通过尸体、粪便、分泌物向外排菌，带菌鸡可间歇性地向外排菌，污染场地环境。被病原菌污染的饲料、饮水、禽舍、器具、车辆等是主要的传播媒介，尤其在饲养密度大，通风不良以及尘土飞扬的情况下，通过呼吸道感染的可能性更大。吸血昆虫、苍蝇、鼠、猫也可成为传播媒介。

各种家禽和野禽对本病都有易感性，家禽中以鸡、火鸡、鸭最易感，鹅次之。在鸡中本病主要发生于4个月以上的鸡，高产体况好的鸡更易发生，2个月以下的雏鸡很少发生。不同家禽之间可以相互传染。本病病的发生无明显的季节性，南方一年四季均有发生，北方则多在高温、潮湿、多雨的夏、秋季节流行。多数情况下常为散发，或呈地方性流行。

3. 临床症状

（1）最急性型。常见于流行初期，特别是成年高产蛋鸡最常见。该病型最大特点是生前看不到任何症状，突然倒地，拍翅、抽搐、挣扎，迅速死亡，病程短者数分钟，长者也不过数小时。

（2）急性型。此型最为常见。鸡群突然发病，病死率很高。病鸡体温高达 43～44 °C，精神沉郁，食欲减少或不食，口渴，羽毛松乱，缩颈闭目，离群呆立。呼吸急促，口、鼻流出带泡沫的黏液，鸡冠及肉髯发绀，甚至呈黑紫色。后期常有剧烈下痢，粪便灰黄色或绿色甚至混有血液，鸡群产蛋量迅速下降。最后衰竭、昏迷而死亡。病程短的约半天，长的1～3天。

（3）慢性型。多见于流行后期，多由急性病例转为慢性，或由毒力较弱的菌株引起。病鸡表现食欲不振，精神沉郁，常见鸡冠和肉髯水肿、苍白，肉髯苍白，水肿，变硬。关节炎，肿大，跛行。有的慢性病鸡长期拉稀，病程可延长到几个周甚至几个月。

鸭霍乱常以病程短促的急性型为主。症状与鸡基本相似，一般表现精神不振，不愿下水，即使下水，行动缓慢，常落于鸭群后面；或离群独卧，眼半闭，少食或不食，停止鸣叫，两脚发生瘫痪，不能行走；口鼻流出黏液，呼吸困难，张口呼吸，并常摇头，俗称为“摇头瘟”。一般于发病后1～3天死亡。

成年鹅的症状与鸭相似，仔鹅发病和死亡较成年鹅严重，常以急性经过为主。精神委顿，食欲废绝，拉稀，喉头有黏稠的分泌物。喙和蹼发紫，翻开眼结膜有出血斑点，病程1～2天。

4. 病理变化

（1）最急性型。死亡的病鸡无特殊病变，有时只能看见心外膜有少许出血点。

（2）急性型。主要病变是出血和坏死。皮下组织、腹部脂肪常见小出血点；心包内积有淡黄色液体，并可能混有纤维素样絮状物，心冠脂肪和心外膜有针尖大小的出血点；肺有出血、水肿、淤血，并可见有实变区；肠黏膜充血、出血，尤其以十二指肠最为严重，黏膜红肿、呈暗红色，弥漫性出血，肠内容物含有血液而呈红色；肝脏的病变最为特征，表现肿大、质脆，呈棕黄色或棕红色，表面及肝实质有许多针头或小米粒大小的灰白色或黄白色的坏死点，有时也可见小出血点，此病变具有诊断意义。

（3）慢性型。其特征为局限性感染，病变常局限于某些器官。当以呼吸道症状为主时，可见鼻腔、鼻窦、气管、支气管呈卡他性炎症，分泌物增多，有的肺质地变硬；病变局限于肉髯的病例，可见肉髯肿胀，内有干酪样渗出物；病变局限于关节的病例，可见关节肿大、变形，有炎性渗出物和干酪样坏死。公鸡的肉髯肿大，内有干酪样的渗出物；产蛋鸡还可见卵巢明显出血，卵黄破裂，腹腔脏器表面附着干酪样的卵黄物质，有时卵泡变形，似半煮熟样。

5. 诊　断

根据病鸡剖检特征、临床症状可以初步诊断，确诊须由实验室诊断。取病鸡血涂片，肝、脾涂片经美蓝、瑞氏或姬姆萨染色，如见到大量两极浓染的短小杆菌，有助于诊断。进一步的诊断须经细菌的分离培养及生化反应。

6. 防　治

（1）预防。加强鸡群的饲养管理，平时严格执行鸡场兽医卫生防疫措施，以栋舍为单位采取全进全出的饲养制度，预防本病的发生是完全有可能的。一般从未发生本病的鸡场不进行疫苗接种。当前，禽霍乱疫苗的免疫效果不够理想，生产实践中，预防本病最理想的菌苗是禽霍乱自家灭活苗。

（2）治疗。鸡群发病应立即采取治疗措施，有条件的地方应通过药敏试验选择有效药物全群给药。阿米卡星、氟苯尼考、氟喹诺酮类药物（如环丙沙星）、头孢噻呋、强力霉素、磺胺类药物、喹乙醇均有较好的疗效。在治疗过程中，剂量要足，疗程合理，当鸡只死亡明显减少后，再继续投药 2～3 天以巩固疗效防止复发。

禽场发生本病后，及早全群使用敏感的药物可以很快控制本病，但停药后，又可再次发生，也就是说，单纯使用药物很难达到根治本病的目的。据报道使用禽霍乱自家水剂灭活苗紧急注射，同时配合药物治疗 3～5 天，可以彻底根治本病。

四、鸡葡萄球菌病

鸡葡萄球菌病（Avian Staphylococcosis）是由金黄色葡萄球菌引起的鸡的急性败血性或慢性传染病。其主要特征为急性败血症、关节炎、雏鸡脐炎等。

1. 病　原

金黄色葡萄球菌，属微球菌科，葡萄球菌属。典型的菌体为圆形或卵圆形，直径 0.7～1 μm。在固体培养基上生长的细菌常呈葡萄串状排列，而在脓汁或液体培养基中生长的细菌则单在、成对或呈短链状排列。致病性菌株菌体稍小，且菌体的排列和大小比较整齐。本菌易被碱性染料着色，革兰氏染色呈阳性，老龄菌可呈革兰氏阴性。无鞭毛，无荚膜，不形成芽孢，不运动。

本菌对外界理化因素的抵抗力较强，在尘埃、干燥的脓汁或血液中能存活几个月，加热 80 °C 30 分钟才能杀死。对龙胆紫、青霉素、红霉素、庆大霉素、林可霉素、氟喹诺酮类等药物敏感，但由于广泛或滥用抗生素，耐药菌株不断增多，因此，在临床用药前最好经过药敏试验，选择最敏感的药物。

2. 流行病学

葡萄球菌在自然环境中分布极为广泛，空气、尘埃、污水以及土壤中都有存在，也是鸡体表及上呼吸道的常在菌。

家禽的葡萄球菌病常发生于鸡和火鸡，鸭和鹅也可感染发病。损伤的皮肤、黏膜是葡萄球菌主要的入侵门户。也可通过直接接触和空气传播，这种情况多见于饲养管理上的失误，如鸡群过大、拥挤，通风不良、有害气体浓度过高（氨气过浓），饲料单一、维生素和矿物质缺乏、种蛋及孵化器消毒不严等。

3. 临床症状

雏鸡感染后多为急性败血症，中鸡为急性或慢性，而成年鸡多为慢性经过。雏鸡和中雏死亡率较高，是集约化养鸡场的重要传染病之一。

鸡葡萄球菌病的临床表现与病原菌的种类和毒力、鸡只日龄、感染部位及机体状态有关，主要表现为急性败血症、关节炎和脐炎三大类型。

（1）急性败血型。这是本病最常见的一种病型，常发生于 40～60 日龄的中雏。病鸡精神沉郁，不愿运动，常呆立或蹲伏一处，双翅下垂，缩颈，眼半闭呈瞌睡状，羽毛松乱，无光泽，食欲减退或废绝，饮水量减少。部分病鸡有腹泻，排出灰白色或黄绿色稀便。较为特征的症状是：胸、腹部皮肤呈紫色或紫褐色，皮下浮肿，积聚数量不等的血样渗出液，有时可延伸及大腿内侧，触时有明显的波动感，局部羽毛脱落，或用手一摸即可脱掉，有的可自行破溃，流出茶色或紫红色液体，与附近羽毛粘连，局部污秽。有的病鸡在翅膀背侧及腹侧、翅尖、背部、腿部等处的皮肤出现大小不等的出血、皮下浸润，溶血糜烂，后期则表现为炎性坏死，局部形成暗紫色干燥的结痂，无毛。病雏多在 2～5 天死亡，严重的 1～2 天死亡。死亡率自 10%至 50%不等，差异主要与环境条件等因素有关，

（2）脐炎型。俗称“大肚脐”。多发生在刚出壳不久的幼雏，多因脐孔闭合不全而感染葡萄球菌。病雏眼半闭、无神，腹部膨胀，脐孔发炎肿胀，腹部皮下水肿，有波动感，穿刺有黄褐色液体流出。发生脐炎的病鸡一般在出壳后 2～5 天死亡。

（3）关节炎型。多见于育成鸡和成年鸡。感染发病的关节主要是胫、附关节、趾关节和跖关节。发病的关节肿胀，呈紫红色，破溃后形成黑色的痂皮，有的出现趾瘤。病鸡跛行，不愿走动，不喜欢站立，多伏卧，有食欲，但因采食困难，而逐渐消瘦或衰竭而死，病程 10 天以上。

（4）眼炎型。可出现于败血型的后期，也可单独出现。眼型表现为头部肿大，眼睑肿胀，闭眼，有脓性分泌物，眼结膜化脓，时间长的眼球下陷，失明，多因饥饿、踩踏，衰竭而亡。

（5）肺炎型。多发生于中雏，主要表现为呼吸困难和全身症状，病死率一般在 10%以上。该种病型较为少见，常和败血型混合发生。多见于中雏。

4. 病理变化

（1）急性败血型。皮肤水肿、皮肤糜烂和干燥结痂，病死鸡内脏器官多无肉眼可见的病变。若自呼吸道感染发病而死的病鸡，可见一侧或两侧肺呈黑紫色，质地变软如稀泥样。发生关节炎的病鸡可见一般关节炎和腱鞘炎的变化，新生雏鸡的脐炎可见腹部增大，脐孔周围皮肤浮肿、发红，皮下有较多红黄色渗出液，多呈胶冻样。

（2）关节炎型。可见关节和滑膜炎症，表现关节肿胀，滑膜增厚，关节腔内有浆液性或纤维素性渗出物。病程较长的病例，渗出物变为干酪样物，关节周围结缔组织增生及关节变形。

（3）脐炎型。脐部肿大，呈紫红色或紫黑色，有暗红色或黄红色液体，时间稍久，则为脓样干涸坏死物。卵黄吸收不良，呈黄红或黑灰色，并混有絮状物。

（4）眼炎型。病例病变与生前相似。肺炎型病例肺淤血、水肿、实变，甚至可见到黑紫色坏疽病变。

5. 诊　断

根据流行病学、临床症状和病理剖检变化进行综合分析，在现场可做出

初步诊断。实验室的细菌学检查是确诊该病的主要方法。

6. 防 治

（1）预防。由于葡萄球菌在环境中分布广泛，该病也是一种条件性疾病。所以，要防止和减少外伤的发生，定期用适当的消毒剂进行带鸡消毒，可减少鸡舍环境中的细菌数量，降低感染机会。加强饲养管理和药物预防；适时做好鸡痘的预防接种，防止继发感染；常发地区，可用国内研制葡萄球菌多价氢氧化铝灭活苗给 20 日龄雏鸡注射来控制本病的发生和蔓延。

（2）治疗。一旦鸡群发病，要立即全群给药治疗。金黄色葡萄球菌易产生耐药性，应通过药敏试验，选择敏感药物进行治疗。一般可选用以下药物进行治疗：庆大霉素、硫酸卡那霉素、盐酸环丙沙星等西药，此外，还可选用清热泻火、凉血解毒的加味三黄汤（黄芩、黄连叶、黄柏、焦大黄、板蓝根、茜草、大蓟、车前子、神曲、甘草各等份）等中药治疗本病。

五、传染性鼻炎

传染性鼻炎（Infectious Coryza，IC）是由副鸡嗜血杆菌引起的鸡的一种急性上呼吸道传染病。主要症状为鼻腔和窦的发炎，流鼻液、打喷嚏、颜面部肿胀，并伴发结膜炎。

1. 病 原

病原为副鸡嗜血杆菌，属巴氏杆菌科，嗜血杆菌属，呈多形性。幼龄时为一种革兰氏阴性的小球杆菌，大小为 $1 \sim 3\ \mu m \times 0.4 \sim 0.8\ \mu m$，两极染色，不形成芽孢，无鞭毛，不能运动。新分离的菌株可形成荚膜。多单在，有时呈对或呈短链排列。本菌对营养条件需求较高，兼性厌氧菌。

副鸡嗜血杆菌的抵抗力很弱，固体培养基上的细菌在 4 °C 时能存活两周，在自然界中数小时即死亡。在 45 °C 存活不超过 6 分钟。卵黄囊内菌体 −20 °C 应每月继代一次，在冻干条件下可以保存 10 年，对一般消毒剂敏感。

2. 流行病学

病鸡及隐性带菌鸡是主要的传染源，而慢性病鸡及隐性带菌鸡是鸡群中发生本病的重要原因。其传播途径可通过飞沫及尘埃经呼吸道传染，也可通过污染的饲料和饮水经消化道感染；此外，饲养用具（食槽、水槽等）和管理人员的衣物也可传播本病，麻雀也能成为传播媒介。通常认为本病不能垂直传播。

本病主要发生于鸡，各种年龄的鸡均可感染，以 8～9 周龄以上的育成鸡和产蛋鸡最易感，尤以产蛋鸡发病最多。本病的发生具有来势凶猛、传播迅速的特点。密集型饲养的鸡群一旦发病，3～5 天内很快波及全群，发病率一般可达 70%，有时甚至 100%。传染性鼻炎主要发生于冬、春两季。其发生与各种诱因有密切关系，如鸡群饲养密度过大、拥挤，不同日龄的鸡混群饲养，通风不良，鸡舍内氨气浓度过高，鸡舍寒冷潮湿，维生素 A 缺乏，寄生虫侵袭、气候突变等都能促使鸡群发病。鸡群接种鸡痘疫苗引起的全身反应，也常常成为传染性鼻炎发生的诱因。

3. 临床症状

传染性鼻炎的特征性症状是鼻腔和窦内炎症。发病初期，表现为发热、采食和饮水减少，初期鼻腔流出稀薄水样的汁液，继而转为黏稠脓性的鼻液，病鸡时常甩头，打喷嚏。到中后期，眼睑和面部出现一侧或两侧水肿，眼结膜潮红、肿胀，有的眼睑被分泌物粘连，严重的整个头部肿大，眼球陷于肿胀的眼眶内。产蛋鸡在发病后一周左右产蛋减少，可由 70%降至 30%～20%，一般下降为 25%左右，但蛋的品质变化不大。育成鸡还表现发育停滞或增重减缓，开产期延迟，弱残鸡增多，淘汰率升高。公鸡肉髯常见肿胀。当炎症蔓延到下呼吸道时，病鸡出现呼吸困难，呼吸时发生啰音。一般情况下单纯的传染性鼻炎很少造成鸡只死亡，多数病鸡可以恢复而成为带菌鸡。若饲养管理不善，营养缺乏及感染其他疾病时，则病程延长，病情加重，病死率也增高。

4. 病理变化

主要病变为鼻腔和窦黏膜呈急性卡他性炎症，黏膜充血肿胀，表面覆有大量黏液，窦内有纤维素性渗出物，后期变为干酪样物。常见卡他性结膜炎，结膜充血、肿胀，面部及肉髯水肿。

5. 诊　断

根据流行病学特点、症状和病理变化可作出初步诊断。但临床上本病与慢性呼吸道病、慢性禽霍乱、禽痘以及维生素 A 缺乏症等症状相似，故仅从临床上来诊断有一定的困难。同时，传染性鼻炎常有并发感染，在诊断时必须考虑并发感染的可能性。如病鸡的病死率高，病程又较长，则更需考虑是否有混合感染，并进一步做鉴别诊断。要进一步确诊须进行病原的分离鉴定、血清学试验、动物接种试验。

6. 防　治

（1）预防。搞好综合防制措施，消除发病诱因 。不能从有本病的或疾病情况不明的种鸡场购进鸡只；新购进的鸡只要进行隔离观察；鸡场与外界、鸡舍与鸡舍之间要保持相当的距离；康复带菌鸡是主要的传染源，应该与健康鸡隔离饲养或淘汰。保持鸡舍合理的饲养密度和良好的通风条件，不同日龄的鸡只不能混养，饲料营养成分要全面。严格消毒环境卫生，尽量避免可能发生的机械性传播。用传染性鼻炎多价油乳剂灭活苗免疫接种，免疫期一般 3 ~ 4 个月，健康鸡群在 3 ~ 5 周龄接种一次，开产前再接种一次，每只鸡 0.5 mL，可有效地预防本病。

（2）治疗。一旦发病，可作紧急接种传染性鼻炎灭火苗，并配合药物治疗，同时对饮水和鸡舍带鸡消毒，可以较快地控制本病。本菌对多种抗生素及化学药物敏感，临床上常选用氟苯尼考、强力霉素、环丙沙星、磺胺类药物等。由于传染性鼻炎易与支原体混合感染，因此，选用磺胺类药物再配合使用红霉素、泰乐菌素和壮观霉素等，可以获得较好的治疗效果。

六、鸭传染性浆膜炎

鸭传染性浆膜炎（Infectious serositis of duck）又称鸭疫里氏杆菌病，原名鸭疫巴氏杆菌病，是鸭、鹅、火鸡和多种禽类的一种急性或慢性传染病。主要特征为共济失调、角弓反张等神经症状。本病常引起小鸭大批死亡和生长发育迟缓，造成很大的经济损失，是危害养鸭业的主要传染病之一。

1. 病　原

鸭疫里氏杆菌（Riemerella anatipestifer，RA），属巴氏杆菌科，以前称为鸭疫巴氏杆菌（Pasteurella anatipestifer），1993 年 Segers 等根据其 DNA-核糖体 RNA 杂交分析、蛋白质和脂肪酸的组成和表型特征，建议将其分开另设一个里氏杆菌属（Riemerella），得到了科学界的认同。本菌为革兰氏阴性小杆菌，无芽孢，不能运动，有荚膜。瑞氏染色呈两极浓染。

本菌血清型较为复杂，根据 RA 表面多糖抗原的不同，采用凝集试验和琼脂扩散试验进行血清学分型。到目前为止，国际上已确认有 21 个血清型（即 1 ~ 21），各血清型之间无交叉反应（5 型例外，它能与 2 型和 9 型有微弱交叉反应）。我国目前至少存在 13 个血清型，即 1、2、3、4、5、6、7、8、10、11、13、14 和 15 型。

本菌的抵抗力不强。在室温下，大多数鸭疫里氏杆菌菌株在固体培养基上存活不超过 3 ~ 4 天。4 °C 条件下，肉汤培养物可存活 2 ~ 3 周。55 °C 作用 12 ~ 16 小时细菌全部失活。欲长期保存菌种，须冻干保存。

2. 流行病学

引进的带菌鸭为传染源。主要经呼吸道或通过皮肤伤口（特别是脚部皮肤）感染而传染。1 ~ 8 周龄的鸭均易自然感染，但以 2 ~ 4 周龄的雏鸭最易感。1 周龄以下或 8 周龄以上的鸭极少发病。除鸭外，雏鹅亦可感染发病。本病的感染率有时可达 90%以上，死亡率 5% ~ 75%不等。传播迅速，无明显发病季节。发生与饲料环境、缺乏维生素或微量元素和蛋白质等诱因有关。本病常继发于鸭传染性鼻炎和鸭大肠杆菌病。

3. 临床症状

最急性病例看不到明显症状就突然死亡。急性病例的多见于 2 ~ 4 周龄的小鸭，主要临床表现为嗜眠，缩颈或嘴抵地面，脚软弱，不愿走动或共济失调，不食或少食，眼、鼻有浆液或黏液性分泌物，眼周围羽毛被粘湿形成“眼圈”；粪便稀薄，呈绿色或黄色。濒死时出现神经症状，如痉挛、摇头或点头，背脖和两腿伸直呈角弓反张状，不久抽搐死亡。病程一般为 1 ~ 3 d，幸存者生长缓慢。

亚急性或慢性病例，多发生于 4 ~ 7 周龄较大的鸭，病程可在 1 周以上。主要表现为精神沉郁，不食或少食。腿软，卧地不起。羽毛粗乱，进行性消瘦，或呼吸困难。少数病例出现脑膜炎的症状，表现斜颈、转圈或倒退，但仍能采食并存活。

4. 病理变化

最明显的肉眼病变是浆膜表面有纤维素性渗出物，主要在心包膜、肝表面和气囊。病程较急的病例，是心囊液数量增多，心外膜表面覆盖一薄层纤维素性渗出物。病程较慢的，则心囊充填淡黄色纤维素，使心包膜与心外膜粘连。肝脏表面覆盖一层极易剥离的灰白色或灰黄色纤维素膜。肝土黄色或棕红色，质较脆，多肿大。胆囊肿大。多数病例气囊上有纤维素膜。脾多肿大，表面也常有纤维素膜。

5. 诊　断

根据流行病学特点、临诊症状和剖检变化可作出初步诊断，但应注意和鸭大肠杆菌病相区别，因为它们的眼观病变很相似。确诊必须进行实验室检查。

6. 防　治

消除发病的诱因。避免鸭只饲养密度过大，注意通风和防寒，使用柔软干燥的垫料，并勤换垫料。实行“全进全出”的饲养管理制度，出栏后应彻底消毒，并空舍2~4周。

经常发生本病的鸭场，可在本病易感日龄使用敏感药物进行预防。

适时接种疫苗。我国已研制出油佐剂灭活菌苗和氢氧化铝灭活菌苗，在7~10日龄一次注射即可。由于本菌血清型较多，且易发生变异，所以，制苗时最好针对流行菌株的血清型制成自家灭活菌苗。

药物防治是控制发病与死亡的一项重要措施，常以氟苯尼考作为首选药物，也可使用喹诺酮类、氨苄青霉素、丁胺卡那、头孢噻呋、利福平等。本菌极易产生耐药性，应通过药敏试验选择敏感药物进行治疗，同时各种抗菌药物应交替使用，以免耐药菌株的出现。

【技能单】

1. 鸡白痢的检疫技术。
2. 鸡大肠杆菌病的诊断技术。
3. 病原菌的药敏试验。

【评估单】

思考题（期望值100分）

1. 有公共卫生意义的禽的细菌性传染病有哪些？
2. 鸡大肠杆菌病有哪几种类型？主要特征是什么？用药治疗应注意哪些问题？
3. 禽沙门氏菌病包括哪几种类型？简述每一种类型的特点。
4. 叙述鸡霍乱的诊断要点。
5. 如何从临诊症状与病理变化区分鸡新城疫与鸡霍乱？
6. 鸡葡萄球菌病的主要传播途径是什么？在临床上有哪几种常见类型？
7. 传染性鼻炎的病原是什么？如何分离培养该病原菌？
8. 简述鸭传染性浆膜炎的流行病学、症状和病变的特征。

任务三　其他传染病的防治

【学习目标】

熟悉鸡毒支原体病和禽黄曲霉病的诊断要领和防治方法。

【资料单】

一、鸡毒支原体感染

鸡毒支原体（Mycoplasma gallisepticam，MG）感染又称鸡败血支原体感染，由于其病程长又称之为慢性呼吸道病（Chronic respiratory disease，CRD）。主要特征为咳嗽、流鼻液，呼吸啰音和张口呼吸。本病是危害肉仔鸡生产的主要疾病。

1. 病　原

鸡毒支原体又称鸡败血支原体，菌体呈球杆状为主的多形性，姬姆萨染色着色良好，呈淡紫色，革兰氏染色呈弱阴性。

鸡毒支原体在人工培养时对营养要求高，需要在培养基中加入血清、胰酶水解物和酵母浸出液等才能生长。在固体培养基上发育慢，经 3 ~ 5 天可见到直径为 0.25 ~ 0.60 mm 的小菌落，中心隆起呈“荷包蛋状”，菌落能吸附鸡的红细胞，借以与非致病菌株相区别。

鸡毒支原体能凝集鸡的红细胞，感染 MG 后鸡的血清中具有血凝抑制抗体。因此，可用血凝和血凝抑制试验诊断本病（方法同新城疫）。

本病对外界环境的抵抗力不强，在水中立刻死亡，在 20 °C 鸡粪内可生存 1 ~ 3 天。阳光直射迅速死亡，在低温条件下可长期存活。一般常用的消毒剂均能迅速将其杀死。对支原净、泰乐菌素、红霉素、螺旋霉素和链霉素等敏感，但对青霉素和磺胺类药物有抵抗力。

2. 流行病学

病鸡和隐性带菌鸡是本病的传染源，产蛋期种鸡带菌率可达 50% ~ 70%，经卵垂直传播是本病重要的传播方式。病原体可通过病鸡咳嗽、喷嚏的飞沫、尘埃经呼吸道传染，也可经被污染的饮水、饲料、用具等由消化道感染。

本病在鸡群中传播较为缓慢，但在新发病的鸡群中传播较快。单独感染支原体的鸡群，在正常饲养管理条件下，常不表现症状，呈隐性经过，当遇到气候突变及寒冷、饲养密度大、卫生与通风不良、呼吸道接种疫苗或发生呼吸道病等诱发因素则发病。

本病各种年龄的鸡和火鸡都可感染，尤以 4～8 周龄的雏鸡和火鸡最易感，成年鸡多为隐性感染。一年四季均可发生，以寒冷季节多发。

3. 临床症状

潜伏期约 10～21 天，但病程可长达 30 天以上，幼鸡感染症状较典型，最常见的症状是呼吸道症状，表现咳嗽、喷嚏、气管啰音。病初流浆液性或黏液性鼻液，使鼻孔堵塞妨碍呼吸，频频摇头。当炎症蔓延下呼吸道时，喘气和咳嗽更为显著，并有呼吸道啰音。后期，如鼻腔和眶下窦中蓄积渗出物，则引起眼部突出形成所谓“金鱼眼”样。鸡精神和食欲差，生长发育迟缓，最后衰竭而死。

成年鸡的症状与幼鸡相似，但症状轻，一般很少发生死亡。病鸡表现为食欲不振，体重减轻。产蛋鸡感染只表现产蛋量下降，孵化率降低，孵出的雏鸡增重受阻。公鸡常有明显的呼吸道症状，而且在冬季比较严重。此病常与大肠杆菌合并感染，出现发热、下痢等症状，并使死亡率升高。

4. 病理变化

主要表现鼻道、气管、支气管和气囊的卡他性炎症，含有浑浊的黏稠渗出物。气囊的变化具有特征性。气囊壁变厚和混浊，气囊壁上出现干酪样渗出物，开始如珠状，严重时成堆成块。常可见到一侧或两侧眼睛肿大、眼球部分或全部封闭，眼结膜囊内有米黄色干酪样渗出物，眼球萎缩。如有大肠杆菌混合感染时，可见纤维素性心包炎和肝周炎。

5. 诊　断

根据流行特点、症状和剖检变化可作出诊断，一般不需做实验室确诊。如需确诊须进行病原分离鉴定和血清学试验。病原的分离鉴定需要一定条件才能进行，血清学试验最常用的是血清平板凝集试验。方法是取待检鸡血清 1 滴于白瓷板上，滴加鸡支原体染色抗原 1 滴，混合，轻轻转动平板，在 2 分钟内如出现明显的凝集颗粒即为阳性反应。该方法简便快速，主要用于对鸡群感染情况作出判断，不适宜作为个体诊断用。

本病在临诊上应注意与传染性鼻炎、传染性支气管炎等相区别。

6. 防　治

由于鸡慢性呼吸道病在鸡场中普遍存在，而且传播方式多样，所以在预防方面必须采取综合的控制措施。

（1）预防。建立无病鸡群，引进种鸡或种蛋必须从确实无支原体病的鸡场购买，平时定期用平板凝集试验方法对鸡群进行检疫，淘汰病鸡和带菌鸡。严格执行消毒制度，饲料全价，采用“全进全出”制的饲养方式，避免或减少一切不良应激因素；对种蛋要进行严格的消毒，因为垂直传播也是该病的主要传播方式。预防接种，国内研制的鸡慢性呼吸道病灭活油苗对于幼鸡和成年鸡均可使用。7～15 日龄雏鸡颈部皮下注射 0.2 mL，成年鸡颈部皮下注射 0.5 mL，免疫期为 5 个月。药物预防可在 1～3 日龄用泰乐菌素按每千克水 500 mg 饮水，在 20 日龄新城疫或传染性支气管炎活苗到接种时再用药 1 天。种鸡在产蛋前再用支原净（泰妙菌素）按每千克水 125 mg 饮水用药 2 天。提高雏鸡的成活率。

（2）治疗。本病在早期治疗效果明显，及时确诊后根据药物敏感试验参考用药，可以参考使用的药物有泰乐菌素、泰妙菌素（支原净）、替米考星、红霉素、恩诺沙星或氧氟沙星、北里霉素、环丙沙星等。

二、禽曲霉菌病

禽曲霉菌病主要是由烟曲霉菌和黄曲霉菌等曲霉菌引起的多种禽类的一种真菌性呼吸道传染病，该病特征为患禽喘气、咳嗽，肺、气囊、胸腹腔浆膜表面形成曲霉菌性结节或霉斑。

1. 病 原

本病主要病原体为半知菌纲曲霉菌属中的烟曲霉，其次为黄曲霉。另外，黑曲霉、构巢曲霉、土曲霉等，属于曲霉菌属。曲霉菌能形成许多分化孢子，排列成串珠状，呈圆球形。孢子柄膨大形成烧瓶形的顶囊，囊上呈放射状排列。

曲霉菌的孢子对外界环境的抵抗力很强，在干热 120 °C、煮沸 5 分钟才能杀死。对化学药品也有较强的抵抗力。在一般消毒药物中，如 2.5%福尔马林、3%石炭酸等需经 1～3 小时才能灭活。

2. 流行病学

曲霉菌的孢子广泛分布于自然界，如土壤、饲料、谷物、养禽环境、动物体表等都可存在。霉菌孢子还可借助于空气流动散播到较远的地方，在适宜的环境条件下，可大量生长繁殖，污染环境，引起传染。

本病的主要传播媒介是被曲霉菌污染的垫料和发霉的饲料。主要的传播途径是霉菌孢子被吸入经呼吸道而感染；接触污染的垫料和吞食发霉变质的饲料也可经消化道感染；另外，孵化环境受到严重污染时，霉菌孢子容易透过蛋壳侵入而引起胚胎感染。

本病可引起多种禽类发病，鸡、鸭、鹅、鸽、火鸡及多种鸟类均有易感性。以幼禽易感性最高，尤其是1~20日龄雏禽最易感，常呈急性暴发和群发，成年禽多为散发。孵化室卫生不良、种蛋消毒不严、育雏阶段饲养管理及卫生条件不良是引起本病暴发的主要原因。另外，温度、湿度较高（如梅雨季节），育雏室通风不良、阴暗潮湿、雏禽密度大等因素常常是引起本病发生的主要诱因。

3. 临床症状

自然感染的潜伏期2~7天，人工感染24小时。根据发病的病程可将本病分为急性型和慢性型。

急性型多见于幼禽，病禽精神沉郁，食欲显著减少或不食，饮欲增加，呼吸急迫，伸颈张口，喘气频率加快，冠和肉髯因缺氧而发绀，咳嗽、流泪、流涕，常有下痢；病原侵害眼时，结膜充血、眼肿、眼睑封闭，出现一侧或两侧眼睛发生灰白混浊，也可能引起一侧眼肿胀，结膜囊有干酪样物，严重者失明；病原侵害脑组织，引起共济失调、角弓反张、麻痹等神经症状。一般在发病后2~3天急性死亡。慢性型多见于中成禽，症状较为温和，主要表现为生长缓慢，发育不良，渐进性消瘦，呼吸困难，且常有腹泻；产蛋禽则产蛋减少，甚至停产。零星死亡，病程2周以上。

4. 病理变化

典型病变主要在肺和气囊上，可见肺脏表面和实质有灰黄色至灰白色粟粒样或珍珠状霉菌性结节，有时气囊壁上可见大小不等的干酪样结节或斑块，质地较硬，切开后可见有层次的结构，中心为干酪样坏死组织，内含大量菌丝体，外层为类似肉芽组织的炎性反应层，含有巨细胞。随着病程的发展，气囊壁明显增厚，干酪样斑块增多、增大，有的融合在一起。后期病例可见在干酪样斑块上以及气囊壁上形成灰绿色霉菌斑。严重病例的腹腔、浆膜、肝脏或其他脏器浆膜表面有结节或圆形灰绿色霉菌斑块。

5. 诊　断

根据发病特点（饲料、垫草的严重污染发霉，幼禽多发且呈急性经过）、临床特征（呼吸困难）、剖检病理变化（在肺、气囊等部位可见灰白色结节或霉菌斑块）等可作出初步诊断，确诊必须进行微生物学检查。

6. 防治措施

（1）预防。加强饲养管理，改善卫生条件，防止饲料和垫料发霉，使用清洁、干燥的垫料和无霉菌污染的饲料，避免禽类接触发霉堆放物，改善禽舍通风和控制湿度，减少空气中霉菌孢子的含量。为了防止种蛋被污染，应及时收蛋，保持蛋库、蛋箱、孵化器及孵化厅干净卫生。

（2）药物治疗。发生本病后，可选用下列药物进行治疗：制霉菌素、硫酸铜、恩诺沙星或环丙沙星、克霉唑等。

【评估单】

思考题（期望值100分）

1. 鸡毒支原体感染对禽群的危害有哪些？
2. 鸡毒支原体感染典型症状与病理变化有哪些？怎样防治鸡支毒原体感染？
3. 曲霉菌病发病原因是什么？典型病理变化有哪些？如何确诊？

项目三　家禽寄生虫病防治技术

自然界中的生物种类众多，各种生物之间存在着极其复杂的相互关系，有些生物不需依赖其他生物而自立生活，有些生物则必须互相依赖，共同生活或同居，表现为共生现象。在共生现象中，甲生物依附于乙生物，摄取其养料以生存者称为寄生（寄生生活）。在寄生生活中，一方得利，另一方受害，得利的一方称为寄生物（动物或植物），受害的一方称为宿主（动物或植物）。寄生生活常伴随着宿主的疾病过程甚至导致宿主死亡。

寄生虫是指暂时地或永久地寄生于宿主的体表或体内，夺取宿主营养，并给宿主造成不同程度危害的寄生动物。由寄生虫寄生于宿主体所引起的疾病称为寄生虫病。

任务一　常见原虫病的防治

【学习目标】

1. 了解家禽常见原虫病的病原特征。
2. 掌握常见原虫病的诊断及防治措施。

【资料单】

一、鸡球虫病

鸡球虫病(Coccidiosis in Chicken)是鸡常见且危害十分严重的寄生虫病，它造成的经济损失是惊人的。雏鸡的发病率和致死率均较高。病愈的雏鸡生长受阻，增重缓慢；成年鸡多为带虫者，但增重和产蛋能力降低。

1. 病　原

病原为原虫中的艾美耳科艾美耳属的球虫。不同种的球虫，在鸡肠道内寄生部位不一样，其致病力也不相同。柔嫩艾美耳球虫（ Eimeria tenella ）寄生于盲肠，致病力最强；毒害艾美耳球虫（ E.necatrix ）寄生于小肠中三分之一段，致病力强；巨型艾美耳球虫（ E.maxima ）寄生于小肠，以中段为主，有一定的致病作用；堆型艾美耳球虫（ E.acervulina ）寄生于十二指肠及小肠前段，有一定的致病作用，严重感染时引起肠壁增厚和肠道出血等病变；和缓艾美耳球虫（ E.mitis ）、哈氏艾美耳球虫（ E.hagani ）寄生在小肠前段，致病力较低，可能引起肠黏膜的卡他性炎症；早熟艾美耳球虫（ E.praecox ）寄生在小肠前三分之一段，致病力低，一般无肉眼可见的病变。布氏艾美耳球虫（ E.brunetti ）寄生于小肠后段，盲肠根部，有一定的致病力，能引起肠道点状出血和卡他性炎症；变位艾美耳球虫（ E.mivati ）寄生于小肠、直肠和盲肠。有一定的致病力，轻度感染时肠道的浆膜和黏膜上出现单个的、包含卵囊的斑块，严重感染时可出现散在的或集中的斑点。

2. 流行特点

各个品种的鸡均有易感性，15 ~ 50 日龄的鸡发病率和致死率都较高，成年鸡对球虫有一定的抵抗力。病鸡是主要传染源，凡被带虫鸡污染过的饲料、饮水、土壤和用具等，都有卵囊存在。鸡感染球虫的途径主要是吃了感染性卵囊。

饲养管理条件不良，鸡舍潮湿、拥挤，卫生条件恶劣时，最易发病。在潮湿多雨、气温较高的梅雨季节易爆发球虫病。

球虫虫卵的抵抗力较强，在外界环境中一般的消毒剂不易破坏，在土壤中可保持生活力达 4 ~ 9 个月，在有树荫的地方可达 15 ~ 18 个月。卵囊对高温和干燥的抵抗力较弱。当相对湿度为 21% ~ 33%时，柔嫩艾美耳球虫的卵囊，在 18 ~ 40 °C 温度下，经 1 ~ 5 天就死亡。

鸡球虫的感染过程：粪便排出的卵囊，在适宜的温度和湿度条件下，经

1～2天发育成感染性卵囊。这种卵囊被鸡吃了以后，子孢子游离出来，钻入肠上皮细胞内发育成裂殖子、配子、合子。合子周围形成一层被膜，被排出体外。鸡球虫在肠上皮细胞内不断进行有性和无性繁殖，使上皮细胞受到严重破坏，遂引起发病。

3. 临床症状

病鸡精神沉郁，羽毛蓬松，头卷缩，食欲减退，嗉囊内充满液体，鸡冠和可视黏膜贫血、苍白，逐渐消瘦，病鸡常排红色胡萝卜样粪便，若感染柔嫩艾美耳球虫，开始时粪便为咖啡色，以后变为完全的血粪，如不及时采取措施，致死率可达50%以上。若多种球虫混合感染，粪便中带血液，并含有大量脱落的肠黏膜。

4. 病理变化

病鸡消瘦，鸡冠与黏膜苍白，内脏变化主要发生在肠管，病变部位和程度与球虫的种别有关。

柔嫩艾美耳球虫主要侵害盲肠，两支盲肠显著肿大，可为正常的3～5倍，肠腔中充满凝固的或新鲜的暗红色血液，盲肠上皮变厚，有严重的糜烂。

毒害艾美耳球虫损害小肠中段，使肠壁扩张、增厚，有严重的坏死。在裂殖体繁殖的部位，有明显的淡白色斑点，黏膜上有许多小出血点。肠管中有凝固的血液或有胡萝卜色胶冻状的内容物。

巨型艾美耳球虫损害小肠中段，可使肠管扩张，肠壁增厚；内容物黏稠，呈淡灰色、淡褐色或淡红色。

堆型艾美耳球虫多在上皮表层发育，并且同一发育阶段的虫体常聚集在一起，在被损害的肠段出现大量淡白色斑点。

哈氏艾美耳球虫损害小肠前段，肠壁上出现大头针头大小的出血点，黏膜有严重的出血。

若多种球虫混合感染，则肠管粗大，肠黏膜上有大量的出血点，肠管中有大量的带有脱落的肠上皮细胞的紫黑色血液。

5. 诊　断

病鸡生前用饱和盐水漂浮法或粪便涂片查到球虫卵囊，或死后取肠黏膜触片或刮取肠黏膜涂片查到裂殖体、裂殖子或配子体，均可确诊为球虫感染，但由于鸡的带虫现象极为普遍，因此，是不是由球虫引起的发病和死亡，应根据临诊症状、流行病学资料、病理剖检情况和病原检查结果进行综合判断。

6. 防 治

（1）加强饲养管理。保持鸡舍干燥、通风和鸡场卫生，定期清除粪便，堆放；发酵以杀灭卵囊。保持饲料、饮水清洁，笼具、料槽、水槽定期消毒。每千克日粮中添加 0.25 ~ 0.5 mg 硒可增强鸡对球虫的抵抗力。补充足够的维生素 K 和给予 3 ~ 7 倍推荐量的维生素 A 可加速鸡患球虫病后的康复。

（2）免疫预防。目前已有数种球虫疫苗，主要分为两类：活毒虫苗和早熟弱毒虫苗。目前球虫疫苗预防已在生产中取得较好的效果。

（3）药物防治。迄今为止，国内外对鸡球虫病的防治主要是依靠药物。使用的药物有化学合成的和抗生素两大类，我国养鸡生产上使用的抗球虫药品种，包括进口的和国产的，共有十余种。

氯苯胍：预防按 30 ~ 33 mg/kg 浓度混饲，连用 1 ~ 2 个月，治疗按 60 ~ 66 mg/kg 混饲 3 ~ 7 天，后改预防量予以控制。

氯羟吡啶（可球粉，可爱丹）：混饲预防浓度为 125 ~ 150 mg/kg，治疗量加倍。育雏期连续给药。

氨丙啉：可混饲或饮水给药。混饲预防浓度为 100 ~ 125 mg/kg，连用 2 ~ 4 周；治疗浓度为 250 mg/kg，连用 1 ~ 2 周，然后减半，连用 2 ~ 4 周。应用本药期间，应控制每千克饲料中维生素 B1 的含量以不超过 10 mg 为宜，以免降低药效。用加强氨丙啉预防，按 66.5 ~ 133 mg/kg 浓度混饲，治疗浓度加倍。强效氨丙啉和特强效氨丙啉的用法同加强氨丙啉，但产蛋鸡限用。

莫能霉素：预防按 80 ~ 125 mg/kg 浓度混饲连用。与盐霉素合用有累加作用。

盐霉素（球虫粉，优素精）：预防按 60 ~ 70 mg/kg 浓度混饲连用。

奈良菌素：预防按 50 ~ 80 mg/kg 浓度混饲连用。与尼卡巴嗪合用有协同作用。

马杜拉霉素（抗球王、杜球、加福）：预防按 5 ~ 6 mg/kg 浓度混饲连用。

阿波杀：按 40 ~ 60 mg/kg 浓度混饲或饮水给药均可。

常山酮（速丹）：预防按 3 mg/kg 浓度混饲连用至蛋鸡上笼，治疗用 6 mg/kg 混饲连用 1 周，后改用预防量。

尼卡巴嗪：混饲预防浓度为 100 ~ 125 mg/kg，育雏期可连续给药。

杀球灵：主要作预防用药，按 1 mg/kg 浓度混饲连用。

百球清：主要作治疗用药，按 25 ~ 30 mg/kg 浓度饮水，连用 2 天。

磺胺类药：对治疗已发生感染的鸡效果优于其他药物，故常用于球虫病的治疗。

常用的磺胺药有：

复方磺胺-5-甲氧嘧啶（SMD-TMP），按 0.03%拌料，连用 5～7 天。

磺胺喹噁啉（SQ），预防按 150～250 mg/kg 浓度混饲或按 50～100 mg/kg 浓度饮水，治疗按 500～1 000 mg/kg 浓度混饲或 250～500 mg/kg 饮水，连用 3 天，停药 2 天，再用 3 天。16 周龄以上鸡限用。与氨丙啉合用有增效作用。

磺胺间二甲氧嘧啶（SDM），预防按 125～250 mg/kg 浓度混饲，16 周龄以下鸡可连续使用；治疗按 1 000～2 000 mg/kg 浓度混饲或按 500～600 mg/kg 饮水，连用 5～6 天，或连用 3 天，停药 2 天，再用 3 天。

磺胺间六甲氧嘧啶（SMM，DS—36，制菌磺），混饲预防浓度为 100～200 mg/kg；治疗按 100～2 000 mg/kg 浓度混饲或 600～1 200 mg/kg 饮水，连用 4～7 天。与乙胺嘧啶合用有增效作用。

磺胺二甲基嘧啶（SM2），预防按 2 500 mg/kg 浓度混饲或按 500～1 000 mg/kg 浓度饮水，治疗以 4 000～5 000 mg/kg 浓度混饲或 1 000～2 000 mg/kg 浓度饮水，连用 3 天，停药 2 天，再用 3 天。16 周龄以上鸡限用。

磺胺氯吡嗪（Esb3），以 600～1 000 mg/kg 浓度混饲或 300～400 mg/kg 浓度饮水，连用 3 天。

磺胺增效剂—二甲氧苄氨嘧啶或三甲氧苄氨嘧啶，按 1∶3～5 比例与磺胺类药合用，对磺胺类药有明显的增效作用，而且可减少磺胺类药的用量，减少不良反应的发生。

各种抗球虫药物连续使用一定时间后，病菌都会产生不同程度的耐药性，为了合理使用抗球虫药物，临床上常采用穿梭用药、轮换用药和联合用药等措施，以减缓耐药性的产生，提高防治效果。

二、鸡住白细胞原虫病

鸡住白细胞原虫病是一种血液原虫病。是由住白细胞虫科住白细胞虫属的原虫寄生于鸡的血细胞和一些内脏器官中引起的一种血孢子虫病。

1. 病 原

在我国，寄生于鸡体的住白细胞虫主要有两种：卡氏住白细胞虫（L.caulleryi）和沙氏住白细胞虫（L.sabrazesi）。卡氏住白细胞虫的传播媒介是库蠓；沙氏住白细胞虫的传播媒介是蚋。

2. 流行特点

住白细胞虫病的发生及流行与库蠓和蚋的活动有直接关系。当气温在

20 °C 以上时，库蠓和蚋繁殖快，活力强，本病发生和流行也就日趋严重。南方地区气温高，故本病终年发生。多发生于 5 ~ 10 月份，6 ~ 8 月份为发病高峰期。本病在 3 ~ 6 周龄小鸡中发生最多，病情最严重，死亡率可高达 50% ~ 80%；中鸡也会严重发病，但死亡率不高，一般在 10% ~ 30%；大鸡的死亡率通常为 5% ~ 10%。据观察外来品种的鸡，如 AA 肉鸡、来航蛋鸡等对本病较本地黄鸡更为易感，发病和死亡较严重。

3. 临床症状

病鸡食欲不振，精神沉郁，流涎、下痢，粪便呈青绿色。病鸡贫血严重，鸡冠和肉垂苍白，有的可在鸡冠上出现圆形出血点，所以本病亦称为“白冠病”。严重者因咯血、出血、呼吸困难而突然死亡，死前口流鲜血。

4. 病理变化

全身性出血包括：全身皮下出血；肌肉出血，常见胸肌和腿肌有出血点或出血斑；内脏器官广泛出血，其中又以肺、肾和肝最为常见。胸肌、腿肌、心肌以及肝、脾等实质器官常有针尖大至粟粒大的白色小结节，这些小结节与周围组织有明显的分界，它们是裂殖体的聚集点。肝脾肿大。肠黏膜上有时有溃疡。

5. 诊　断

可根据临诊症状、剖检病变及发病季节作出初步诊断。病原学诊断是使用血片检查法，以消毒的注射针头，从鸡的翅下小静脉或鸡冠采血一滴，涂成薄片，或是制作脏器的触片，再用瑞氏或姬氏染色法染色，在显微镜下发现虫体便可确诊。或从肌肉小白点的组织压片中发现配子体或裂殖体即可确诊。亦可采用琼脂凝胶扩散试验来进行血清学检查。

6. 防　治

（1）消灭吸血昆虫。蠓的幼虫和蛹主要孳生于水沟、池沼、水井和稻田等处，不易杀灭。但成虫多于晚间飞入鸡舍吸血，因而可用 0.1%除虫菊脂喷洒，杀灭蠓的成虫。或安装细孔的纱门、纱窗防止库蠓进入。

（2）药物预防。在本病即将发生或流行初期，进行药物预防：复方泰灭净（SMM+TMP）：按 30 ~ 50 ppm 混料作预防；磺胺喹噁啉（SQ）：按 50 ppm 混料或饮水，用于预防。可爱丹：按 125 ppm 混料，用于预防

（3）治疗方法。复方磺胺-5-甲氧嘧啶，按 0.03%拌料，连用 5 ~ 7 天。磺胺-6-甲氧嘧啶，按 0.1%拌料，连用 4 ~ 5 天。复方泰灭净，治疗量，首

次以 100 ppm 饮水治疗或 0.5%混入饲料投药 3 天，维持量以 0.05%混料投喂 14 天。

三、鸡组织滴虫病

鸡组织滴虫病又称“盲肠肝炎”“黑头病”，是由火鸡组织滴虫寄生于禽类的盲肠和肝脏引起的一种急性原虫病，以肝脏出现特征性坏死灶为特征。

1. 流行特点

组织滴虫病主要感染火鸡、鹧鸪、鸽和松鸡，鸡、孔雀、珍珠鸡等也可感染，但很少出现症状。不同品种、年龄，易感性不同，4～6 周龄鸡和 3～12 周龄火鸡最易感。

本病主要经过虫卵污染的饲料和饮水而感染。密度过大、卫生条件差 、饲料营养不全、维生素 A 缺乏均可诱发本病。

寄生于盲肠的火鸡组织滴虫被鸡异刺线虫吞食，进入异刺线虫卵内，得到虫卵的保护，能在虫卵及其幼虫中存活很长时间。当鸡感染异刺线虫时，同时感染组织滴虫。

2. 临床症状

潜伏期 7～12 天，最短 5 天，常发生于第 11 天。病鸡呆立，翅下垂，步态蹒跚，眼半闭，头下垂。畏寒，下痢，严重者排出血便，食欲减退，羽毛松乱。疾病末期，有些病禽因血液循环障碍，鸡冠、肉髯发绀，呈暗黑色，因而有“黑头病”之称。病程 1～3 周，病愈鸡体内仍有组织滴虫，带虫者可长达数周或数月向外排虫。成年鸡很少出现症状。

3. 病理变化

病变主要在盲肠和肝脏，引起盲肠炎和肝炎。剖检见一侧或两侧盲肠肿胀，肠壁肥厚，内腔充满浆液性或出血性渗出物，渗出物常发生干酪化，形成干酪状盲肠肠芯，间或盲肠穿孔，引起腹膜炎。肝脏肿大，紫黑色，表面出现黄绿色圆形下陷的坏死灶，直径可达 1 cm，单独存在或融合成片状，具有诊断意义。

4. 诊　断

根据流行病学和病理变化，发现本病的典型病变，可做出初步诊断。刮取盲肠黏膜或肝脏组织检查，发现虫体即可确诊。当并发有球虫病、沙门氏菌病、曲霉病或上消化道毛滴虫病时，需进行鉴别诊断，找出病原。

5. 防　治

搞好环境卫生，定期驱除鸡体内寄生虫，尤其是要减少或杀灭鸡异刺线虫虫卵，加强饲养管理，成年禽和幼禽单独饲养，减少本病发生的诱因，可有效防止本病发生。

药物防治可选用下列药物：

痢特灵：治疗用量为 0.04%混饲，连用 7 天；预防用 0.011% ~ 0.022%混饲，休药 5 天。

甲硝锉：治疗按 250 mg/kg 比例混于饲料中，每日 3 次，连用 5 天；预防用 200 mg/kg 比例混于饲料中，休药 5 天。

洛硝哒唑：预防按 500 mg/kg 比例混于饲料中，休药 5 天。

【技能单】

鸡球虫病的诊断技术。

【评估单】

一、填空题（期望值 30 分）

1. 鸡球虫病的传染源是_____，鸡是由于啄食了_______而感染。

2. 毒害艾美耳球虫寄生可导致鸡肠壁_______、_______、_______。

3. 柔嫩艾美耳球虫主要侵害________，其剖检病变为_________。

4. 鸡球虫病的常见症状是________消瘦和_______。

5. 鸡球虫中______________是致病力最强、危害最大的。

6. 药物治疗球虫病面临的最大问题是________，为了避免和延迟此问题的产生常采用__________和_________及联合用药。

7. 目前防治球虫病的方法有________预防和________预防。

8. 鸡住白细胞原虫的两个常见种是__________和__________。

9. 鸡住白细胞原虫寄生于鸡的__________细胞和_________细胞内。

10. 剖检住白细胞原虫病鸡可见全身性_______，肌肉以_____和_____最明显。

11. 卡氏住白细胞原虫的传播媒介是________，季节活动频繁。

12. 小鸡患住白细胞原虫病可因严重的________、________而死亡。

13. 组织滴虫病又叫“________”和“_______”，其病原为_________。

14. 火鸡组织滴虫可寄生于禽类的________和_______。

15. 治疗火鸡组织滴虫病的药物有________、________和________。

16. 盲肠内的组织滴虫可进入________线虫的卵内而得到保护。

17. 鸡组织滴虫病的典型病变是________________。

二、选择题（期望值 20 分）

1. 鸡球虫的发育过程中形成孢子囊和子孢子，具有致病性，这种含有成熟的子孢子的卵囊称为（　　）。

A. 感染性卵囊　　B. 孢子卵囊

C. 裂殖子卵囊　　D. 配子卵囊

2. 鸡盲肠肝炎、黑头病是由（　　）引起的疾病。

A. 柔嫩艾美耳球虫　　B. 禽组织滴虫

C. 鸡住白细胞虫病　　D. 毒害艾美耳球虫

3. 鸡卡氏住白细胞虫病的传播媒介是（　　）。

A. 蚯蚓　　B. 库蠓　　C. 蚋　　D. 淡水螺

4. 球虫多寄生于（　　）。

A. 消化道上皮　　B. 呼吸道上皮

C. 泌尿道上皮　　D. 胆道上皮

5. 球虫卵囊对下列因素敏感的是（　　）。

A. 外界理化因素　　B. 低温

C. 高湿度　　D. 干燥

6. 鸡球虫虫卵的检查方法是（　　）。

A. 粪便漂浮法　　B. 粪便沉淀法

C. 血液涂片法　　D. 组织触片法

7. 鸡白冠病的病原是（　　）。

A. 鸡住白细胞原虫　　B. 鸡球虫

C. 火鸡组织滴虫　　D. 鸡异刺线虫

三、判断题（期望值 30 分）

1. 鸡球虫是由艾美耳属的多种球虫寄生于鸡肠道黏膜内引起的一种线虫病。（　　）

2. 艾美耳球虫都寄生于小肠。（　　）

3. 禽组织滴虫病特征病变部位是肝脏坏死和盲肠溃疡。（　　）

4. 鸡住白细胞虫病是鸡住白细胞虫寄生于鸡的白细胞和红细胞内引起一种血液原虫病。（　　）

5. 球虫卵囊排到外界后易被高温杀灭。（ ）
6. 球虫一般为混合感染，一个动物体内可能有几种球虫寄生。（ ）
7. 异刺线虫是火鸡组织滴虫的传播者。（ ）
8. 四咪唑和莫能霉素都可以治疗鸡球虫病。（ ）
9. 鸡组织滴虫病又称“白冠病”。（ ）
10.“黑头病”的病原是毒害艾美尔球虫。（ ）

四、问答题（期望值20分）

1. 鸡球虫病的主要症状、剖检变化及防治措施有哪些？
2. 鸡住白细胞病的主要症状、剖检病变及防治措施是什么？
3. 鸡组织滴虫病的临床症状、剖检病变及防治措施有哪些？

任务二　常见体外寄生虫病的防治

【学习目标】

1. 了解家禽常见体外寄生虫病的病原特征。
2. 掌握常见体外寄生虫病主要症状、病理变化与防治措施。

【资料单】

一、鸡羽虱

鸡羽虱是由羽虱寄生于鸡体表引起的以羽毛脱落和病鸡消瘦、贫血为特征的寄生虫病。

1. 病　原

羽虱是鸡的一种常见的外寄生虫，种类很多，寄生在鸡体上的数量也很多，在寒冷季节更是严重。羽虱体小，雄虫体长 1.7 ~ 1.9 mm，雌虫 1.8 ~ 2.1 mm。羽虱以咬食羽毛的羽枝或皮肤鳞屑而生活。鸡虱属于一种永久性寄生虫，全部生活史都在鸡体上。成年羽虱寄生于毛根部，平均寿命几个月，一对雌雄虱在几个月内可产生几十万个后代。各种鸡羽虱均在毛基部产卵，4 ~ 5 天即可孵出幼虱，形态与成虱相同。

2. 临床症状及病理变化

通过直接接触传播，也可经污染的用具感染。病禽出现瘙痒、不安等症，影响休息和睡眠，严重时体重减轻，消瘦和贫血，幼雏生长发育受阻甚至死亡。羽虱咬食羽毛致使羽毛受损、脱落，受损的羽毛根部可见大量的虱卵。成年鸡产蛋量下降，有时还可见皮肤上形成痂皮，皮下有出血。

3. 防　治

预防：不购买有羽虱的鸡；用具如蛋箱等应严格消毒；新购进的鸡要隔离、检疫，必要时进行治疗。

治疗：撒粉法。用 0.5%敌百虫、5%氟化钠、2%～3%的除虫菊酯或 5%硫黄粉等装在两层纱布的小袋内，把药粉撒到鸡体的各个部位，并搓擦羽毛，使药粉分布均匀。撒搓后用手拍打鸡体，去掉多余的药粉；沙浴法。将 5%硫黄粉、3%除虫菊酯等与细沙拌匀，让病鸡沙浴。隔 10 天左右再重复一次。同时对圈舍、环境和所有用具等喷洒灭虱药彻底灭虱；阿维菌素或伊维菌素拌料，连用 3 天，停 2 天，再用 3 天。

二、禽鳞足螨病

禽鳞足螨病是由鳞足螨寄生于腿部鳞片下面，引起腿部特征性皮炎病变的一种慢性外寄生虫病。

1. 病　原

鳞足螨，又称突变膝螨。近球形，体型小，足短，雌性成虫直径约 0.4 mm，雄虫约为 0.2 mm。

2. 临床症状及病理变化

鳞足螨寄生于禽腿部无毛处皮下，鳞片翻起，使皮肤发炎增生，患肢皮肤粗糙，并发生裂缝，有白色渗出物。渗出物干燥后形成灰白色痂皮，如同涂有石灰样，故称“石灰脚”。患肢皮肤常因瘙痒而损伤，严重者病禽行走困难。

3. 防　治

病禽应及时隔离治疗，用硫黄软膏涂擦或 0.5%氟化钠浸泡患肢，每天一次，7 天一个疗程，疗效好。

三、鸡膝螨病

鸡膝螨病是鸡膝螨寄生于鸡的羽毛根部皮肤所致。

1. 病　原

鸡膝螨，虫体近球形，直径 0.3 mm，体后端有一对长刚毛。整个发育过程在鸡体上完成，成虫在鸡皮肤上挖坑产卵，引起皮炎

2. 临床症状及病理变化

病鸡全身羽毛几乎全部脱落，故称“脱羽症”。皮肤发红、增厚、变硬，并伴有奇痒，常因摩擦导致皮肤充血、出血和结痂。

3. 防　治

防治要点参见“鸡羽虱”。

【评估单】

一、填空题（期望值 30 分）

1. 鸡羽虱寄生于鸡________，以咬食________和________而生活。

2. 羽虱寄生的病鸡主要症状是__________、__________和__________，产蛋鸡产蛋量__________。

3. 引起禽“石灰脚”的病原是__________，其寄生于禽的__________，患肢皮肤常因__________而损伤。

4. 鸡膝螨常寄生于鸡的___________，其引起的疾病又称___________，病鸡皮肤发红、变硬、增厚并伴有_________。

5. 鸡羽虱的治疗方法有____________、___________和____________。

6. 鸡羽虱的传播方式有______________和______________。

7. 用于治疗鸡“石灰脚“的药物有______________和______________。

二、选择题（期望值 20 分）

1. 引起鸡“脱羽症“的病原是（　　）。

A. 突变膝螨　　B. 鸡膝螨

C. 蠕形螨　　D. 气囊螨

2. 羽虱属于（　　）。

A. 内寄生虫　　B. 蠕虫

C. 外寄生虫　　D. 原虫

3. 鸡羽虱属于（　　）。

A. 永久性寄生虫　　B. 暂时性寄生虫

C. 短暂寄生生虫　　D. 体内寄生虫

4. 引起鸡“石灰脚“的病原是（　　）。

A. 鳞足螨　　B. 鸡膝螨

C. 蠕形螨　　D. 气囊螨

5. 下列驱虫药中既可驱除体内寄生虫，又可消灭体外寄生虫的是（　　）。

A. 伊维菌素　　B. 双甲脒

C. 左咪唑　　D. 氯苯胍

三、问答题（期望值 20 分）

1. 鸡羽虱的主要症状、病理变化及防治措施是什么？
2. 鸡鳞足螨病的主要症状、病理变化及防治措施是什么？
3. 鸡膝螨病的主要症状、病理变化及防治措施是什么？

四、判断题（期望值 30 分）

1. 鸡羽虱是一种暂时性寄生虫。（　　）
2. 鸡羽虱引起的疾病又称“石灰脚”。（　　）
3. 鸡鳞足螨又称突变膝螨。（　　）
4. 鸡“脱羽症”的病原是鸡膝螨。（　　）
5. 鸡螨病的共同特点是病鸡皮肤瘙痒。（　　）
6. 鸡膝螨寄生于鸡腿部皮下。（　　）
7. 鸡鳞足螨寄生于鸡羽毛根部皮肤。（　　）
8. 鸡“石灰脚”可用 0.5%氟化钠浸泡患肢。（　　）
9. 沙浴法可用于治疗鸡羽虱。（　　）
10. 撒粉法可用于治疗鸡鳞足螨病。（　　）

项目四　家禽普通病防治技术

在生产中，由于多种原因，常常发生家禽的营养代谢病和中毒病，引起家禽不必要的损失。

任务一 常见营养代谢病防治

【学习目标】

1. 了解家禽常见营养代谢病的病因。
2. 掌握常见营养代谢病主要症状、病理变化、诊断与防治措施。

【资料单】

一、维生素A缺乏症

维生素A缺乏症是由于动物缺乏维生素A引起的以分泌上皮角质化和角膜、结膜、气管、食管黏膜角质化、夜盲症、干眼病、生长停滞等为特征的营养缺乏疾病。

1. 病 因

（1）供给不足或需要量增加。鸡体不能合成维生素A，必须从饲料中采食维生素A或类胡萝卜素。不同生理阶段的鸡，对维生素A的需要量不同，应分别供给质量较好的成品料，否则就会引起严重的缺乏症。

（2）维生素A性质不稳定，非常容易失活，在饲料加工工艺条件不当时，损失很大。饲料存放时间过长、饲料发霉、烈日曝晒等皆可造成维生素A和类胡萝卜素损坏，脂肪酸败变质也能加速其氧化分解过程。

（3）日粮中蛋白质和脂肪不足，不能合成足够的视黄醛结合蛋白质去运送维生素A，脂肪不足会影响维生素A类物质在肠中的溶解和吸收。

（4）胃肠道吸收障碍，发生腹泻，或肝胆疾病影响饲料维生素A的吸收、利用及储藏。

2. 临床症状

雏鸡和初开产的鸡常易发生维生素A缺乏症。雏鸡一般发生在1～7周龄，若1周龄的鸡发病，则与母鸡缺乏维生素A有关。其症状特点为厌食，生长停滞，消瘦，倦睡，衰弱，羽毛松乱，运动失调，瘫痪，不能站立。黄色鸡种胫喙色素消褪，冠和肉垂苍白。病程超过一周仍存活的鸡，眼睑发炎或粘连，鼻孔和眼睛流出黏性分泌物，眼睑不久即肿胀，蓄积有干酪样的渗出物，角膜混浊不透明，严重者角膜软化或穿孔失明。口黏膜有白色小结节或覆盖一层白色的豆腐渣样的薄膜，但剥离后黏膜完整无出血溃疡现象。食道黏膜上皮增生和角质化。

成年鸡通常在 2 ~ 5 个月内出现症状，一般呈慢性经过。轻度缺乏维生素 A，鸡的生长、产蛋、种蛋孵化率及抗病力受到一定影响，往往不易被察觉，使养鸡生产在不知不觉中受到损失。患鸡食欲不振、消瘦、精神沉郁、鼻孔和眼睛常有水样液体排出，眼睑常常黏合在一起，严重时可见眼内乳白干酪样物质（眼屎），角膜发生软化和穿孔，最后失明。鼻孔流出大量黏稠鼻液，病鸡呈现呼吸困难。鸡群呼吸道和消化道黏膜抵抗力降低，易诱发传染病。继发或并发家禽痛风或骨骼发育障碍所致的运动无力、两腿瘫痪，偶有神经症状，运动缺乏灵活性。鸡冠白有皱褶，爪、喙色淡。母鸡产蛋量和孵化率降低，公鸡繁殖力下降，精液品质退化，受精率低。

3. 病理变化

剖检可见口腔、咽、食管黏膜上皮角质化脱落，黏膜有小脓包样病变，破溃后形成小的溃疡。支气管黏膜可能覆盖一层很薄的伪膜。结膜囊或鼻窦肿胀，内有黏性的或干酪样的渗出物。严重时肾脏呈灰白色，有尿酸盐沉积。小脑肿胀，脑膜水肿，有微小出血点。

4. 诊　断

症状和病变通常使人怀疑本病。显微镜下发现上呼吸道和上消化道的分泌腺和腺上皮组织的鳞状变形可帮助诊断。研究饲料配方和配制工序也会发现维生素 A 缺乏的可能性。

5. 防　治

日粮中补充富含维生素 A 或维生素 A 元的饲料，如鱼肝油、胡萝卜、三叶草、玉米、青绿饲料。大群治疗时，将鱼肝油混入料中，每千克饲料放 0.5 mL。或补给鸡维生素 A 添加剂，治疗剂量可按正常需要量的 3 ~ 4 倍混料喂，连喂约 2 周后再恢复正常。或每千克饲料 5 000 IU 维生素 A，疗程一月。眼部病变，用 3%硼酸溶液洗涤，每日 1 次。

由于维生素 A 是一种脂溶性和不稳性物质，很易被氧化而失效，所以对饲料注意保管，防止酸败发酵和氧化，以免维生素 A 被破坏。

二、维生素 B 族缺乏症

维生素 B 族是一群水溶性维生素，现已确定的有十几种，其中最重要的

有维生素 B_1（硫胺素）、维生素 B_2（核黄素）、维生素 B_3（泛酸）、维生素 B_7（生物素、维生素 H）、维生素 PP（烟酰胺、烟酸）、维生素 B_{11}（叶酸）、维生素 B_{12}（氰钴胺）以及维生素 B_6（吡哆醇）。

（一）维生素 B_1 缺乏症

维生素 B_1 即硫胺素，是鸡体碳水化合物代谢必需的物质，它的缺乏会导致碳水化合物代谢障碍和神经系统病变，是以多发性神经炎为典型症状的营养缺乏性疾病。

1. 病　因

（1）饲料中硫胺素含量不足。通常发生于配方失误，以及饲料碱化、蒸煮等加工处理过程；或饲料发霉或贮存时间太长等造成维生素 B_1 分解损失。

（2）饲料中含有蕨类植物、抗球虫病、抗生素等对维生素 B_1 有拮抗作用的物质：如氨丙啉、硝胺、磺胺类药物。

（3）鱼粉品质差，硫胺素酶活性太高。大量鱼、虾和软体动物内脏所含硫胺素酶也可破坏硫胺素。

2. 临床症状

雏鸡发病突然，多在两周龄以前发生。特征为外周神经麻痹或初为多发性神经炎，进而出现麻痹或痉挛症状。开始为趾的屈肌麻痹，以后向上蔓延到腿、翅、颈的伸肌发生痉挛，这时病鸡瘫痪，坐在屈曲的腿上，头向背后极度弯曲，呈现“观星”姿势。有的病鸡呈现进行性瘫痪，不能行动，倒地不起，抽搐死亡。其他症状为病鸡发育不良，食欲减退，体重减轻，羽毛松乱，缺乏光泽，腿无力，行走不稳，严重贫血和下痢。

成年鸡除了神经症状外，还出现鸡冠发紫，种蛋孵化中常有死胚或逾期不出壳。

3. 病理变化

无特征性病变，胃肠道有炎症，十二指肠溃疡，睾丸和卵巢明显萎缩。小鸡皮肤水肿，肾上腺肥大，母鸡比公鸡更明显。

4. 诊　断

根据病史和临床症状可做出初步诊断。为进一步证实诊断可进行饲料分析，测定饲料中的维生素 B_1 的含量（一般不做）。

5. 防 治

（1）防止饲料发霉，不能饲喂变质劣质鱼粉。

（2）适当多喂各种谷物，麸皮和青绿饲料。

（3）控制嘧啶环和噻唑药物的使用，必须使用时疗程不宜过长。

（4）注意日粮配合，在饲料中添加维生素 B_1，满足家禽需要，鸡的需要量为每千克饲料 1 ~ 2 mg，火鸡和鹌鹑为 2 mg。

（5）治疗：小群饲养时可个别强饲或注射硫胺素， 每只内服为 2.5 mg/kg 体重。肌注量为 0.1 ~ 0.2 mg/kg 体重。

（二）维生素 B_2 缺乏症

核黄素是动物体内十多种酶的辅基，与动物生长和组织修复有密切关系，家禽因体内合成核黄素很少，必须由饲料供应。维生素 B_2 缺乏症的典型症状为卷爪麻痹症。

1. 病 因

（1）饲料补充核黄素不足， 常用的禾谷类饲料中核黄素特别缺乏，又易被紫外线、碱及重金属破坏。

（2）药物的拮抗作用，如氯丙嗪等能影响维生素 B_2 的利用。

（3）动物处于低温等应激状态，需要量增加；胃肠道疾病会影响核黄素转化吸收；饲喂高脂肪、低蛋白饲料时核黄素需要量增加。种鸡需要量比非种鸡需要量多。

2. 临床症状

特征性症状是趾爪向内卷曲，呈“握拳状”，两肢瘫痪，以飞节着地，翅展开以维持身体的平衡，运动困难，被迫以踝部行走，腿部肌肉萎缩或松弛，皮肤干燥粗糙。有结膜炎和角膜炎。病后期，腿伸开卧地，不能走动。病鸡生长缓慢，消瘦，羽毛粗乱，没有光泽，绒毛稀少，贫血，严重时下痢。种鸡产蛋率和孵化率明显降低，蛋白稀薄。在孵化后 12 ~ 14 天胚胎大量死亡。胚胎皮肤表面有结节状绒毛。

3. 病理变化

胃肠道的黏膜萎缩，肠壁变薄，肠道内有大量泡沫状内容物。有些病例可见胸腺充血和萎缩，肝脏肿大和脂肪肝，羽毛脱落不全、卷曲。重症病鸡坐骨神经和臂神经显著肿大而柔软，比正常粗大 4 ~ 5 倍，坐骨神经变化尤为明显。

4. 防　治

（1）饲料中添加蚕蛹粉、干燥肝脏粉、酵母、谷类和青绿饲料等富含维生素 B_2 的原料。雏鸡一开食就应喂标准配合日粮，或在每千克饲料中添加核黄素 2 ~ 3 mg，可以预防本病。

（2）一般缺乏症可不治自愈，对确定维生素 B_2 缺乏造成的坐骨神经炎，在日粮中加 10 ~ 20 mg/kg 的核黄素，个体内服维生素 B_2 0.1 ~ 0.2 mg/只，育成鸡 5 ~ 6 mg/只，出雏率降低的母鸡内服 10 mg/只，连用 7 天可收到好的疗效。

（三）维生素 B_3（泛酸）缺乏症

1. 临床症状

雏鸡的特征症状是皮炎、羽毛生长受阻和粗糙。病鸡消瘦，口角、眼睑以及肛门周围有局限性小痂块。眼睑常被黏性渗出物粘着，头部、趾间或脚底外层皮肤发炎，发生小裂口、结痂、出血或水肿，裂口加深后行走困难。有些病鸡腿部皮肤增厚、粗糙、角质化，甚至脱落。羽毛蓬乱，头部羽毛脱落。骨粗短，甚至发生脱腱症。

种鸡产蛋率和孵化率降低，胚胎死亡率增高，大多死于孵化后 2 ~ 3 天。孵出的小鸡体轻而弱，在 24 小时内死亡率可达 50%左右。

2. 病理变化

本病无特征性肉眼可见的病理变化。

3. 防　治

饲喂酵母、麸皮、米糠等含泛酸较高的饲料可防治本病发生。病情尚未严重时，每千克饲料中加入 8 mg 泛酸钙即可康复。

（四）维生素 B_7（维生素 H、生物素）

1. 临床症状

症状与缺乏泛酸症状相似，轻者难以区别，只是结痂时间和次序有别。雏鸡首先在脚上结痂，而泛酸缺乏的小鸡则是现在口角出现。雏鸡逐渐衰弱，发育缓慢，脚、喙和眼周皮肤发炎，有时还会出现骨粗短症；种鸡产蛋率和孵化率降低，种蛋孵化率降低尤为明显，死胚较多，新孵出的雏鸡也产生骨粗短症和畸形等症状。

2. 病理变化

本病无特征性肉眼可见的病理变化。

3. 防　治

饲喂富含生物素的豆饼、米糠、鱼粉、酵母等可预防本病。维生素 H 缺乏时，成鸡口服或肌注每只 0.01～0.05 mg，或每千克饲料添加 40～100 mg 饲喂。

（五）维生素 PP（烟酸）缺乏症

1. 临床症状

雏鸡变现为舌呈暗黑色，口腔和上部食道发炎，呈深红色。食欲减退，下痢。跗关节肿大，骨粗短，腿弯曲，脚和爪呈痉挛状。生长迟缓或停滞。成鸡羽毛生长不良，蓬乱无光泽，甚至脱毛。皮肤发炎，可见足和皮肤有鳞状皮炎。

2. 防　治

日粮中配合富含烟酸的麸皮、米糠、豆饼等可预防本病。

治疗：在每千克饲料中加烟酸 10 mg，病情可很快恢复。但对骨粗短症或跗关节肿大的严重病例疗效甚微或根本无效。

（六）维生素 B_{11}（叶酸）缺乏症

1. 症　状

雏鸡贫血，血红蛋白下降，羽毛色素消失，出现白羽，羽毛生长缓慢，无光泽，出现骨粗短症。种鸡缺乏叶酸则产蛋率和孵化率下降，胚胎畸形，出现胫骨弯曲，下颌缺损，趾爪出血。

2. 防　治

饲喂富含叶酸的豆饼、酵母、麸皮等可预防本病。病雏可肌肉注射叶酸 50～100 微克/只，育成鸡肌肉注射 100～200 微克/只，1 周内可恢复。在 100 g 饲料中加入 500 微克叶酸可获得同样效果。

（七）维生素 B_{12}（氰钴胺）缺乏症

1. 临床症状

雏鸡无特征性症状。常出现贫血，食欲不振，发育迟缓，羽毛生长不良，发生脚软症，死亡率增加等。种鸡则产蛋量下降，孵化率降低，胚胎出血和水肿，孵化后期（17 胚龄）死亡率增加。

2. 防 治

饲喂鱼粉、肉粉、肝粉和酵母粉可预防本病。当鸡缺乏维生素 B_{12} 时，除喂给富含维生素 B_{12} 的饲料（动物性饲料）外，还可喂适量氯化钴，鸡可利用无机钴合成维生素 B_{12}。

（八）维生素 B_6（吡哆醇）缺乏症

1. 临床症状

雏鸡主要表现为神经症状：异常兴奋，盲目乱跑，拍翅膀，头下垂。以后出现全身痉挛，倒向一侧，摆头踢腿或急速划动双腿，直至完全衰竭而死亡。此外，病雏食欲不振，发育不良，贫血。种鸡则表现为食欲不振，消瘦，产蛋率和孵化率下降，卵巢、睾丸、冠和肉髯萎缩，最后死亡。

2. 防 治

饲喂酵母、麸皮、肝粉等富含维生素 B_6 的饲料可防止本病发生。维生素 B_6 缺乏时，每千克饲料加入 10 ~ 20 mg 维生素 B_6 或每只成鸡注射 5 ~ 10 mg。

三、维生素 D 缺乏症

维生素 D 缺乏症是鸡的钙、磷吸收和代谢障碍，骨骼、蛋壳形成等受阻，以雏鸡佝偻病和缺钙症状为特征的营养缺乏症。

1. 病 因

维生素 D 缺乏症的发生不外乎两个原因：体内合成量不足和饲料供给缺乏。维生素 D 合成需要紫外线，所以适当的日晒可以防止缺乏症的发生。机体消化吸收功能障碍，患有肾肝疾病的鸡只也会发生。购买商品料的养殖户应该向供货商质询，或者通过化验来确定病因，采取相应措施。

2. 临床症状及病理变化

维生素 D 的缺乏症主要表现为骨骼损害。

雏鸡佝偻病，一月龄左右雏鸡容易发生，发生时间与雏鸡饲料及种蛋情况有关。最初症状为腿弱，行走不稳，喙和爪软而容易弯曲，以后跗关节着地，常蹲坐，平衡失调。骨骼柔软或肿大，肋骨和肋软骨的结合处可摸到圆形结节（念珠状肿）。胸骨侧弯，胸骨正中内陷，使胸腔变小。脊椎在荐部和尾部向下弯曲。长骨质脆易骨折。生长发育不良，羽毛松乱，无光泽，有时下痢。

产蛋母鸡缺乏维生素 D，开产 2～3 个月开始表现缺钙症状。早期表现为薄壳蛋和软壳蛋数量增加，以后产蛋量下降，最后停产。种蛋孵化率下降，胚胎多在 10～16 日龄死亡。喙、爪、龙骨变软，龙骨弯曲，慢性病例则见到明显的骨骼变形，胸廓下陷。胸骨和椎骨接合处内陷，所有肋骨沿胸廓呈向内弧形弯曲的特征。后期关节肿大，母鸡呈现身体坐在腿上“企鹅形”蹲着的特殊姿势，也能观察到缺钙症状的周期性发作。长骨质脆，易骨折，剖检可见骨骼钙化不良。

3. 防　治

（1）保证饲料中含有足够量的维生素 D_3，每千克日粮中，雏鸡、育成鸡需 200IU，产蛋鸡、种鸡需 500IU。

（2）防止饲料中维生素 D_3 氧化，应添加合成抗氧化剂。

（3）防止饲料发霉，破坏维生素 D_3，可添加防霉剂。

（4）已经发生缺乏症的鸡可补充维生素 D_3：饲料中使用维生素 D_3 粉或饮水中使用速溶多维，饲料中剂量可为 1 500IU/kg。

（5）雏鸡缺乏维生素 D 时，每只可喂服 2～3 滴鱼肝油，每天 3 次。患佝偻病的雏鸡，每只每次喂给 10 000～20 000IU 的维生素 D_3 油或胶囊疗效较好。多晒太阳，保证足够的日照时间对治疗也有帮助。

四、维生素 E 和硒缺乏症

禽维生素 E 和硒缺乏症是由于家禽缺乏维生素 E 或硒，或同时缺乏上述两种营养物质和其他一些相关营养物质如含硫氨基酸而导致的一种较常见的营养性疾病。主要特征是发生脑软化症、渗出性素质和肌营养不良症（白肌病）等。

1. 病　因

饲料中维生素 E 含量不足，或饲料（包括原料）贮存时间过长，受日光过度照射，维生素 E 被大量破坏；饲料中不饱和脂肪酸含量高，并与维生素 E 结合，降低了饲料中维生素 E 的活性；家禽肝胆功能障碍、消化道疾病等造成维生素 E 吸收不良，均可导致维生素 E 缺乏症。硒的缺乏常因饲料原料产地为低硒地区及饲料在加工过程中添加硒不足而致。

维生素 E 是一种强的抗氧化剂，与硒及含硫氨基酸共同作用，具有维持细胞生物膜完整性，参与机体生物氧化过程，维持组织细胞正常呼吸等功能。如果缺乏维生素 E，或同时缺乏硒和含硫氨基酸时，其抗氧化作用的过程受阻，就出现组织出血、溶血、渗出、变性、软化等一系列病理过程，从而发生脑软化、渗出性素质、肌营养不良等病症。本病尤其多见于 1 月龄内的幼禽。

2. 临床症状与病理变化

本病据病理变化的特点可分为三类：脑软化症、渗出性素质、肌营养不良症（白肌病）。

（1）脑软化症：患禽发生共济失调，转圈，抽搐或发生“观星状”等神经症状；小脑出血，大脑（尤其是后部）软化、透明化、水肿，脑实质凹陷缺损。

（2）渗出性素质：在下颌部、翅膀下部、胸腹部的皮下发生出血、溶血性水肿，水肿部皮肤暗蓝色，皮下具有广泛性的蓝色胶冻浸润。

（3）肌营养不良症：病禽衰弱，运动无力，软脚，横纹肌（心肌、胸肌、腿肌等）肌纤维变性，出现与肌纤维束走向相同的白色或灰白色条纹。

3. 诊　断

根据病鸡出现脑软化、渗出性素质和肌营养不良等典型病理变化可作诊断。应注意，维生素 E 缺乏主要是发生脑软化为主，硒缺乏主要是发生渗出性素质，肌营养不良与维生素 E、硒缺乏及含硫氨基酸缺乏均有较密切关系。

4. 防　治

饲料中应保证添加足够的维生素 E、硒和含硫氨基酸，避免饲料贮存时间过长。在幼禽生长期，必要时适量添加维生素 E、硒和含硫氨基酸。发生本病时，使用市售的“维生素 E、硒制剂”，按说明书用量，连续拌料喂饲病禽 5 ~ 7 天，同时在饲料中增加适量的含硫氨基酸。使用新鲜植物油，按 0.5% 的比例拌料喂饲及适当投喂青饲料，也是有益的。对重病例可用 0.1%亚硒酸钠注射液经肌肉注射，0.1 mL 每千克体重，每 2 天 1 次，连用 2 ~ 3 天，或用维生素 E 注射液经肌肉注射，3 mL 每千克体重，每天 1 次，连用 2 ~ 3 次。

五、痛　风

痛风是笼养鸡蛋白质代谢障碍，在体内产生大量尿酸或尿酸盐，沉积在关节、软骨、内脏和其他间质组织所引起的疾病。

1. 病　因

饲料中蛋白质尤其是核蛋白含量过高，此时体蛋白质的代谢产物尿酸大量增加，尿酸的急剧增加超出了正常鸡的排泄能力，引起尿酸在体内沉积，从而出现一系列临床症状和病理变化。饲料中缺乏充足的维生素 A 和维生素 D 以及无机盐的含量配合不当，肾脏机能障碍等也与痛风发生有关。

2. 临床症状

本病多发生于生长期鸡和成鸡。因尿酸盐在体内沉积的部位不同而分为内脏型痛风和关节炎型痛风，有时二者兼有。内脏型痛风较常见。本病一般呈慢性经过，急性死亡较少。病鸡表现为全身性营养障碍，精神萎靡，食欲不振，贫血、羽毛松乱，逐渐消瘦衰竭，母鸡产蛋量下降甚至完全停产。有的病鸡鸡冠苍白、脱毛、皮肤瘙痒，气喘或神经症状。排黏液性白色稀粪，其中含有多量尿酸盐。

关节型痛风较少见，病鸡腿、脚趾和翅关节肿大，疼痛，运动迟缓，跛行，不能站立。

3. 病理变化

（1）内脏型痛风。肾脏肿大，色泽变淡，表面有尿酸盐沉积形成的白色斑点。输尿管扩张变粗，管腔中充满石灰样沉淀物。严重的病鸡在心、肝、脾、肺、胸膜和肠系膜撒布许多石灰样的白色絮状物（尿酸盐结晶），严重时可形成一层白色薄膜。将这些沉淀物刮下镜检，可见许多针状的尿酸盐结晶。

（2）关节炎型通风。关节表面和关节周围组织中有稠厚的白色黏性液体，几乎完全由滑液和尿酸结晶组成。骨关节面发生溃疡，关节囊坏死。

4. 防　治

本病治疗的有效方法不多，主要以预防为主，适当减少饲料中的蛋白质特别是动物性蛋白质的含量，供给充足的清洁饮水和新鲜的青绿饲料，注意补充维生素 A、维生素 D。由于本病的发生与肾功能障碍关系密切，因而要注意避免影响肾功能的各种因素发生。

六、鸡钙磷缺乏和钙磷失调症

日粮中钙和磷的含量不够，或钙、磷的的比例不当，或维生素 D 含量不足，都会影响钙和磷的吸收和利用。过量的钙导致钙磷比例失调，骨骼畸变；磷过多可引起骨组织营养不良，所以由于钙磷缺乏和钙磷比例失调引起的雏鸡佝偻病，在产蛋鸡则引起软骨病或产蛋疲劳症，以上症状都可称为鸡钙磷缺乏和钙磷失调症。

（一）鸡佝偻病

佝偻病是由于钙、磷和维生素 D_3 缺乏或不平衡引起的雏鸡营养缺乏症。

1. 病　因

（1）佝偻病可因磷缺乏，但大多数是由于维生素 D_3 的不足引起的。

（2）即使饲料中的磷和维生素 D_3 的含量是足够的，如果强迫喂给过多的钙，也会促使发生磷缺乏而引起佝偻病。

（3）新孵出的雏鸡钙贮备量很低，若得不到足够的钙供应，则很快出现缺钙。

2. 临床症状

佝偻病常常发生于 6 周龄以下的雏鸡，由于缺乏的营养成分不同，表现不同。病鸡表现腿跛，行走不稳，生长速度变慢，腿部骨骼变软而富于弹性，关节肿大。跗关节尤其明显。病鸡休息时常是蹲坐姿势。病情发展严重时，病鸡可以瘫痪。但磷缺乏时，一般不表现瘫痪症状。

3. 病理变化

病鸡骨骼软化，似橡皮样，长骨末端增大，骺的生长盘变宽和畸形（维生素 D_3 或钙缺乏）或变薄而异常（磷缺乏）。胸骨变形、弯曲。与脊柱连接处的肋骨呈明显球状隆起，肋骨增厚、弯曲，致使胸廓两侧变扁。喙变软，橡皮样，易弯曲，甲状旁腺常明显增大。

4. 诊　断

（1）根据发病日龄、症状和病理变化可以怀疑本病。喙变软和串珠状肋骨，特别是胫骨变软，易折曲，可以确诊本病。

（2）分析饲料成分，计算饲料中的钙磷和维生素 D_3 的含量，发现其缺乏或不平衡，证实本病的存在。

5. 防　治

（1）如果日粮中缺钙，应补充贝壳粉、石粉，缺磷时应补充磷酸氢钙。钙磷比例不平衡要调整。

（2）如果日粮中已出现维生素 D_3 缺乏现象，应给以 3 倍于平时剂量的维生素 D_3，2～3 周，然后再恢复到正常剂量。

（二）笼养蛋鸡产蛋疲劳症

笼养母鸡产蛋疲劳症是笼养母鸡的一种营养代谢疾病。

1. 病　因

本病的病因与笼养鸡所处的特定环境有关，目前尚未取得一致的意见。目前认为与本病有关的因素有：

（1）日粮中钙、磷比例不当或维生素 C、D 尤其是 D 的缺乏。由于母鸡高产（产蛋率 80%以上），钙的不足或推迟，引起一种暂时的缺钙，如果日粮中没有足够的钙，或者钙磷比例失调，满足不了蛋壳形成的需要，母鸡将利用自身骨骼中的钙，最终发生骨质疏松症和软化。

（2）蛋鸡饲养在笼内，长期缺乏运动，神经兴奋性降低，软骨变硬，肌肉强力减弱以至运动机能减弱，可能是本病的部分原因。

2. 临床症状

发病初期鸡只精神正常，能采食、饮水和产蛋。以后出现产软壳蛋和薄壳蛋，产蛋量明显降低。此时会出现鸡爪弯曲，运动失调，接着是两腿发软，站立困难，此时如能及时发现，及时采取措施，能很快恢复。否则症状逐渐严重，最后瘫痪，侧卧于笼内。此时病鸡的反应迟钝，最后因不能采食和饮水而导致极度消瘦，衰竭死亡。

3. 病理变化

瘫痪或死亡的鸡肛门外翻，淤血，骨骼可见腿骨、翼骨和胸骨变形。在胸骨和椎骨结合部位，肋骨向内弯曲。许多鸡卵巢退化、淤血和脱水。

4. 防　治

注意饲料中钙、磷的供给，磷钙的比例以及维生素 D 的供给；及时发现病鸡，产软壳蛋的鸡立即挑出单独饲养，减少损失。

七、肉鸡腹水综合症

腹水综合症又称高海拔病、水肿病、心脏衰竭综合症等，属快速生长的肉仔鸡易发生的特异性充血性心力衰竭症。最早见于出生后 3 日龄仔鸡，多发于 4 ~ 5 周龄。生长快的鸡冬季较夏季多发，其原因是冬季因需提高室温，使通风量减少，室内氨气及尘埃过多，氧气含量减少，造成缺氧，引起腹水症。公鸡比母鸡更易发病，大棚式鸡舍饲养的肉鸡比一般鸡舍饲养的肉鸡发病率高 30%。

1. 病　因

引起腹水症的病因很复杂，说法很多，未完全清楚，综合有关文献报道归纳如下：

（1）遗传因素。生长发育速度快，对氧气和能量的需要量高，同时肉鸡的红细胞体积大，血流不通畅，易导致肺动脉高压及右心衰竭。

（2）环境。① 高海拔地区肉仔鸡处于低氧压环境中，心脏在超负荷条件下工作而引起心衰，导致组织缺氧，从而表现出腹水症。② 低温条件下肉鸡对氧气的需求增多，故诱发腹水症。冬季许多鸡舍由于供热保暖，常出现通风不良，一氧化碳浓度增加而导致缺氧发生腹水症。

（3）饲料与营养。饲喂高能饲料，或营养缺乏或过剩，如硒、维生素 E 或磷缺乏，日粮或饮水中食盐过量，高油脂饲料等。

（4）疾病。易发生呼吸道疾病的环境易诱发腹水症；呼吸道病（气囊病）和大肠杆菌病常继发腹水症；呋喃唑酮和莫能霉素等药物使用不当或某些疫苗的副作用都可能引起腹水症；凡能引起肝脏损伤的毒素都能诱发腹水症。

2. 临床症状与病理变化

（1）病鸡腹部膨胀，两腿叉开。眼部皮肤变薄发亮，触摸有波动感。行为迟钝，呈鸭步状或企鹅状走动。呼吸困难，冠和肉垂呈紫红色；多因心力衰竭而死亡。

（2）病鸡腹腔内有纤维蛋白凝块，积有大量液体，液体清亮，呈黄褐色或棕红色。

（3）心包积液，心脏肥大，右心室明显扩张，心肌松弛，心壁变薄。

（4）肝充血、肿大、淤血或萎缩变硬，边缘钝厚变圆，肝脏表面有一层灰白色或淡黄色胶冻样物质，能形成肝包膜水泡囊肿。

（5）肺充血、水肿。

（6）肾充血、肿大，有尿酸盐沉着。

（7）肠充血、肠管萎缩、内容物稀少。

3. 防　治

（1）加强饲养管理，调整饲养密度，保证鸡舍内有良好的通风换气，控制好舍温，经长途运输的雏鸡禁止暴饮。

（2）控制饲喂，减缓肉鸡的早期生长速度。10～15 日龄起，晚间关灯，一周后可自由采食。

（3）每吨饲料中添加维生素 C 500 g、维生素 E 2 万 IU，有较好的预防效果。

（4）控制大肠杆菌病、慢性呼吸道病和传染性支气管炎等的发生。

（5）避免药物中毒，煤酚类消毒剂、变质鱼粉等都会诱发腹水症。

（6）发现病鸡可口服双氢克尿噻每只 50 mg，每天 2 次，连用 3 天或肾肿灵 2%饮水配以其他管理措施。饮水或腹腔注射恩诺沙星。

八、肉鸡猝死综合症（SDS）

肉鸡猝死综合症是肉鸡生产中的一种常见病，死亡率在 0.5%~5%之间，其中公鸡占总死亡率的 70%~80%。该病主要发生于生长特快、体况良好的幼龄肉鸡。其症状为发病急、死亡快、急性病例从发病到死亡约为 1 分钟，且伴有共济失调，猛烈振翅和强烈肌肉抽搐，死后两脚朝天，背部着地，颈部扭曲。

1. 病　因

（1）遗传因素：生长速度快、体况良好的鸡及公鸡易发。3 周龄后死亡率降低。

（2）饲料与营养：饲喂高能量、低蛋白饲料或添加动物性脂肪过多等。

（3）环境因素：如噪音、强光、长时间光照等。

（4）其他因素：酸碱平衡失调、心血管和呼吸系统疾病、离子载体类抗球虫药的使用。

2. 防　治

（1）实施光照强度低的渐增光照程序。

（2）可在饲料中加入 300 mg/kg 以上的生物素可减少死亡率。

（3）可用碳酸氢钾饮水治疗，0.62 g/mg 碳酸氢钾饮水可明显降低死亡率，同时在日粮中加入碳酸氢钾 3.6 mg/t。

（4）减少离子载体抗球虫药的使用。

（5）减少应激因素。

（6）加强饲养管理、改善通风系统、疏散饲养密度。

【评估单】

一、填空题（期望值 20 分）

1. 鸡“夜盲症”是由于日粮中___________缺乏而导致的。

2. 维生素 B_1 缺乏常引起病鸡外周神经_______和多发性_______。雏鸡发病时头部常呈_______姿势，成年鸡则出现鸡冠________。

3. 维生素B_2缺乏的特征性症状是病鸡趾爪呈________状，两肢________，种鸡蛋孵化率________。

4. 维生素B_2缺乏的特征性病理变化是病鸡坐骨神经和臂神经________，其中，________变化尤为明显。

5. 鸡泛酸缺乏的特征性症状是________和________生长受阻和粗糙。骨粗短，甚至发生脱腱症。

6. 雏鸡维生素 E 和微量元素硒缺乏时常出现__________、__________和__________。

7. 维生素D_3缺乏和钙磷缺乏常引起雏鸡______病及笼养蛋鸡的_____。

8. 痛风是笼养鸡_________代谢障碍引起的疾病，其因尿酸盐在体内沉积部位不同，常分为__________痛风和__________痛风。

二、选择题（期望值 20 分）

1. 鸡“干眼病”的病因是（　　）。

   A. 维生素 E 缺乏　　B. 维生素 A 缺乏
   C. 维生素 D 缺乏　　D. 钙缺乏

2. 鸡“白肌病”的病因是（　　）。

   A. 维生素 D 缺乏　　B. 硒缺乏
   C. 钙缺乏　　D. B 族维生素缺乏

3. 下列症状属于维生素B_1缺乏的是（　　）。

   A. 头颈呈“观星”姿势　　B. 脚爪呈“握拳状”
   C. 夜盲症　　D. 佝偻病

4. 维生素B_2缺乏的特征症状是（　　）。

   A. 头颈呈“观星”姿势　　B. 脚爪呈“握拳状”
   C. 夜盲症　　D. 佝偻病

5. 鸡内脏型痛风的典型病变是（　　）。

   A. 内脏器官有尿酸盐沉积　　B. 全身皮下出血
   C. 全身内脏器官出血　　D. 关节囊坏死

6. 雏鸡钙缺乏可引起（　　）。

   A. 渗出性素质　　B. 脚爪呈“握拳状”
   C. 夜盲症　　D. 佝偻病

7. 肉鸡腹水综合症又称（　　）。

   A. 水肿病　　B. 黑头病
   C. 白肌病　　D. SDS

8. 雏鸡（　　）缺乏时，变现为舌呈暗黑色，口腔发炎，黏膜呈深红色。

A. 烟酸　　B. 叶酸

C. 维生素 D　　D. 维生素 E

9. 下列哪种病常发生于生长快，体况良好的幼龄肉鸡？（　　）

A. 肉鸡猝死综合症　　B. 佝偻病

C. 白肌病　　D. 夜盲症

10. 给鸡饲喂适量氯化钴是为了预防（　　）缺乏症。

A. 维生素 A　　B. 维生素 E

C. 维生素 B_{12}　　D. 硒

三、判断题（期望值 30 分）

1. 维生素 A 缺乏症会出现鸡神经过敏和共济失调。（　　）

2. 维生素 B_1 缺乏，雏鸡典型症状呈“卷爪”姿势。（　　）

3. 维生素 B_2 缺乏，特征性症状 “观星”麻痹症。（　　）

4. 饲料中缺乏充足的维生素 D 会导致鸡钙磷缺乏。（　　）

5. 维生素 E 缺乏会引起鸡发生渗出性素质。（　　）

6. 雏鸡脑软化是由于日粮中缺乏维生素 A。（　　）

7. 肉鸡腹水综合症病鸡死前猛烈振翅和强烈肌肉抽搐，死后两脚朝天，背部着地，颈部扭曲。（　　）

8. 肉鸡猝死综合症病鸡行动困难，呈鸭步状或企鹅状行走。（　　）

9. 雏鸡叶酸缺乏时，贫血，血红蛋白下降，羽毛色素消失，出现白羽。（　　）

10. 鸡饲料中钙磷比例失调，会导致雏鸡佝偻病和成年鸡骨营养不良。（　　）

四、简答题（期望值 30 分）

1. 维生素 A 缺乏的原因是什么？如何诊断及防治？

2. 维生素 B_1 缺乏的原因及防治措施是什么？

3. 钙磷缺乏症的临床症状及防治措施是什么？

4. 禽痛风的防治措施是什么？

5. 肉鸡腹水综合症的主要症状、病理变化及防治措施是什么？

6. 肉鸡猝死综合症的主要防治措施是什么？

任务二　常见中毒病防治

【学习目标】

1. 了解家禽常见中毒病的病因。
2. 掌握常见中毒病主要症状、病理变化、诊断与防治措施。

【资料单】

一、食盐中毒

食盐中毒是由于饲喂含盐高的鱼粉或饲料中食盐含量高引起的鸡的矿质中毒病。以口渴、粪便含水量增多和大量死亡为特征 。

1. 病　因

配制混合饲料时，食盐配比错误，称量不准或操作人员不认真而重复添加食盐；大量使用含盐高的咸鱼或咸鱼粉；食盐颗粒过大、咸鱼粉碎不全、或搅拌不均匀；为了控制鸡啄羽、啄缸添加食盐过多。

2. 临床症状

食盐中毒的症状与病程长短取决于食盐摄入量和摄入后的时间长短。

（1）一般症状。精神萎靡，食欲不振或废绝，共济失调，两腿无力，行走困难，直到完全瘫痪，驱赶时，靠两翅扑地而行，后期呼吸困难，极度衰弱，抽搐。最后进入昏迷状态，衰竭而死亡。

（2）典型症状。病鸡极度口渴，狂饮不止，甚至死前还要饮水。嗉囊扩张，充满液体，低头时可见口、鼻流出粘液性分泌物，排粪频繁，下痢，肛门周围羽毛被粪便污染。

3. 病理变化

病变主要在消化道。嗉囊中有大量黏性液体，嗉囊扩张，黏膜易脱落。腺胃粘膜充血或出血。小肠病变最严重，小肠前段充血或出血，甚至全肠管出血。病程较长时，可见到皮下水肿，肺水肿。腹腔和心包积水。心脏有小出血点，有时可见脑膜充血。偶见肝脏有散在出血点。

4. 防　治

发现食盐中毒后应立即停止饲喂原饲料，改喂无盐而易消化的饲料，直到康复为止。轻度中毒鸡，增加饮水器，供给清洁饮水或 5%糖水。对行动困难的鸡要帮助其饮水，症状可逐渐好转。严重中毒禽群，要适当控制饮水量，因为过量饮水会促使食盐吸收扩散，加重病情，导致死亡增加。可每隔 1 小时让其自由饮水 10 ~ 20 分钟。调配饲料时，要精确计算用盐量。选购优质鱼粉，要注意鱼粉中含盐量的高低，根据鱼粉中含盐量，调配饲料中的食盐用量。切忌为达到治疗某种疾病的目的而滥用食盐。

二、磺胺类药物中毒

磺胺类药物是防治家禽传染病和某些寄生虫病的一类最常用的合成化学药物。用药剂量过大，或连续使用超过 7 天，即可造成中毒。磺胺药物的治疗剂量与中毒量接近，用药时间过长，就会造成中毒。据报道，给鸡饲喂含 0.5%SM2 或 SM1 的饲料 8 天，可引起鸡脾出血性梗死和肿胀，饲喂至第 11 天即开始死亡。复方敌菌净在饲料中添加至 0.036%，第 6 天即引起死亡。VK 缺乏可促发本病。复方新诺明混饲用量超过三倍以上，即可造成雏鸡严重的肾肿。

1. 病　因

超量服用或持续服用磺胺类药物所致。

2. 临床症状

生长鸡：精神沉郁，食欲减退，羽毛松乱，生长缓慢或停止，虚弱，头部苍白或发绀，黏膜黄染，皮下有出血点，凝血时间延长，排酱油状或灰白色稀粪。

产蛋鸡：食欲减少，产蛋下降，产薄壳、软壳或蛋壳粗糙。

3. 病理变化

特征变化为皮下、肌肉广泛出血，尤以胸肌、大腿肌更为明显，呈点状或斑状，冠、髯、颜面和眼睑均有出血斑。血液稀薄。骨髓褪色黄染。肠道、肌胃与腺胃有点状或长条状出血。肝、脾、心脏有出血点或坏死点。肾肿大，输尿管增粗，充满尿酸盐。

4. 诊　断

根据病史和症状及病理变化可做出诊断：有超量或连续长时间应用磺胺类药物的病史；症状以出血或溶血性贫血为特征；全身性广泛性出血。

鉴别诊断：注意与传染性贫血、传染性法氏囊病及球虫病鉴别。还要与新城疫、传支和产蛋下降综合症等引起产蛋下降的传染病鉴别。

5. 防　治

平时使用该类药物时间不宜过长，一般连用不超过 5 天。产蛋禽禁止使用磺胺类药物。多选用高效低毒的磺胺类药物，如复方新诺明、磺胺喹恶啉、磺胺氯吡嗪等。

发现中毒时应立即更换饲料，停止饲喂磺胺类药物，供给充足饮水，在饮水中加入 1%小苏打和 5%葡萄糖溶液，连饮 3 ~ 4 天；也可在每公斤饲料中可加入 5 mg 维生素 K_3，连用 3 ~ 4 天，或将日粮中维生素含量提高一倍。中毒严重的病鸡可肌肉注射维生素 B_{12}1 ~ 2 微克或叶酸 50 ~ 100 微克。

三、喹乙醇中毒

喹乙醇作为家禽生长促进剂，一般在饲料中加入 25 ~ 30 ppm（25 ~ 30 g/t）。预防细菌性传染病，一般在饲料中添加 100 ppm 喹乙醇，连用 7 天，停药 7 ~ 10 天。治疗量一般在饲料中添加 200 ppm 喹乙醇，连用 3 ~ 5 天，停药 7 ~ 10 天。据报道，饲料中添加 300 ppm 喹乙醇，饲喂 6 天，鸡就呈现中毒症状。饲料中添加 1 000 ppm 喹乙醇饲喂 240 日龄蛋鸡，第三天即出现中毒症状。喹乙醇在鸡体内有较强的蓄积作用，小剂量连续应用，也会蓄积中毒。

1. 病　因

由于用药量过大，或大剂量连续应用拌料不均所致。

2. 临床症状

病鸡精神沉郁，缩头嗜睡，羽毛松乱，减食或不食，排黄色水样稀粪。鸡喙、冠、颜面及鸡趾变紫黑，卧地不动，很快死亡。轻度中毒时，发病较迟缓，大剂量中毒对，可在数小时内发病。产蛋鸡产蛋急剧下降，甚至绝产。

3. 病理变化

皮肤、肌肉发黑。消化道出血尤以十二指肠、泄殖腔出血严重，腺胃乳头或/和乳头间出血，肌胃角质层下有出血斑、点，腺胃与肌胃交界处有黑色的坏死区。心冠状脂肪和心肌表面有散在出血点，心肌柔软。肝肿大有出血斑，色暗红，质脆，切面糜烂多汁，脾、肾肿大，质脆。成年母鸡卵泡萎缩、变形、出血。输卵管变细。

4. 诊　断

根据有大剂量或连续应用喹乙醇的病史、症状特征及剖检变化可做出诊断。

鉴别诊断：与典型新城疫鉴别。新城疫有呼吸道症状、口流黏液、黄绿色稀便、抗体水平高低差距大。

5. 防　治

鸡对喹乙醇比较敏感，故使用时要严格控制剂量，并有一定的休药期。发现中毒时应立即更换饲料，停止饲喂喹乙醇。百毒解 250 g 兑 25 kg 水，连饮 3 ~ 5 天。5%葡萄糖溶液连饮 3 ~ 5 天。电解多维或速补-14，连饮 3 ~ 5 天。

四、呋喃类药物中毒

呋喃类药物中毒是指家禽过量摄入呋喃类药物，而引起的以神经症状为特征的中毒病。代表药物有呋喃唑酮（痢特灵）、呋喃西林等。

1. 病　因

呋喃类药物是一类人工合成的抗菌药物，应用广泛。有呋喃唑酮、呋喃西林、呋喃妥因和呋吗唑酮等。尤以呋喃西林的毒性最大。用药剂量过大或连续用药时间过长、药物在饲料中搅拌不均匀等均可引起中毒。呋喃唑酮的预防剂量（拌料）为 0.01%，连用不超过 15 天；治疗剂量为 0.02%，连用不超过 7 天。据报道，饲料中添加量为 0.04%，连用 12 ~ 14 天，即可引起鸡中毒；添加量为 0.06%，4 ~ 5 天即可中毒；添加量为 0.08%，3 ~ 4 天即可中毒。

2. 临床症状

急性中毒：病禽初期精神沉郁，羽毛松乱，两翅下垂，缩头呆立，站立不稳，减食或不食。继而出现典型的神经症状，兴奋不安、转圈、鸣叫、倒地后两腿伸直做游泳姿势、角弓反张，抽搐而死。也有呈昏睡状态，最后昏迷而死。

慢性中毒：呈现腹水症的特征。腹部膨大，按压有波动感。

3. 病　变

急性中毒：口腔、消化道黏膜及其内容物均呈黄染。肠黏膜充血、出血。肠道浆膜呈黄褐色。心肌变性、发硬、心脏扩张。肝脏肿大呈淡黄色。

慢性中毒：腹腔充满淡黄色的液体，肝脏硬、表面凹凸不平，心包积液，心扩张。

4. 诊　断

根据有过量或连续应用呋喃类药物的病史、有典型的神经症状、消化道黏膜和内容物黄染等可做出诊断。

鉴别诊断：注意与禽脑脊髓炎、神经型新城疫、维生素 B_1 缺乏症等疾病鉴别。

5. 防　治

使用呋喃类药物应严格控制剂量，饮水时浓度只应是拌料的一半，因为禽的采食量比饮水量少一倍。呋喃西林水溶性差，不可饮水投药。

发现中毒时应立即更换饲料，严禁继续摄食呋喃类药物。灌服 0.01 ~ 0.05%高锰酸钾水或 5%葡萄糖水。连续 3 ~ 4 天。对慢性中毒引起腹水症者，可试用腹水净、腹水消等药物

五、黄曲霉毒素中毒

黄曲霉毒素中毒，是鸡的一种极为常见的发霉饲料中毒病。黄曲霉在温暖潮湿的条件下，很容易在谷物中生长繁殖并产生毒素。饲喂发霉饲料，常常引起黄曲霉毒素中毒。据调查，玉米被黄曲霉菌株污染的高达 30%以上。黄曲霉菌能产生的毒素现已知有 8 种，其中以 BI 毒素的毒力最强。对畜、禽都有剧烈毒性，主要是损害动物的肝脏并有致癌作用。幼禽发生中毒，可导致大批死亡。

1. 病　因

玉米、麸皮、稻米、鱼粉等常用饲料及全价配合饲料发生霉变后继续喂鸡，是中毒的主要原因。

2. 临床症状

幼龄鸡在 2 ~ 6 周龄时，发生黄曲霉毒素中毒最为严重。鸡表现精神沉郁，衰弱，食欲减少，生长不良，贫血，拉血色稀粪，翅下垂，腿软无力，走路不稳，腿和脚由于皮下出血而呈紫红色，死时角弓反张，死亡率可达 100%。

3. 病理变化

皮肤发红，皮下水肿，有时皮下、肌肉有出血点。特征性病变是肝脏。急性中毒肝脏肿大，色泽变淡，黄白色，有出血斑点或坏死，胆囊充满胆汁，

肾脏苍白和稍肿大，或见出血点。慢性中毒时，肝常硬化，体积缩小，颜色变黄，有白色大头针帽状或结节状病灶，甚至见肝癌结节，心包和腹腔常有积水。胃及肠道充血、出血，甚至有溃疡。

4. 诊　断

根据本病流行特点、临床症状、肝脏的特征性变化和饲料的霉变情况，可初步诊断。如需确诊，就必须送饲料样品到有关实验室测定饲料中黄曲霉毒素含量。

5. 防　治

预防黄曲霉毒素中毒的根本措施，是不喂发霉的饲料。平时要加强饲料的保管，注意干燥，特别是多雨季节，防止发霉。对已中毒的鸡，可投给盐类泻剂，排除肠道毒素，并采取对症疗法。同时要供充足的青绿饲料和维生素 A。黄曲霉毒素不易被破坏，加热煮熟不能使毒素分解。鸡的器官组织内部都含有毒素，不能食用，应该深埋或烧毁。鸡的粪便也含有毒素，应彻底清除，集中处理，以防污染水源和饲料。

【评估单】

一、填空题（期望值 20 分）

1. 食盐中毒的病鸡以_______、_______含水量增多和大量______为特征。

2. 磺胺类药物中毒病鸡可见皮下有_______，时间延长，排_______稀粪。

3. 磺胺类药物中毒病鸡的特征性病理变化为_________、肌肉广泛______，尤以______和______更为明显。

4. 鸡发生磺胺类药物中毒时可在饮水中加入_________和________，连饮______天。

5. 鸡发生喹乙醇中毒时，可见鸡冠、颜面和脚趾变______，产蛋鸡产蛋量______，甚至______。

6. 鸡发生呋喃类药物急性中毒时会出现典型的_______症状。

7. 黄曲霉毒素主要损害动物______，并有______作用。以_____龄鸡最易感。

二、选择题（期望值 20 分）

1. 食盐中毒病鸡（　　）。

A. 极度口渴　　B. 贫血

C. 鸡冠发黑　　D. 肝硬化

2. 喹乙醇中毒病鸡（　　）。

A. 极度口渴　　B. 贫血

C. 鸡冠发黑　　D. 肝硬化

3. 下列病变属于鸡食盐中毒的是（　　）。

A. 嗉囊扩张　　B. 黄疸

C. 血液凝固不良　　D. 皮肤发红

4. 鸡喹乙醇中毒时，可见（　　）。

A. 皮肤、肌肉发黑　　B. 皮肤发红

C. 皮肤苍白　　D. 皮肤、肌肉黄染

5. 鸡黄曲霉毒素中毒，可发生（　　）。

A. 肝脏肿大　　B. 肝硬化、萎缩

C. 肝脏没有变化　　D. 肝脏质脆

三、简答题（期望值 30 分）

1. 鸡食盐中毒的治疗方法是什么？
2. 鸡黄曲霉毒素中毒的症状及防治措施是什么？
3. 鸡呋喃类药物中毒的症状、病理变化及防治措施是什么？
4. 鸡磺胺类药物中毒的主要症状、病理变化及防治措施是什么？
5. 鸡喹乙醇中毒的主要症状、病理变化及防治措施是什么？

四、判断题（期望值 30 分）

1. 雏鸡对黄曲霉毒素最易感。（　　）
2. 发现鸡食盐中毒后应马上给鸡以充足的干净饮水，病鸡饮水越多越易康复。（　　）
3. 在饲料中添加一定量的维生素 K 可治疗鸡磺胺类药物中毒。（　　）
4. 鸡对喹乙醇比较敏感。（　　）
5. 鸡维生素 K 缺乏易发生食盐中毒。（　　）
6. 为防止鸡磺胺类药物中毒，连续使用时间不超过一周。（　　）
7. 食盐中毒的症状与病程长短取决于食盐摄入量和摄入后的时间长短。（　　）
8. 使用呋喃类药物应严格控制剂量，饮水时浓度只应是拌料的一半。（　　）
9. 鸡黄曲霉毒素中毒可发生肾肿大，输尿管增粗，充满尿酸盐。（　　）
10. 呋喃类药物急性中毒鸡兴奋不安、转圈、鸣叫、抽搐死亡。（　　）

参考文献

[1] 杨惠芳. 养禽与禽病防治. 北京：中国农业出版社，2006.
[2] 周新民，蔡长霞. 家禽生产. 北京：中国农业出版社，2011.
[3] 丁国志，张绍秋. 家禽生产技术. 北京：中国农业出版社，2007.
[4] 王云霞. 家禽生产. 北京：北京师范大学出版集团，2011.
[5] 杨志勤. 养鸡关键技术. 成都：四川科学技术出版社，2003.
[6] 林建坤. 禽的生产与经营. 北京：中国农业出版社，2001.
[7] 杨宁. 家禽生产学. 北京：中国农业出版社，2002.
[8] MACK O NORTH. 养鸡生产手册. 上海：上海市农业科学院畜牧兽医研究所情报资料室，1984.
[9] 周大薇. 林果地散养土鸡技术. 成都：双流县科学技术局.
[10] 魏刚才，刘保国. 肉鸡安全高效生产技术. 北京：化学工业出版社，2012.
[11] 张秀美. 肉鸡产业先进技术全书. 山东：山东科学技术出版社，2011.
[12] 郭年丰，刘爱国，等. 无公害肉鸡生产大全. 北京：中国农业出版社，2009.
[13] 张长兴，陈明勇. 肉鸡快速饲养与疾病防治. 北京：中国农业出版社，2008.
[14] 管镇，陈宏生. 肉鸡高效益饲养技术. 北京：金盾出版社，2009.